赤壁摩崖石刻

相傳周瑜破曹後，揮劍在石上刻下「赤壁」二字，但據字體考證，當是唐人所書。

三國赤壁古戰場

小喬凝眸（林志玲飾，電影《赤壁》劇照）

金城武為飾諸葛亮留鬚

赤壁

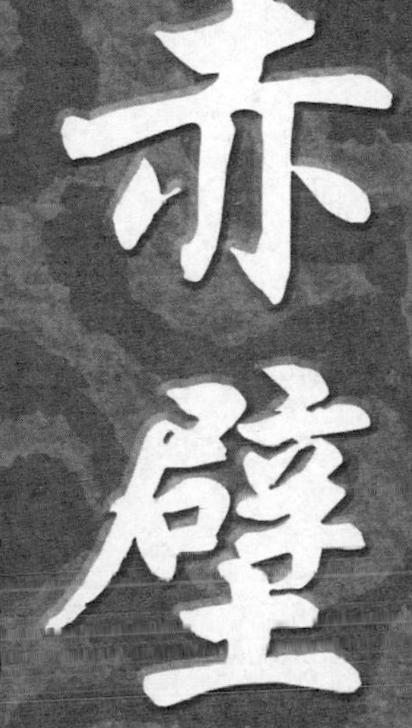

史杰鵬 著

目錄

第一章 荊州局勢

第二章 火燒博望坡

目錄

第三章 蔡氏青眼惜劉備

第四章 臥龍出山

第五章　兵敗長阪坡

第六章　孫劉結盟

第七章 赤壁對壘

第八章 蔣幹中計

第九章 大戰前夕相伐謀

目錄

荊州局勢

第一章

蔡氏心中頓時湧起一陣複雜的感情，剛才劉表在前殿議事的時候，她其實也躲在屏風後偷窺，她第一次見到了劉備，稍微有些失望。雖然劉備身材高大，臉上稜角分明，雙耳下垂，兩手過膝，有異人之姿，可唇上頷下竟無一根鬍鬚，像個宮裏的閹宦。

一　殘暴的孫策

荊州牧劉表這幾年心情都不大安穩，因為北方打得一塌糊塗，曹操跟呂布打，呂布跟劉備打，袁紹跟公孫瓚打，曹操跟袁紹打，袁術也派孫堅來跟他打。要不是他的心腹愛將黃祖的伏兵在峴山一箭射死了孫堅，他這個荊州牧早幾年就嗚呼哀哉了。

他知道孫堅那傖夫的殘忍，要是被他攻下了襄陽，自己就會遭到南陽太守張咨一樣的命運。當年張咨還以為孫堅北上進攻董卓是忠心勤王，歡天喜地地接待孫堅的軍隊。孫堅假模假式地贈給他牛酒。按照儒家禮節，來而不往非禮也，第二天，張咨也帶著兩個隨從，扛著牛酒去孫堅軍營回訪。兩人快活地坐在堂上說著話，突然孫堅一個主簿跑進來，當面劾奏張咨身為南陽太守，不好好整治道路，使軍隊不能及時趕到洛陽進攻董卓。張咨一聽，覺得不妙，想告辭出軍營，可是孫堅已經變臉了，一揮手，左右就把張咨像狗一樣牽了出去，牽到轅門，咔嚓一聲，將腦袋砍了下來，孫堅隨即接管了南陽。

劉表每次想像張咨被孫堅手下牽出時的心情，就黯然不快。張咨是他的朋友，兩人曾在洛陽上太學，比鄰而居。他知道張咨是個心思細膩的人，見花落淚，見月傷心的，連一隻螞蟻都不忍心踩，曾對同窗宣揚，螞蟻也會有像人一樣的痛楚。談起儒家大義來也一套一套，當官一向仁愛，被百姓擁護，可是竟然死在孫堅這個粗鄙的畜生手裏，而且這個畜生還使用那樣狡詐的手段。張咨猝然被牽到轅門斬首的心情是怎樣的，劉表完全能感同身受，每次想到，全身都會一陣冰涼。

要是被那個畜生攻取了襄陽，自己和兩個兒子自然也會被他的人像狗一樣牽出，哢嚓幾聲，腦袋滾到一邊，只有身腔裏的血咕嚕咕嚕地往外流，而一個剛才還活蹦亂跳的人，就這樣永遠也不會說話，這是多麼悲慘的事啊！

自己的美貌嬌妻蔡氏當然不殺，孫堅會把她抱到床上，三下五除二扒個精光，像惡狗一樣撲上去，恣意交歡。這種粗鄙的軍士，哪裏懂得憐香惜玉。這無須想像，看看他的兒子孫策就知道了。

孫策跟他父親孫堅一樣，兇狠狡猾。前合浦太守王晟和孫堅是故交，互相連妻子都見過了，友情可謂堅若金石。可是孫堅死後，孫策毫不客氣突襲王晟的軍隊，把王晟一家老少捉來，拉到市場上斬首。殺到王晟的時候，坐在看臺上的孫策母親吳氏出現了，假惺惺地說：「策兒啊，王晟和你父親有登堂見妻的交情，把王晟諸子兄弟老少全給梟首就足夠了，留下王晟這個七十歲的白頭老翁，又能掀起什麼大浪呢？饒他一命算了。」孫策好像挺孝順，說：「孩兒聽母親的。」接著又奸笑了一聲，「這老豎子一個人活在世上，只怕比死了還難受呢！」

劊子手提著繩子，把王晟牽出，推到孫策和吳氏面前。孫策給他鬆綁，躬身施了一禮，道：「伯父，小侄孫策拜見伯父。」吳氏也和藹地說：「阿兄，妾身這裏有禮了。」說著欠了欠身子。

王晟眼角含著淚花，雪白的頭髮零亂飄散，臉上滿是青紫的壽斑。他呆立了片刻，突然跪倒在地，磕頭如搗蒜：「夫人和將軍請殺了老朽，但請看在老朽和令尊有登堂見母之交的份兒上，饒了老朽諸子侄的性命，老朽九泉之下結草銜環，也會報答夫人和將軍的恩情！」

吳氏不說話了，頭撇到一邊。孫策笑道：「伯父請起。就因為伯父和先父有登堂見母的交情，

所以家母敦告小侄，說雖然我們兩家交兵，但小侄一定不能害了伯父的性命。只是伯父家諸子侄，小侄卻和他們素不相識。俗話說斬草除根，當斷不斷，必留後患。小侄要是今天不殺他們，只怕他們將來必殺小侄。請恕小侄不能從命。來人，送伯父回客舍休息，好好款待。其他人繼續行刑。」

幾個士卒架起王晟就走，市場上鼓聲繼續響起，慘叫哭泣求饒聲不絕於耳。王晟被兩個士卒夾著，回頭撕心裂肺地大罵：「你們孫家都是畜生，當年孫堅不是我，早就死在揚州太守許貢手裏了……蒼天哪……」

孫策怒道：「站住，讓伯父在這裏好好觀看，不要讓他老人家有什麼意外。」

士卒趕緊應了一聲，把王晟又拖回來。一個士卒按著他花白的頭顱，讓他不能偏離刑場方向，讓他親眼看著他自己妻女兒孫們被相繼斬下了頭顱。孫策的母親吳氏，則在一旁不停地敘說舊情，安慰著王晟。受刑的最後一個是王晟的孫女，她尖聲啼哭，號呼著「大父，我怕」，劊子手俐落地將她小小的腦袋按在砧板上，手起刀落，哭聲戛然而止。王晟慘叫一聲，暈了過去。

望著王晟枯槁的面龐，孫策嘿嘿冷笑。吳氏道：「策兒，明天你就親自率軍，將許貢的首級斬來祭奠你父親，大丈夫恩怨分明，不要讓你王伯父瞧不起。」

三年前，孫策和他的部下周瑜進攻皖城，捕獲了前太尉喬玄的兩個孫女，驚為國色，當即就把大喬留給了自己，把小喬賜予了周瑜。至於二喬的父母宗族，則故意讓他們死在亂兵中，之後還假裝慨歎，說自己沒有留心，未能保護好他們。孫堅父子，就是這麼無恥的。

聽到劉表這麼絮絮叨叨，蔡氏不耐煩了，忍不住打斷了他：「什麼叫無恥？生逢亂世，怎麼也不能用儒術那一套來治理國家。有道是，治御臣下用申韓，打仗要學孫武，儒術那套在太平時刻，用來騙騙百姓是可以的，在今天，可就不適用了。」

劉表愣住了，他沒想到蔡氏會這麼粗暴地打斷他。想發脾氣，畢竟對她非常寵愛，拉不下臉來，只能恨聲道：「你個婦人，懂得什麼？我漢家立國四百年之久，不就靠儒術感化人心嗎？」

蔡氏見劉表急了，也舒緩了語氣，道：「妾身說實話，主公且不要生氣。妾身幼年也曾請人教過幾卷史書，據說西京的時候，孝宣帝就說過，漢家自有制度，本以霸王道雜之，豈能獨用儒術。後來繼位的孝元皇帝純用儒生，果然法令不行，國家衰敝。西京之亡，肇端正在孝元啊。」

「你給我滾，」劉表終於暴怒了，他被蔡氏這番言辭氣得說不出話來，指著蔡氏，「先帝豈是你可以指摘的。你……」

蔡氏見劉表氣得打戰，怕他真的出事，不敢說了，召喚侍女：「來人，快扶將軍安歇，將軍有點累了。」

侍候劉表安歇之後，蔡氏快快地踱出門，一屁股坐在門檻上沉思。侍女們見她臉色憂傷，也不敢上前打擾。

過了會兒，蔡氏站了起來，吩咐道：「來人，給我駕車，我要回家探望母親。」

二　蔡氏兄妹暗商對策

蔡氏的家族是襄陽有名的世族，有良田萬頃，家族子侄布滿了荊州的各個郡府和縣廷。族長蔡瑁，當年率領全族人扶持迎立了單人匹馬來到荊州上任的荊州牧劉表，因此深得劉表恩寵。五年前，妻子病故，劉表乾脆迎娶了蔡瑁的妹妹蔡氏，兩家更是唇齒相依。

蔡洲是襄陽大族蔡氏的莊園，莊園四面淥水環繞，只有一條細細的小道和外界來往，小道兩旁密密麻麻地栽滿了高大的苦楝樹，好不幽深。路上滿是青綠的苦楝子，樹上蟬叫聲此起彼伏。

此刻，蔡氏乘坐的輜車駛進了莊園，她心頭悶悶的，透過輜車的窗帷呆望，突然感歎了一聲，道：「停車！」

她掀開車簾，站在車上，環顧四周，遠處的池塘裏，野鴨戲水，茵茵青萍。她呆呆看著這寧靜的場景，又讚美道：「唉，真是好一片世外樂土！」

迎面一個中年人打馬從樹林的小徑裏馳出，在車前猛地勒馬停住，笑道：「老遠就聽見君夫人大發感慨，下臣昧死敢問君夫人，有何煩惱，臣一定竭盡心智，為君夫人分憂！」

蔡氏見是蔡瑁，笑道：「阿兄說話好沒正經，跟妹妹也這樣文縐縐起來了。」她又歎了口氣，道：「我方才是感歎我們蔡洲風平浪靜，一派祥和，真是人間仙境。」

蔡瑁揚鞭一笑，面朝斜陽映照下緋紅的池塘，道：「既然風平浪靜，一派祥和，為何還要感歎？難道要風生水湧，妹妹才會心開嗎？」

蔡氏左右瞧瞧，對身旁的侍衛說：「你們守在洲邊，我和兄長去堂上拜見父母。」兩人沿著小徑走入莊園，蔡氏蹙著眉頭道：「阿兄，你覺得我們荊州的寧靜還能延續多久，我們蔡洲能永遠像這人間仙境嗎？」

蔡瑁收起笑容，兩手不停地絞著馬鞭，道：「我知道你擔心曹操進犯，不過有你夫君在，四方才士都輻輳湧入荊州，曹操又怎敢來？」

「豈止曹操，還有孫吳呢。」蔡氏看看蔡瑁的神色，道：「阿兄，其實你也一直擔心罷。」

蔡瑁默然不答，兩人並肩又走了一會，蔡氏停住腳步，盯著蔡瑁的臉，又道：「阿兄，你覺得主公比袁紹如何？」

蔡瑁把臉扭到一邊，手裏的馬鞭不斷凌空揮動著，嘴裏道：「袁紹外寬內深，有賢才而不能用，依違二子之間而不知立嫡，所以一敗官渡，再敗倉亭，羞憤而逃，怎能與我們主公相比？」

蔡氏道：「阿兄不要掩耳盜鈴了。袁紹就算有賢才而不能用，猶自文有沮授、審配，武有顏良、文醜，且為政寬厚，冀州百姓一直稱頌他的恩德。而遍觀荊州，那些南下的名士如今卻盡皆隱居在南陽山中。誰賢誰不肖，不是很明顯嗎？」她的目光注視著遠處的群山。

蔡瑁直視蔡氏，道：「那又能怎麼辦？當年我們蔡家和蒯越家族之所以盡力輔佐他，就因為他是劉氏宗親，本身又有賢名。現在已經過去十年，說什麼都晚了。要是當初能找到強過他的主君……」蔡瑁說到這，止住了，眼睛望著地下，也微微歎了口氣。

「挑錯了，不能重新挑一次嗎？」蔡氏道。

蔡瑁愕然抬頭望著蔡氏，驚道：「那怎麼行，背叛主君，人神共憤啊。」

蔡氏道：「他雖名為主君，又何恩於我們蔡家？當年他單馬來到荊州，一無所有，若不是我們蔡家和蒯家盡心輔佐，他哪能在荊州立足？當初尊奉他為主君，就是以為他能保護荊州不遭塗炭，現在既然不行，為了荊州的百姓，我們也當換一個更好的賢君。」

蔡瑁不答，走到亭邊朝遠處眺望，突然回頭：「你，你的意思是……」

蔡氏答非所問：「聽說左將軍劉備派遣使者來，想投奔我們荊州，是不是？」

蔡瑁仍舊驚訝：「妹妹，劉備和我們無親無故，主公可是你的夫君啊！」

蔡氏搖頭：「不然，良禽可以擇木而棲，賢臣可以擇主而仕，我們女人難道就不可以擇夫而嫁嗎？當初阿兄輔佐他，我也以為他是個英雄，才喜而嫁他，沒想到只是個誇誇其談的儒生，天天在屋裏皓首窮經，官事廢弛，眾僚失望。阿兄，你也看到了，如今曹操正急攻袁氏，袁氏一滅，必然移兵南下荊州，難道我們只能坐以待斃嗎？」

蔡瑁望著天，歎道：「可只怕劉備也不能抵擋曹操啊。」

三　投奔劉表

建安六年，對劉備是個災難的年份。兩年前，曹操已經擊破了袁紹，使依附袁紹的劉備失去了

在中原的最後一個依靠，只好把目光轉向南方的劉表。

在劉備看來，劉表和自己同宗，上溯幾百年，還同是景皇帝的子孫，如果能得到他的幫助，或許可以北上搶回自己的地盤。劉表手裏的荊州共有九郡一百一十七縣，人口數百萬，富庶繁榮。要是自己能擁有這麼大塊的地盤該多好啊！可是他沒有劉表那麼好的出身。當然這也得怪自己，劉表從小就很好學，儒書讀得爛熟，所以年紀輕輕就聞名鄉里。他的老師是南陽太守王暢，有這麼一個大官作為後臺，誰敢不敬？所以很快他就和汝南范滂、山陽張儉、南陽岑晊等七人齊名，號稱「八友」。他們都是飽讀儒書，一身正氣的官吏，把節義看得比生命還重，所以早早的就倒了楣。范滂因為和宦官作對，上了朝廷逐捕的名單。詔書下到汝南郡，汝南郡郡督郵奉命去范滂的家鄉征羌縣抓人，可他到了征羌縣城外，沒有進城，只在傳舍裏捧著詔書大哭。這消息傳到范滂耳朵裏，范滂道：「這肯定是督郵來抓我，又不忍心，所以哭泣。我怎麼能讓他為難呢？」於是親自跑到縣廷去投案。縣令郭揖也非常敬重范滂的為人，說寧願和范滂一起逃跑，也不願抓他。范滂以會連累母親為藉口，不肯答應。郭揖只好將范滂投入監獄。被殺之前，范滂和老母和弟弟訣別，大哭道：「弟弟為人孝順，有他照顧母親，兒子就放心了。兒子現在追隨先父遊於地下，存亡各得其所。只希望母親千萬不要傷心！」范母凜然道：「你今天能和李膺、杜密這樣偉大高潔的人物一同就死，死亦何恨？做人不能太貪，既想留名竹帛，又想優遊壽考，魚和熊掌豈可兼得？」范滂涕泣受教，從容受刑，圍觀者莫不涕泣。

那次一起被殺的才士共有一百多人，真是慘烈。劉備騎在馬上，眉頭不展，暗自歎息。漢家有如此多的忠臣孝子，卻終究不免傾覆的命運。范滂和他的母親固然可敬，然而，光有這種可敬的節操，又於事何補？看來後漢的政治，儒生當政也未必是好事，他們或者優柔寡斷，救世無功，或者心懷鬼胎，持兵觀望，根本沒有拯救朝廷的心思。劉表就是前者，袁紹呢，則是後者。曹操消滅了袁紹，打著興復漢室的旗幟，又豈會真的還政漢室。

要是你有曹操那樣的勢力，你又豈會還政漢室？劉備胡思亂想之中，又突然問起自己這個問題。

那不同，我是劉氏子孫，是漢景帝的子孫，我有勢力，當然也可以自己做皇帝，但是國號依然是漢。就像光武皇帝，重新匡復天下，定都洛陽，依然尊崇劉邦為高祖皇帝一樣，劉氏子孫依然宰割天下，劉氏祖先依舊血食。

可是自己什麼勢力也沒有。作為儒生的劉表，靠著名儒的聲名，獲得了荊州。而他又因為儒術的薰陶，做事優柔寡斷，空守著大片疆土，無所作為。天下的事就是這麼奇怪的。

「將軍，過了這座橋就是襄陽了。我家主公正在橋那邊迎接將軍。」樊城守將來到劉備身邊，低聲道。

劉備縱目對岸，只見對岸漢江之畔，旌旗飄揚，鼓聲喧闐。中間豎著一柄黃羅傘，傘下依稀是一輛豪華的金根車，那大概是劉表的專車。

「多謝將軍指點，備這就立刻過江，拜見劉荊州。」說著劉備一拱手，對身後的關羽、張飛等隨從道，「來，跟我走。」

幾十騎暴風一樣向江對面颳去。

四　反思失敗

劉表在江北接到劉備，很親熱地邀請劉備和自己同坐一車，回荊州牧府邸。府邸裏已經準備好豐盛的筵席，等著專門為劉備等人接風。

荊州牧府邸門前是高大的三出闕，闕前一隊虎背熊腰的士卒，扛著長戟威嚴屹立。闕上則是手持弓弩的士卒，虎視眈眈地望著樓下。闕樓有十多丈高，極為威嚴。

金根車馳到門前，劉表談笑風生，指著闕樓道：「玄德賢弟，我這府邸前的雙闕，比起洛陽銅駝街的雙闕如何？」

劉備笑了笑：「備覺得明將軍府邸前的雙闕，比起銅駝街的，更加高大嵯峨。真是讓人有魏闕之思。」他望見三出闕，心裏有點感慨，劉表雖然這幾年不問北方戰事，但心裏也正做著皇帝的夢啊。像這種三出闕，按照律令，只有皇帝才能享有，而劉表卻明目張膽地拿來豎在自己的府門前，豈不是僭越嗎？他剛才問自己洛陽銅駝街的雙闕，不就是有楚莊王問鼎之意嗎？這個念頭在劉備腦中只是一瞬而過，嘴巴上卻不由自主地恭維起劉表來。

看到劉備這麼識相，劉表喜道：「玄德賢弟，將來有機會，我們兄弟二人率兵北伐，擊滅曹賊，在銅駝街再築兩個更加高大的雙闕，堂堂洛陽帝都，可不能叫人小看。」

「明將軍若真有此意，備願為明將軍負駑前驅。」劉備突然激憤了起來。

劉表看著劉備光溜溜的下巴，微微一笑。

穿過左右內外塾之間的大門，是一面高大的罘罳，上面繪著瑣窗雲紋。真是皇宮的氣派了。劉備心裏暗想，就算讓劉表取了天下，也比落在曹氏手裏好些罷。劉備都不知道自己哪來的這麼多憤激和忠義，他從小就喜好鬥雞走狗，穿漂亮的絲衣，對儒術毫無興趣。那麼現在的想法，也許不是因為教化，而是因為骨子裏真的遺留著漢家皇室的血液。說是中山靖王劉勝的子孫，劉備有時連自己都不相信，但是沒辦法，只能這麼說。一則可以讓自己無端變得自信，二則可以讓別人信任自己。如果人心思漢，自己的霸業就或許會成功。

盛大的宴會持續到了深夜，他們都喝了很多酒，喝得酩酊大醉。醒來的時候，劉備發現關羽正在屋子一角把卷讀書，張飛卻在屋裏踱來踱去，東摸摸西看看，嘴裏嘟囔：「劉荊州還真有錢，客舍裏的擺設也這麼華麗。」

似乎因為秋涼，劉備覺得嗓子裏堵著什麼，忍不住咳嗽了幾聲。張飛看見劉備醒了，大呼小叫道：「大哥，你睡得可真香啊！從昨天晚上到今天下午，現在都快吃晚飯了。」

關羽道：「好不容易來到一個安全的地方，當然要盡情睡一覺。」

張飛跳了起來：「二哥，我張飛在哪兒，哪兒就是安全的地方。你不是整日嚷嚷那個孔子嗎，我們大哥就像孔子，我就是子路，誰要敢欺負我們大哥，我張飛就一矛戳死他。」

「你保護大哥保護得好啊，保護到襄陽客館裏來了。」關羽微笑道。

張飛滿臉通紅：「那是因為他們人多，子路再強，也寡不敵眾啊！」

關羽哈哈大笑。劉備好像對他們的打鬧置若罔聞，只是皺著眉頭，自言自語：「二弟，你有沒有想過，我們在中原打了十多年仗，依舊一無所有，到底是什麼原因？」

張飛嚷道：「這能有什麼原因，剛才就說了，我們寡不敵眾。」

「可是曹操剛起兵的時候，也不過五千人。」劉備有些煩悶。

關羽扔下書，在屋裏踱起步來，嘴裏念念有詞：「是啊，打來打去，打到了荊州，寄人籬下。沒頭蒼蠅，我們就像一群沒頭蒼蠅啊！」

劉備點點頭，道：「對，我們需要謀士，再這樣糊塗地打下去不行了。匹夫之勇，是沒有用的。」

三個人正說著話，趙雲走進來報告：「主公，劉荊州派人來問候，邀請我們去赴晚宴。」

張飛歡喜道：「又有好酒好肉吃了。」

五　拒送質子

荊州牧府邸的議事前殿非常華麗，臺階是彤色的，窗戶是青色的，牆壁則掛滿了色彩絢麗的綢緞。劉表坐在前殿的正中，兩旁分坐著文武下屬。宴會正在忙碌地準備，堂上點滿了枝形的膏油燈，將殿上照得亮如白晝。

但是劉表很不快樂。

在他面前的几案上，擺著一封書信，確切地說，是一封威嚇信，裏面既寫著袁紹病亡的消息，又命令他送質子到許昌。書信是今天早上接到的，這讓他有一種兔死狐悲、唇亡齒寒之感。當年中原有公孫瓚，有袁術，有呂布，有袁紹，現在這些人都魂歸泉壤，獨留下曹操，以曹操的兵精糧足，又善於用兵，自己能是他的敵手嗎？他一直盼望著袁紹和曹操相互殘殺，由他來坐收漁翁之利，現在看來，他的美夢是徹底破滅了。

他在堂上發出真切的哭聲：「嗚呼本初，遽然物化，從此陰陽兩隔，永無見期，痛何如哉！痛何如哉！」他的臉趴在几案上，右手不停地捶著案面，這哭聲是真切的，既是哀痛逝者，又是為自己的前途悲歎。

劉備進來的時候，劉表仍舊滿面淚痕，他看見劉備，心下稍微有些安慰，這豎子是個梟雄，兩個兄弟也是萬人之敵的猛將，有他幫忙，也許景況不會太壞。他擦擦眼淚，強作笑顏，命令侍者將書信遞給劉備，說了書信的大概內容，歎道：「本初一歿，北方再也沒有曹賊的對手了。如今他假借天子詔書，要我送質子入朝，簡直是欺人太甚。」同時又重重拍了一下几案。

劉表的兩個兒子劉琦、劉琮臉上都非常驚恐，送質子到許昌，這可和他們自身密切相關。

這時，劉表身邊的大臣蒯越發話了：「主公無須悲痛——不過曹操是以朝廷的名義要求我們遣送質子的，如果不聽從，他就有藉口對我們用兵了，臣以為此事還要從長計議啊。」

蒯越，字異度，南郡中廬人，號稱前漢建國之初的名臣蒯通之後，是南郡有名的大族，長得身材高大，相貌堂堂，以智慧聞名於海內。靈帝末年，大將軍何進執政，聽說了蒯越的聲名，辟除他為大將軍府東曹掾。蒯越勸何進率兵進宮，盡誅宦官，何進因為妹妹何皇后的反對，沒有採納這個意見。蒯越知道何進不能成事，乃求出為汝陽縣令。後來何進徵召董卓等軍閥進京，想逼迫何皇后下決心誅殺宦官，事洩反被宦官先下手誅殺。董卓旋即勒兵進京，盡誅宦官，見漢室微弱可欺，遂專權恣肆，謀誅其他豪傑，篡奪神器，導致天下大亂。

蒯越後來回到家鄉，這時劉表被拜為荊州牧。劉表雖然在天下早有聲名，在荊州卻沒什麼勢力，只是形單影隻去荊州上任，進入荊州下屬的宜城縣。那個時候，荊州很不太平，被各路割據軍隊和賊盜佔領，袁術屯於魯陽，盡有南陽之眾。吳人蘇代領長沙太守，貝羽為華容縣長，都意圖作亂。劉表和蒯越、襄陽人蔡瑁等共謀大略，向他們討教對策，蒯越獻計道：「治亂者以權謀為先。兵不在多，在能得其人。袁術為人勇而無斷，蘇代、貝羽皆一勇之武夫，不足為慮。宗賊首領多貪暴，為其屬下所憂。我有一些有才能的門客，若派他們去用富貴誘惑這些賊盜，他們一定會欣然前來。那時使君就趁勢誅殺他們，收服他們的部屬。這樣的話，荊州八郡可傳檄而定。袁術等人雖來，又怕他何為？」劉表採用他的計策，果然平復了荊州，穩穩地當上了荊州牧。可以說，如果沒有蒯越的計策，劉表很難在荊州建立自己的功業，對蒯越他一向是禮敬有加的，雙方名為君臣，實同摯友。所以現在他聽到蒯越的建議，雖然不大高興，卻也不好表示什麼。

劉琦卻是公子哥出身，從來不計較什麼利害，當即怒視蒯越道：「君身為章陵太守，又是主公的股肱之臣，難道竟想為逆賊張目嗎？」

有很多才士，選定自己的主公時，是心服口服的。對於主公的嗣子，卻經常會苦惱他們的頑劣，不足以侍奉。對劉琦，蒯越的看法也是如此。他自負才高勢厚，絲毫不把劉琦放在眼中，所以對劉琦的怒視也不以為忤，淡然道：「不敢。只是以逆犯順，以弱迎強，以臣子違君父，這樣的事，蒯越一生從未做過。」

劉琦氣得發抖，他是劉表的長子，如果要送質子，肯定他是首選，到了許昌，顯然凶多吉少，所以他現在驚怒交並。

「主公，蒯越說我們以臣子違君父，曹賊難道算是君父嗎？」他向劉表求救了。

劉表沒有回答，他望了蒯越一眼，不好發作。他知道蒯家在荊州的勢力，當年自己依靠蔡、蒯兩家的勢力才能平復那些盜賊，太平年月對蒯家他也要給面子，何況這種時候。再說，人總不能不知道感恩。他壓住怒火，問身邊的韓嵩：「君的意思如何？」

韓嵩是個耿介之士，也是劉表倚重的左膀右臂，劉表盼望從他嘴裏能吐出一些支持自己的良策。哪知道韓嵩沉默了片刻，道：「曹操擅長用兵，今袁紹兵破身死，二子不和，冀州河北，已盡在曹操囊中。河北一平，曹操必然移兵荊州，主公那時可能抵禦？臣以為，主公不如聽從詔書。」

沒想到聽到的仍是這樣的回答，劉表愈發悲憤，轉而問劉備：「玄德賢弟，今天把你請來，也正是商量此事。剛才賢弟一言不發，難道沒有一言可以教我嗎？」

劉備雙眉緊鎖，早就氣得不行，一聽劉表徵詢，當即大聲道：「明將軍，剛才備聽眾將之議，甚為不解。曹操想篡漢自立，天下共知，所謂詔命，不過是脅迫天子所為。明將軍身為景皇帝子孫，總攬一州兵馬，怎麼忍心看著劉氏江山落入逆賊之手，送質子之事，絕對不可聽從，望明將軍詳察。」

劉表長舒了一口氣：「賢弟所言甚是。不過曹賊新破袁紹，銳氣正盛。我們只怕不是他的對手，奈何？」

劉備道：「曹兵雖盛，然屢戰疲憊。若明將軍肯給備數萬兵馬，備一定為明將軍拒曹操於方城之外。若明將軍悉荊州之兵委備指揮，備可為將軍襲破許昌，誅滅曹賊，還我劉氏社稷。」這種話太狂妄了，而且會引起誤解，座上關羽和張飛都緊張地望著劉備，滿心憂急。

蒯越冷笑一聲，緩緩道：「劉氏社稷，說得好不冠冕。這個劉氏，恐怕是指你們涿郡劉氏，而不是我們主公的山陽劉氏罷。」

劉備話一出口，也發現自己說得太過，但對蒯越的冷笑卻忍無可忍，他臉色通紅，反唇相譏：「備在中原，久聞蒯異度大名，以為是忠臣孝子，今日幸聞尊教，大為失望。」

被人稱為忠臣孝子，本來是光榮的事；被人旋即否認是忠臣孝子，天下還有什麼比這更氣憤的事嗎？所以蒯越也不由得怒形於色，對劉表道：「主公，荊州是主公的荊州，千萬不可將兵馬隨便委派他人啊。」

劉表並不傻，不藉著這個時機給蒯越一點臉色瞧，更待何時？他拍案斥責道：「蒯君，我玄德賢弟仁義著於四海，豈能如你所妄言？再說玄德賢弟好歹是我的客人，你怎可如此無禮，還不快快退下！」

蒯越沒想到劉表竟然大失常態，讓他在外人面前如此丟臉，心中憤抑難耐。但劉表是他的主君，他沒有理由在殿上和主君頂撞，而且他一向自命為忠臣，對主君的話也不好意思不聽，於是怨恨地望了劉備一眼，強忍憤怒，蜷著腰走了出去。

劉表看著他的背影，心中悵然，他轉過頭來，對劉備道：「賢弟果然驍勇，不過曹賊兵銳，我還是暫避鋒芒，和他虛與委蛇一陣罷。」說完他又轉向韓嵩，「韓君，不如你去許昌一趟，窺視一

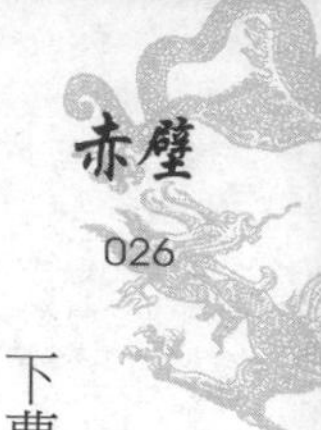

下曹操的動靜。告訴他我長子劉琦身體欠佳，少子劉琮年幼，暫時不能入侍朝廷。君以為如何？」

韓嵩緩緩道：「臣遵命。」

劉表看著眾臣，有氣無力地說：「君等都退下罷，我也有些累了。」兩旁侍女攙扶著劉表進了內廷。

六　蔡氏移情

回到內廷，劉表仍舊怨憤不已，可是沒有辦法，心中只有一種無可奈何的憔悴感。他懨懨地趴在床頭，蔡氏滑膩的雙手在他肩頭上揉搓著，他喉嚨裏發出像豬一樣的哼哼聲。蔡氏聽得不耐煩，打斷了這種聲音：「將軍剛才召集群屬，事情商量得怎麼樣了？」

劉表喉嚨裏咕噥道：「別提了，蒯越那豎子，當真叫人好不氣惱，竟然叫我投降曹操。」

蔡氏道：「他倒為自己打得好算盤，投降曹操，他再差仍不失一個太守的位置。」沉默了一會，又說，「自從我們蔡家和將軍聯姻之後，蒯越就一直心有怨言。」

劉表恨恨道：「他再不高興，又能如何？要不是現在正當用人之際，我定饒不了他。」說著，他又歎了口氣，「夫人深知我心。只是曹操兵氣甚銳，我手下諸將都不堪任用，為之奈何？」

蔡氏假裝不經意地說：「左將軍劉備來襄陽有段時間了，將軍何不派他試試？」

劉表歪著頭，沉吟道：「劉備固然身經百戰，可是野心不小，今天竟然說，如果我把荊州軍隊全部給他，他就可以斬曹操首級獻於麾下。且不論他是否誇口，就算他能做到，曹賊首級一得，荊州還會屬於我劉表嗎？」

蔡氏笑道：「將軍未免太警惕了。劉備一向以仁厚聞名，且又和將軍同宗，怎會覬覦將軍的荊州。」

劉表哼了一聲：「那可難說。」他坐起來，接過侍女遞過的水杯，慢慢地呷了一口水，眼珠一轉，嘴角露出意味深長的笑容，緩緩道：「剛才夫人的看法也不錯，劉備雖一向號稱驍勇，在中原卻屢被曹操擊破。既然他誇此海口，似乎也可以派他試試。」

聽劉表這麼說，蔡氏心中頓時湧起一陣複雜的感情，剛才劉表在前殿議事的時候，她其實也躲在屏風後偷窺，她第一次見到了劉備，稍微有些失望。雖然劉備身材高大，臉上稜角分明，雙耳下垂，兩手過膝，有異人之姿，可唇上頷下竟無一根鬍鬚，像個宮裏的閹宦。蔡氏心目中的英雄可不是這樣的。就長相來說，劉備還不如劉表，劉表身長八尺，比劉備高半個頭，形貌昳麗，鬚髯甚美，當年聞名海內，恐怕也得益於這副姿容。可惜劉表真是應了他的名字，徒有其表，十多年前他單馬來荊州赴任的時候，也算是意氣風發，似乎滿懷澄清海內之志，然而現在……到底是什麼使他變成了現在這副樣子？蔡氏腦中不斷胡思亂想，手上機械地給劉表按摩著，耳邊突然傳來劉表的鼾聲，他睡著了，嘴邊滿是涎水，斑白的鬍鬚上亮晶晶的。蔡氏停住了手，發起呆來。

第二天，劉表單獨宴請劉備，飲過幾杯之後，含含糊糊地說：「今天讓賢弟來，一則是飲酒，二則有事情要和賢弟商量。」

劉備見劉表滿臉疲憊，皺紋好像多了一倍，不禁對劉表有些可憐，他垂首恭敬道：「有事請明將軍儘管吩咐，備洗耳恭聽。」

劉表點點頭：「剛才又得軍報，曹操北伐鄴縣，兵困於河北，南陽空虛，我想，這倒是個北伐的好機會，賢弟以為何如？」

劉備興奮的神情立刻見於顏色：「當然是個好機會，明將軍誠有心，備願負弩前驅，為明將軍率兵進攻宛、葉。宛、葉一下，曹操的南陽就在明將軍的股掌之中了。」

一向傳聞劉備是個喜怒不形於色的人，今天看來似乎不實。劉表心裏暗想。他笑道：「賢弟也這麼看，那真是機不可失了。我本想親自率軍，怎奈我的《新定喪服禮》剛剛完篇，諸生都以為應當開個說經大會，詳細論辯，是以一時不能脫身。賢弟既然願意，就代我一行罷。」

劉備突然有一種非常滑稽的感覺。天哪！生逢這樣的亂世，這位荊州九郡的首腦，竟然還有心情談論經義。他想起了當年袁紹拒絕部下襲擊曹操的建議：「我的幼子如今病重，沒有心情出兵，以後再說罷。」殊不知時不可失，失不再來。兵破之際，全族都要身首異處，何止幼子。他簡直可以想見劉表將來和袁紹相似的命運，怪不得曹操說劉表乃塚中枯骨，光憑這份見識，人家就高出劉表遠甚。這種貨色，拿什麼去抗衡曹操？

然而這倒是自己的機會，他深知除了和曹操對抗下去，絕對沒有任何出路。如今劉表願委派他北伐，這個機會怎麼能放棄？他下意識地頻頻點頭：「肝腦塗地，在所不辭。肝腦塗地，在所不辭。」

劉表道：「如果北伐有功，還可以威震東吳，他們絕不敢這麼放肆了。」

火燒博望坡

第二章

孫權永遠不會忘記建安三年秋日那一天，孫策率領軍隊班師回了都城京口，他陪同留守京口的舊臣去江邊迎接，長天秋水，澄靜如練。孫策和周瑜兩人意氣風發地從船上下來，在如雲的百姓矚目下躍馬馳過京口街市，他們都身穿素袍玄甲，宛如神仙中人。而跟在他們身後的自己，邋遢猥瑣，他不由得自慚形穢。

一　孫權的抉擇

東吳政權首腦孫權這時也並不好過，曹操發出威脅信的時候，並沒有忘了他。劉表接到書信的幾天後，孫權也接到了一份，他召集了所有重臣，緊急商量對策。今年二十歲的、青春勃發的孫權，兩年前才接替哥哥孫策的位置，還從沒應付過這麼重大的抉擇。面對這些跟隨過自己父親和兄長的老將舊臣，他也有一些不安，擔心自己年輕，不能讓他們對自己敬服。

他將曹操的書信輕輕地攤到几案上，道：「曹操新破袁紹，袁紹病死，現在又以天子制詔命令我遣送質子去許昌，諸君看怎麼應付？」

他的聲音好像乳臭未乾，他本身還是個孩子，現在卻要考慮送質子與否的問題，似乎有些滑稽。群臣都沒有說話，孫權有些焦躁，覺得渾身不自在，他不知道該不該發發脾氣。他曾經讀過《漢書》，知道當年漢武帝剛即位時也很年輕，但是他的嚴厲果斷，使前朝舊臣都對之敬畏有加。成為漢武帝那樣的君主，是他的理想。

似乎為了撫慰他的不安，一個身材頎長的中年文臣發話了：「主公，臣以為，既然是天子詔令，似乎可以應允。」

這個中年文臣名叫張昭，徐州彭城國彭城人，擅長隸書，精通《左氏春秋》，自幼博覽群籍，聞名州郡。二十歲的時候，被郡守舉為孝廉，不肯就命。州里才士王朗、趙昱、陳琳都對他深為佩服。天下大亂之後，張昭南渡躲避戰亂，得到孫策青睞，拜為將軍長史、撫軍中郎將，對他十分器重。自從輔佐孫策之後，他經常得到北方士大夫的書信，信中吹捧他的才識，把東吳的治績全部歸到他的名下。他感到惶恐不安，要是把這些信給孫策看罷，孫策說不定會覺得他自以為是；如果不說罷，又怕孫策懷疑他和北方暗通款曲，欲對東吳不利。幸好孫策比較大度，他耳聞這些事之後，不以為忤，反而安慰他道：「當年管仲輔佐齊桓公，齊桓公開口閉口稱管仲為仲父，政事全部委任管仲，終於成為霸主。你這麼賢明，我能重用你，不說明我也正是個明主嗎？」張昭這才放心，對孫策的大度賢明尤為佩服。孫策臨死的時候，特意把孫權委託給張昭，還說：「如果孫權值得輔佐，就輔佐他；如果不值得，你就自己取而代之。」可見對他的信任。孫權自即位之初就依附張昭，對張昭有很深厚的感情，他沒想到張昭這時會說出這樣的話，心中有些不快。他的兒子才兩歲，怎麼能送到許昌去？武帝當年不肯送公主去匈奴和親，我為什麼要送自己的兒子去許昌當人質？平心而論，張昭是個忠臣，兩年前兄長剛死，群臣擾攘，各懷異心，若不是他當庭一呼，擁護自己在兄長靈前即位，現在的東吳江山，還不知道屬於何人。也許像張昭這樣的儒生，忠於漢家天子才是第一選擇，對於自己的忠，頂多類似於掾屬對辟除他們的府君之忠罷，如果有更好的高升機會，他是絕對不會放棄的。孫權憤憤地想。

想到這裏，孫權愈發焦躁，沉默不語。張昭一開口，殿上群臣頓時像開了鍋一樣，議論紛紛，大多贊同張昭意見。孫權愈發懊惱。正在亂哄哄的時候，有人來報：「啟稟主公，中護軍周瑜覲見。」

真是火上澆油，孫權突然有點想哭的感覺。對於周瑜，他說不出來是討厭還是嫉妒，或者還有點畏懼。周瑜的風采、才華讓東吳的很多舊臣非常仰慕，他自己也不例外。但正因為此，他相信周瑜從來不曾把自己放在眼裏。這個人出身廬江郡舒縣的名門，堂祖父周景、堂叔周忠，皆為東漢太尉。父親周異，曾任洛陽令。他本人不但姿容漂亮，而且精通音律，多謀善斷，和兄長孫策同齡，二十四歲的時候，已經名聞江南，孫策拜他為建威中郎將，每一出門，鼓吹開道，騎士夾從，風流瀟灑，道路矚目，吳中都稱呼他為「周郎」。尤其讓孫權有隱痛的是，那一年的九月，孫策準備進攻劉表，把荊州納入自己的轄下，拜周瑜為中護軍，虛封為江夏太守，先進攻廬陵郡的皖縣，打通向荊州的道路。戰爭進行得非常順利，城很輕易地就攻拔了，皖縣產鐵，後漢朝廷設置的鐵官還在，依舊每天採鐵鑄造兵器，攻下它，從此不愁兵器的補充，當然是個不小的收穫。但最重要的收穫是，此役還捕獲了故太尉喬玄的兩個孫女，孫策當即自己就納了大喬，將小喬賜給了周瑜。

孫權永遠不會忘記建安三年秋日那一天，孫策率領軍隊班師回了都城京口，他陪同留守京口的舊臣去江邊迎接，長天秋水，澄靜如練。孫策和周瑜兩人意氣風發地從船上下來，在如雲的百姓矚目下躍馬馳過京口街市，他們都身穿素袍玄甲，宛如神仙中人。而跟在他們身後的自己，邋遢猥瑣，他不由得自慚形穢。

最令人沮喪，或者說最令人戰慄的事還在後面。他們來到飛羽宮臨湖殿，慶功的宴會正要開始，臨湖殿建在半山腰，煙波浩渺的太湖就好像懸在半空之中，秋日的陽光暖暖地照在身上，好不愜意，但一切的榮光只屬於孫策和周瑜兩個人。那兩個絕世的仙女出現了，她們照亮了臨湖殿的每一個角落，刺痛了孫權的心，因為她們分別屬於孫策和周瑜。

無恥！孫策偉岸的大哥形象，在那一刻徹底坍塌了。他得意忘形，竟然在堂上對周瑜說出那樣絲毫不知廉恥的話：「喬公二孫女流離亂世，今大得到我們兩人為丈夫，也算是人生至幸了！」周瑜的回答更加無恥：「據說喬家一向信奉佛教，如果真有佛祖的話，這回一定是佛祖保佑她們遇到我們兩位英雄的！」

想到這裏，孫權一陣抽搐，酸意再次在心中油然而生，但是究竟不好發作，他只是冷冷地問道：「周瑜他不是去湖口巡視了嗎，怎麼又回來了？」他環視群臣，看見他們驚訝的樣子，似乎對自己的冷淡語氣很是不解，又趕忙接著說：「請周將軍進來。」

很快，周瑜滿身戎裝，英姿颯爽地走了進來。孫權感到自己好像成了多餘人，因為他眼睛的餘光甚至看見自己身後兩個執扇的侍女也眼睛一亮，相視一笑。坐在右側的武將們也都情緒激動，臉上露出喜色，好像天上神聖的光輝將要照臨他們。他猜想自己的臉色可能很陰沉，他想假裝變得喜悅些，可是臉上的肌肉卻無動於衷，不聽使喚。

這時周瑜緊步走到孫權面前，低首下拜，道：「臣周瑜參見主公。」

孫權趕忙坐正身軀，極力避免稚嫩的腔調道：「將軍請起，出外巡視，辛苦了。」

周瑜道：「臣當年身受孫討逆將軍厚恩，當誓死相報，豈敢稱辛苦？」

又是孫策，開口閉口都是孫策，這豎子哪裏把我瞧在眼裏？孫權剛才有點平和的心又掀起波瀾。

周瑜繼續道：「主公，剛才聽說曹操下文書要主公遣送質子，臣以為，此事應該徵求太夫人的意見。」

張昭有點不高興了，打斷了周瑜：「公瑾君，太夫人春秋已高，這等小事也去打擾，豈不是多此一舉嗎？」

周瑜斜視了他一眼，哼了一聲，道：「君雖然德高望重，卻究竟只是儒生，不曉兵事。當年我追隨孫討逆將軍費盡千辛萬苦，才打下這江東六郡。現在君輕輕說一句送質子給曹操，豈非等於把我江東六郡拱手送人？」

張昭向來位高勢尊，沒想到周瑜會這麼不客氣，「儒生」兩個字帶著極度蔑視，從周瑜的唇間飛出，張昭一下子呆住了，不知道說什麼好，好一會才反應過來，簡直要跳起來，他極力穩定自己的情緒，反唇相譏道：「公瑾君，君說江東六郡皆是君和孫討逆將軍一同打下的，如今討逆將軍已歿，只有君才有治理的資格了？」

這句話很厲害，周瑜當即大怒：「張子布，我何曾有這樣的意思？孫討逆將軍臨歿前，我周瑜曾和你一起在他床前發誓，一定要盡心輔佐主公，現在你卻勸主公派遣質子，對得起孫將軍的在天之靈嗎？」

張昭看了看孫權的臉色，發現孫權有些高興，似乎得到了鼓勵，朗聲道：「常人可與守經，未可與權。現今曹操勢大，為了主公，我們不得不和曹操假裝妥協。就算對不起死去的孫將軍，我也對得起當今主公。而君卻念念不忘死去的主公，意欲何為？」

周瑜氣得面色發白，手指張昭，嘴裏發不出聲來。

給周瑜一點難堪，固然是好事。但張昭勸自己遣送質子，究竟是個下策。孫權心裏煩躁，道：「好了，二位都是我東吳股肱之臣，不要再吵了。當年廉頗、藺相如將相和睦，秦國才不敢侵犯。孤希望兩位追慕古人，共創大業。」

二　政壇老手吳氏

雖然很不情願，還是得聽周瑜的建議，去問問母親。對於母親，孫權一向敬畏，且不理解自己怎麼會是這個女人的兒子。處死王晟宗族的時候，他也被帶到刑場上觀看。他還依稀記得小時候，親眼目睹王晟和父親孫堅正式訂交，結為異姓兄弟的場景。王晟帶著他的妻子來了，和父母兩個相見，互告年庚，酹酒酬酢。是的，大漢的風俗，兩個男人之間，如果只是嘴巴上說的交情，而不互相出見父母妻子的話，那就不會是真正的交情。只有讓妻子都互相拜見了，那才說明，他們將來有著共同保護對方家族的義務，這是大漢世間不成文的規矩，是約定俗成的道義，絕不應當違反。可是母親卻赤裸裸地把它踐踏了，而且踐踏得那麼無恥且肆無忌憚。他不懂得母親的心為什麼那麼惡毒，這不是那個當年和王晟的妻子一起對飲歡笑的母親，那時的她，看上去是多麼溫柔婉順啊！

尤其是，他哥哥孫策強迫王晟親眼觀看自己妻子宗族處死的慘狀時，他母親還假模假式地勸慰王晟。這超出了「惡毒」兩個字所能評價的範圍，那麼該用什麼字來形容呢？

想起這些，他就覺得一陣乾嘔。母親是個極有心計的人，他相信她的冷酷是天生的。他聽說過母親為什麼會嫁給父親孫堅的舊事。當年孫堅聽說母親有美色，就派人求婚。母親的吳氏宗族一家都覺得孫堅為人狡猾殘忍，紛紛提出反對意見。母親卻說：「諸君既然知道孫堅的為人，卻拒絕將我嫁他，不是給宗族自取禍釁嗎？為了宗族的安全計，還是讓我嫁罷。如果他對我不好，那也是我的命。」

那不是她不甘於接受的命，而是她的願望，她的願望就是要嫁給父親那樣凶狡的人，通過父親的凶狡給自己的心輸送快樂。孫權一直這麼覺得。

「你阿兄一死，曹操就敢讓你遣送質子，豈有此理！」聽了孫權的彙報，吳太夫人果然大怒。

孫權額上冒汗，嘴裏只是本能地回答：「母親息怒，都怪兒子無能，讓母親擔憂。」

周瑜勸慰道：「太夫人息怒，主公雖然年少，卻一向多謀善斷。曹操如此驕慢，都是欺臣等無能，不足以藩護江東。」

張昭也稽首道：「老臣庸碌，辜負太夫人厚望，死罪死罪。」

吳太夫人看了一眼張昭，道：「子布請起。」又很快轉向周瑜，「公瑾，君且說說，此事當如何應付，老婦洗耳恭聽。」

周瑜抬頭，急切道：「既然太夫人不棄，臣就冒死直言了。周朝的時候，楚國初建，方圓也不過百里，而後楚國歷代君主前赴後繼，篳路藍縷，開疆拓土，最終連綿五千餘里，蔚為大國。如今主公仰仗父兄餘蔭，擁有六郡之地，兵精糧足，正可以割據一方，觀天下之變，豈能送質子給曹操？一送質子，便會受曹操掣肘，再無南面稱孤之樂。因此，臣以為萬萬不可遣送質子。」

吳太夫人不由得拍起掌來，叫道：「很好，公瑾，不枉我死去的策兒對君一直欣賞有加。」她轉而對孫權道，「聽見了嗎？公瑾和你死去的阿兄情同手足，我一向也把他當兒子看待。你今後也要把他當成你的兄長，時時請教。」

孫權囁嚅道：「是，母親。」

吳太夫人又道：「好好款待曹操使者，裝辦厚禮，讓他回去覆命。至於我們這邊，繼續休養生息，以觀時變。荊州劉表懦弱無能，你的目標，應當在他。如果能取得荊州，既為你的父親報了大仇，也有足夠的力量和曹操抗衡。」

孫權又機械地回答：「是，母親。」

「明年春水一漲，就是出征的良機。」吳太夫人愴然道，「黃祖那老豎子，害死我的夫君，不知什麼時候可以拿他的首級來祭奠。」說著，她的眼淚出來了。

周瑜和張昭都趕忙道：「請太夫人節哀。都是臣等無能，不能早日梟仇人之首，祭奠先將軍。」

吳太夫人擦了擦眼淚，指著孫權道：「是我這個兒子無能罷了，豈怨諸君。」她頓了一頓，又道，「據說左將軍劉備投奔劉表了，此人聲名聞於天下，恐怕是個勁敵。」

周瑜臉上有點不屑：「劉備，一亡徒耳，在中原屢戰屢敗，惶惶如喪家之犬，恐怕算不得什麼勁敵。」

吳太夫人笑了笑：「若我東吳都是公瑾這樣的驍將，何愁天下不克？不過，劉備能讓曹操也對之忌憚，讓袁紹、劉表都不惜屈尊致禮，厚待有加，必有不凡之處。他屢敗屢戰，也許只是因為時運不佳。趁他現在未得劉表重用，我們要盡快攻拔荊州。一旦劉備在荊州羽翼豐滿，我們就後悔莫及了。」

三人面面相覷，應聲道：「是。」

三　劉備北征

此刻，劉備正率領三千士兵行走在通往宛縣的大道上，他神色從容，緩轡徐行。關羽、張飛、趙雲三人簇擁在他左右。張飛嘟囔道：「劉荊州待客倒還算大方，怎麼派起兵來如此小氣。問他要一萬兵馬，只肯給三千，而且騎兵不足五百，如何去打仗？」

關羽道：「大哥，前幾天劉表剛派了韓嵩去許昌觀望，怎麼又突然起了北伐的念頭？」

劉備遙視遠方，道：「自古兵以詐立，派韓嵩去許昌交好，同時派兵北伐，不是可以打曹操一個意料不及嗎？」

關羽搖頭道：「我看沒這麼簡單，大哥前幾日在堂上說話太直，必定引起了劉表的疑慮。」

劉備嗯了一聲：「我現在也很後悔，只是當時蒯越、韓嵩一味勸劉荊州投降曹操，實在讓人惱恨。」

「劉表突然答應讓大哥出征，卻只給區區三千人馬，豈非借刀殺人。」關羽道。

張飛道：「就算借刀殺人，也還是要打。有三千兵馬，強似沒有，誰敢說我們一定打輸？」

關羽道：「三弟說話最沒道理，剛才還抱怨兵少，無法打仗，轉眼間就換了說法。」

張飛環眼圓睜，待要爭辯，劉備苦笑道：「兩位兄弟，不要吵了，現今我們流落到此，寄人籬下，別無選擇。好在曹操大軍在北，宛縣守軍不多，當無大礙。」

他不知道曹操親率二十萬大軍，前天晚上已經到達了宛縣，此刻也正在喬玄墓前祭祀，準備誓師南伐荊州的新野了。

喬玄墓前供桌上擺放著牛、豬、羊三牲，剛剛升任冀州牧的曹操，渾身上下洋溢著飛揚跋扈的氣息。這也許是合理的，勝利者總是可以盡情揮瀉任何情緒，不管是讓人快樂的還是讓人不快的。在他周圍旌旗蔽日，環繞著數不清的甲冑鮮明的士兵。誰要是能指揮這麼多軍隊，誰都免不了會豪氣干雲。

祭禮完畢，曹操大聲對身旁的將軍、謀士道：「我當初起義兵，是不忍見百姓流離，意欲為天下除殘去穢。這十多年來，不但百姓遭受兵燹之苦，我往日的朋友也死喪略盡，走遍天下，竟碰不到幾個熟識的面孔，每一念及，不覺悲傷悽愴。現在邀天之幸，中原賊氛庶幾掃清，諸君都當立廟祭祀舊識，如果死者有靈，一定會為此欣慰的。」

他又指了指墳墓：「這裏躺著故太尉喬玄，也是我的父執輩。我年少時，蒙他照顧不少。他兒子喬瑁，也是我的好友，後因戰亂逃到皖縣，建安三年，孫策豎子率領賊兵圍皖，喬瑁身亡，有二女落入賊手。我這次征伐劉表，若一切順利，將浮舟江漢，責令孫權將二女送還許昌，我要好好為她們擇良人遺嫁。」

站在他身邊的大臣孔融，聽到這裏，忍不住嘴角上挑，輕笑了一聲。曹操斜眼瞥了孔融一眼，頗為惱怒。孔融祖籍魯國魯縣，字文舉，是孔子的二十世孫，年幼時就天下聞名。父親孔宙官為太山都尉，他自己曾經當過北海國相，擅長屬文，因此非常自負。曹操早就看不慣他了，他推薦的禰衡也是恃才自傲，竟在曹操面前裸體擊鼓，無禮之極。殺他罷，怕承擔害賢的惡名；不殺罷，又實在嚥不下這口氣，只好將禰衡推薦給劉表，劉表起初待禰衡也是客客氣氣，禰衡卻依舊傲慢無禮。劉表受不了，又把他推薦給自己的部下江夏太守黃祖。禰衡猶不悔悟，因為一點小小的不快，對黃祖也大加侮辱，黃祖是純粹的軍人，可不懂得玩政治、裝涵養那一套，一刀將禰衡斬了，曹操這才覺得出了一口惡氣。孔融和禰衡正是一丘之貉。當年攻破鄴城的時候，長子曹丕納袁熙妻甄氏為妾，孔融竟然諷刺自己，說這是「武王伐紂，以妲己賜周公」，當時就恨不得殺了他，只是時機未到。現在這老豎子簡直是愈發囂張了。他笑什麼，曹操完全能猜出來，是的，自己到時把二喬弄回許昌，自然不想為她們擇人出嫁，而想據為己有，這想法大概被他猜到了。但那又怎麼樣？男人誰不好美色，你要有本事，你也去取啊！他預備等到自己平一宇內之後，再來整治這些輕薄的儒生。至於現在，還不得不借助他們的名氣，為自己保留招賢的美名。關於二喬，曹操也覺得自己對不起她們，當時孫策進攻皖城的時候，他不知道喬瑁和妻子宗族都深陷其中。就算知道，也沒有力量去救。他最後一次和喬瑁相見的時候，二喬已經長得楚楚動人了。她們被孫策豎子搶了去，孫策和周瑜一人霸佔了一個。兩個人都是青春年少，自己卻是垂垂已老。但是，正因為此，對之就分外嫉妒。

這時夏侯惇道：「主公真是仁厚，可笑那劉表不知死活，竟然派劉備那豎子率三千殘兵來進攻我們，豈非自嫌命長嗎？」

曹操從懷舊的思緒中醒了過來，他握著馬鞭，環視他的士兵，說：「劉備不可小覷，只是一直時運不濟，如果他能統領荊州，孤的大軍恐怕只能止步於南陽了。」他走上戰車，站在車上，對面前的將領大聲道：「聽孤號令，立刻進軍新野！」

如林般攢刺向空中的矛戟緩緩移動起來，迅即，這片長龍般的矛戟之林就向新野縣方向飛馳而去。

四 夏侯惇追擊劉備

劉備派出的探馬很快發現了宛縣方向奔馳過來的曹軍，大驚失色，當即勒轉馬頭，向來路狂奔。

聽到探馬結結巴巴報告完，劉備嚇得差點沒從馬上栽下，怎麼如此命苦，本以為曹操忙於征伐袁紹的兒子袁譚、袁尚，自己可以出其不意攻拔宛、葉兩縣，小立威風，堅定劉表重用自己對抗曹操的決心，沒想到曹操在這種時候竟然有閒心南征。

但他究竟久經戰場，知道這時候該做什麼。他沉聲道：「離此處還有多遠？」

探馬道：「大約不到兩百里。」

劉備道：「再探來報。」然後轉身告訴關羽、張飛：「命令前軍，立即停止行進。」

緊接著，整個隊伍頓時慌亂起來，傳達命令的士卒騎馬飛奔，四處響起「停止行軍」的命令。蜿蜒行進的隊伍像中了霜凍一般，霎時凝固了。

「曹操親率大軍二十萬，向荊州撲來，諸君有何良策？」劉備望著關羽、張飛、趙雲以及有限的幾個文士謀臣。

張飛搖了搖他碩大的腦袋，道：「我張飛生平最愛廝殺，可是人家來了二十萬，還能有個屁良策，只能趕快撤退。」

關羽也道：「三弟說得是，我們先撤回新野固守，再向劉表請求救兵。」說著勒轉了馬頭。

無法可想，劉備只能果斷下令：「傳令下去，後軍變為前軍，火速撤回新野。」

凝固不動的軍隊立刻向相反方向蠕動起來，士兵邊跑邊議論紛紛，曠野中充滿了緊張的氣氛。

劉備撤兵的消息，自然也第一時間傳到了曹操耳中，他正躺在軒車上閉目養神，聽到探馬的稟報，幾乎不假思索，當即下令：「給我傳令下去，急速銜枚追擊，先獲劉備者封萬戶縣侯；獲關羽、張飛者，封五千戶鄉侯。」

軒車急速行進，士卒們個個都把掛在頷下的木棍銜在口中，加快了腳步。按照《軍律》的嚴格規定，弓弩兵同時將弓弦上好，掛在肩頭。

滿天的飛塵，幾乎遮蔽了這支軍隊，若隱若現，好像他們飛翔在雲中。沒過多久，一騎馬從灰塵中射出，上有一士卒上氣不接下氣地號叫：「大將軍！大將軍！」

曹操在軒車上聽得真切，奇怪道：「什麼人？給我停車！」馭手將轡銜一拉，駟馬嘶鳴一聲，停住了腳步。

那馬上的士卒趕上軒車，滾鞍下馬，從背上解下一個竹筒，曹操身邊的護衛接過竹筒，遞給曹操。

曹操拆開封條，從裏面抽出一卷文書，展開一看，不由得皺緊了眉頭。他飛速地考慮了一下，突然將文書一捲，從車上站了起來，大聲道：「傳我的命令，立刻回師許昌。」

他身邊夾護的眾將們都呆了，夏侯惇晃了晃他只有一隻眼睛的可怕腦袋，粗聲道：「現今擒獲劉備在即，主公為何突然回師？」

曹操揚了揚手中的文書，歎道：「許昌急報，袁譚豎子知道我出兵南征，糾結匈奴、烏桓騎兵十幾萬人襲擊許昌。如今許昌空虛，我不回師又能如何？」

圍著的眾將當即緘默不語，他們的家小都在許昌，如果許昌城破，等於讓袁譚捕獲了一大堆人質，誰還有什麼打仗的心情。

曹操沉吟道：「嗯，但就這樣放跑劉備，又怎能甘心？」他抬起頭，掃視了一眼眾將，「哪位將軍願為我率軍繼續追擊劉備？」

夏侯惇圓睜獨目，大聲道：「主公給臣一千兵馬，臣必生擒劉備獻於車下。」

曹操想了想，道：「夏侯將軍，我給你步騎五千。若斬得劉備首級，可封萬戶。」他又面朝李典，「李將軍，你輔佐夏侯將軍一起追擊劉備，千萬謹慎，不可大意。」

李典是山陽郡巨野縣人，豪強地士出身，勢力極大，宗族人丁總計有三千多口。他的秉性和夏侯惇不同，一向喜歡讀書，對文士儒生非常禮重，和他們談話，總是既恭且敬，對普通士卒也很愛護，所以軍中人一向稱他為長者。曹操一向看重他，知道他善於謀略，做事穩重。但其他將軍比如于禁、張遼都不喜歡他，和他脾性不投。此刻聽到曹操吩咐，李典趕忙答應：「請主公放心，臣遵命。」

曹操重新用一種舒適的姿勢坐在軒車上，閉上眼睛養神，侍者趕忙拉上帷幕，曹操在帷幕內道：「就此回師，給我傳令曹純，讓他率五千虎豹騎星夜趕往許昌解圍，我親率大軍在後接應。」

很快，在曹操的大軍的前方，一支五千人的軍隊繼續向新野方向進發。另一個方向，五千精銳的輕甲騎兵向閃電一樣從曹兵陣營中分離出來，朝許昌的方向飛馳。

五　火燒博望坡

上天好像不忍放棄劉備，這次他贏了。探馬再次及時報告了曹操大軍回撤的消息，只有一支大約五千人的軍隊在後面繼續追趕，領頭的將軍據說是夏侯惇。

劉備心中一陣欣喜，畢竟身經百戰，他略微思索，就想出了一個破敵的主意。他知道前面不遠處有一座豫山，豫山右邊是一片密密麻麻的森林，名叫安林。兩者之間的高坡，名叫博望坡，博望坡側的道路極為狹窄，這樣的地勢，採用火攻可能會有效果。

他當即下令：「將輜重全部扔掉，甲冑扔掉一部分，輕裝趕路。」

傳令兵勒轉馬就走，劉備又趕忙叫住他：「就說本將軍有破敵良策，敵兵很少，不足為懼。大家嚴格聽從部曲號令，違令者立斬不赦。」

夏侯惇追上來的時候，只見滿地的鼓吹、戈矛、甲冑、鑼鼓等軍中用具。他想，劉備這豎子雖然驍勇，但究竟統轄的是劉表撥給他的烏合之眾，沒有見慣陣仗。這次斬獲劉備，我夏侯惇的威名恐怕要暴漲，劉備畢竟久負盛名，趁著這個戰勝之威，得斬掉幾個敢於笑話他的人。自從在初平四年征討呂布時被射瞎了一隻眼睛以來，軍中就一直有人稱呼他為「盲夏侯」，據說連主公的兒子曹植和身邊那些著名的文士們在鄴城西園裏一起談笑時，也這麼叫他，他只有乾生氣。治不了曹植，殺幾個其他的人解氣也是可以的，他最討厭那些鼓唇搖舌的文人了，自己在前方打仗，他們肩不能扛，手不能提，嘴巴卻比毒蛇還毒，他恨不能把他們殺個精光，或者乾脆請求主公頒令，以後有人敢提到「盲夏侯」三個字，全部腰斬。這樣的請求很奇怪，他想，但也許主公會破例答應。這天下就是由強者主宰的，只要主公願意，頒布什麼法令都可以。

「夏侯將軍，」李典勸道，「劉備久經戰陣，狡猾多端，拋棄輜重甲冑，恐怕有詐，而且前面道路狹窄，草木幽深，萬一有伏兵，我們就會全軍覆沒，不如先派探馬察看一番，再作計較。」

夏侯惇不屑道：「李將軍膽怯嗎？劉備率領一群烏合之眾，本想偷襲宛縣，聽見我們發兵，嚇得轉身就跑，哪裏會有什麼詐？你如果膽怯，就率步兵在後，我自率騎兵追擊。」

李典搖頭道：「主公派我輔佐將軍，就是知道將軍勇悍有餘，卻容易衝動，請將軍三思。」

夏侯惇長笑道：「陣前勇悍，總強於膽怯。你不必說了。」他轉身吩咐侍衛，「快去傳令，隨我來。」說著縱馬提矛，向博望坡上奔去。兩千馬隊跟著他，閃電般衝進了安林之中。

安林中一片靜謐，夕陽照在豫山和安林之上，鋪上了一層金光，到處是一片自然寧靜的氣氛。夏侯惇開始隱隱覺得有些不對，他想下令回師，又怕被李典笑話。再一想，劉備僅有三千人，就算有詭計，也未必能佔多大便宜。正是猶豫不決之際，突然鼓聲大震，數不清的旌旗從豫山上升了起來，緊接著，山上如夢幻一般，湧起了大隊士卒，每個人手指都挽著強弩。這下夏侯惇再也無法安慰自己了，心裏一下子沉到了谷底，他還沒來得及說話，突然只聽見四面都是喊聲，同時弓弦聲亂糟糟地響成一片，亂箭如飛虻般從山上飛撲而下。

好在他身邊的貼身侍衛手腳快，蜂擁而上，盾牌手像鐵桶一樣，圍住了夏侯惇。夏侯惇強壓住驚慌，大吼道：「劉備豎子，不過就是這點花招罷了，傳令下去，向樹林方向撤退，等他們箭矢射盡，我們圍住山頭，困死他們。」

安林筆直的樹木密密麻麻，在林子裏走路，隨時都會撞上樹，何況奔逃？在夏侯惇的命令下，曹軍士卒們跌跌撞撞地紛紛跑向安林深處躲避，徒卒還好一些，騎兵尤其不適合在林間活動，不時有馬匹被樹林枝蔓絆倒，士卒從馬上栽下。雖然離山頭越遠，箭矢離他們的距離也越遠，但在林中奔馳的不便，更讓曹軍大為狼狽。

劉備的步兵強弩手分批佇立山坡之上，輪流向夏侯惇的馬隊射擊。夏侯惇大吼道：「全部下馬，盾牌手向前，擋住箭矢。弓弩手在後回射，長矛手殿後。」

他的話音剛落，安林的另一邊突然呼的一聲，一團團大火球從林子另一面滾來。霎時間，火光籠罩了曹兵。濃煙沖天而起，林子裏不斷響起士卒們的哀號。

六 重賞與猜忌

襄陽的南郊有一排房屋，有不少儒生在這裏晝夜苦讀，這是劉表設立的招賢館，專門接待四方來荊州避難的賢才。館裏的一應用度，自然是劉表提供。不管北方郡縣和南方的江夏郡如何烽火連天，襄陽卻一片弦歌之聲，使人恍然以為自己來到了王道樂土。

蔡氏對劉表此舉很不以為然，曾經勸道：「方今天下擾攘，將軍當擢拔管仲、樂毅那樣的治國人才，這些儒生，只會誇誇其談，有什麼用處。」劉表大怒，這番話顯然觸傷了他的自尊，他劉表少年成名，所靠的就是儒術。而且他深深相信，大亂之世，更需宣揚儒家節義，使天下歸心，重還太平。為此他經常蒞臨這裏，親自給儒生們講經，他對儒家的禮學相當精通，他甚至覺得自己的著作真的能傳之久遠。誠然，如果能奪取天下，一匡宇內，立德揚名，也可以不朽。但那究竟十分困難，他老了，對此的確感覺有點有心無力。而且，他一想起自己兩個不成器的兒子劉琦和劉琮，就愈發灰心失望。那不應該是他劉表的兒子，他覺得，他們沒一點像他。他一生最討厭的孫堅，雖然兇殘狡詐，可是他也不得不承認，人家的兒子才是優秀的，長子孫策竟憑著殘留的一千部曲，打下了江東六郡。如今次子孫權即位，不過二十歲，也把江東治理得井井有條，還有餘力時時來騷擾江夏。面對這樣慘澹的前景，就算自己有能力打下了江山，又交給誰去守護呢。

這天，劉表又來到招賢館給儒生們講經，正講著的時候，劉備火燒博望坡、擊破夏侯惇的戰報來了。劉表呆了半晌，立刻結束講經，回荊州刺史府。他要把這個消息立刻告訴掾屬，看看他們會有什麼反應。

蔡瑁第一個表態：「主公應當重重犒賞左將軍，只有信賞必罰，才能激發荊州士氣，使百姓眾志成城。」

蔡瑁是自己的親戚，既然他都贊同善待劉備，那麼自己還能有什麼疑忌呢？劉表心裏一陣輕鬆。

劉表點點頭：「嗯。左將軍下午就到襄陽，我已經吩咐取黃金萬斤，為左將軍犒軍。同時給他增撥兩萬兵馬，為我守護新野。」

蒯越搖頭道：「主公且慢，臣有異議。」

劉表瞟了他一眼，不悅地說：「蒯異度又有何言？」

蒯越道：「劉備這次不過是採用詭計，僥倖取勝而已，夏侯惇是天下名將，如果硬拼，劉備一定不是對手。」

蔡瑁道：「蒯君此言就有些過了。孫子云，上兵伐謀。至於硬拼，不過是匹夫之勇，何足道哉？左將軍以三千老弱之兵，剪滅敵軍五千驍勇之士，這可不是一般人能夠做到的啊。」

蒯越道：「蔡君怎麼為劉備說起話來了，就算劉備了得，我們一味吹捧他，也會弄得荊州人心浮動，要是百姓都去投奔他劉備了，荊州還會是我們主公的荊州嗎？」

這句話倒說得有些道理，劉表不由得心裏一動。

蔡瑁有些尷尬，轉頭強笑道：「不至於罷，劉備一向仁愛，我們主公又是他的同宗，他怎麼會生異心？」

蒯越哈哈大笑：「這正是劉備工於心計的地方，蔡君和我一開始就追隨主公，現在卻被劉備蠱惑，一意為劉備說好話，這不正好說明劉備的蠱惑力不一般嗎？」

蔡瑁有點怒了：「蒯君這話是什麼意思，舍妹就是主公的夫人，難道我會對主公懷有異心？」

蒯越輕描淡寫地說：「蔡君多心了，這是君自己說的，在下可沒這麼說。」

蔡瑁還想爭辯，劉表止住了他們：「不要爭了。左將軍一向當孤是兄長，他的為人，孤再清楚不過。就這麼定了，待下午左將軍一到，立刻擺宴款待。」

七　蒯越的陰謀

雖然打了勝仗，劉備心裏倒沒有太大的快樂。這種小小的勝仗，在他劉備一生中也並不少有，建安元年，他揮兵擊殺楊奉、韓暹；後兩年，又擊殺徐州刺史車冑；建安六年，殺曹操派遣的追將蔡陽。但一碰到勁敵，卻屢戰屢敗，曾經兩次被呂布擒獲妻子，若不是曹操相助，妻子早就死在呂布手中；每次和曹操交戰，也無不敗績。東逃西竄，難以定居。這都是什麼原因呢？其實他早已知道，是因為自己沒有得力的謀臣。他想起先祖劉邦之所以能夠創立漢朝，就是因為內有張良、陳平等一干謀臣為輔佐，外有韓信這樣智勇兼備的名將為干城，還有曹參、周勃這樣的猛將以為爪牙，才能最終成就大業。現在他身邊勇士有關羽、張飛、趙雲，卻沒有張良、陳平。可是，這世上的張良、陳平並不那麼好找，就算有，人家憑什麼投奔他勢窮力弱的劉備，而不直接去輔佐曹操呢？

這時荊州刺史府披紅掛綵，異常熱鬧，府前鼓吹奏樂，迎接劉備的凱旋之師。士卒們抬著這次繳獲的曹軍軍實，陳列在刺史府兩側的廊廡之下。府中的露臺上，筵席正在準備，以劉表為首的荊州群臣，準備在此為劉備接風洗塵。

站在樓閣上往下張望的蔡氏，看見了劉備和她丈夫劉表並排緩轡騎入府門，那種英武伉健的姿態，和自己的丈夫截然不同。光年歲就差近二十歲。她想，丈夫是真的老了，自己才三十出頭，換掉他，對荊州和自己或許都有好處。

蔡瑁望著妹妹發呆的樣子，道：「前兩天議事的時候，蒯越奇怪我為劉備說話。」

蔡氏道：「那又怎樣，哥哥你不是掌握全部水軍嗎，到時將蒯氏家族一併解決，他就不能再怪你了。」

蔡瑁道：「主公雖然糊塗，究竟我輔佐他已經十多年之久，君臣之誼深重，現在還有婚姻之親，實在不忍反目啊。」

「你為主公著想，怎麼就不為你的妹妹著想？」蔡氏道。

蔡瑁道：「難道你和主公夫妻數年，就沒有一點夫妻之情嗎？」

「生逢亂世，宗族性命將且不保，又安能顧什麼夫妻之情。」蔡氏想了想，繼續道，「俗話說以義割恩，況且我和他也沒有一子半女，我可不想這輩子沒有一個自己的孩子。他兩個兒子都和我不親，現在他年過花甲，一旦有不可諱之憂，我又去依託何人？大丈夫當斷不斷，後必有悔，阿兄你怎麼還不如我這個女子。阿兄不忍，我也不是狼心狗肺，事成之後，我們照樣養著他富貴終老，也就是了。」

蔡瑁道：「雖然他是靠我們家族的力量才登上荊州牧的高位，但既然君臣名分已定，又豈能反悔，我們蔡家從來沒幹過這樣不顧節義的事情。」

「再大的羞恥，也比不上滅族破家。」蔡氏怒道，「我不能眼睜睜看著荊州毀在劉表手中。何況現在天子蒙塵，曹操專政，他們世受漢家隆恩，尚且不講君臣名分，何況我們。」

蔡瑁喃喃道：「竊鉤者誅，竊國者為諸侯。他們實力雄厚，可以不講，我們不講則禍在旦夕了。妹妹要慎重考慮。」

蔡氏道：「無須考慮，當今天下洶洶，那個人竟然沉迷自己的《新定喪服禮》，沒時間去打仗。我看他的那個《新定喪服禮》，正是為自己準備的。阿兄即使不支持我，我也不能再忍了。」

蔡瑁點點頭：「那好，為了宗族和荊州的安危，我們就試試罷。他們已經下馬了，我們下去罷。」

兄妹兩人下到露臺，劉表、劉備等人已經坐好，群臣也都到齊，準備飲宴。劉表首先舉爵，說：「先以此爵酒敬謝天地，為荊州的永遠安寧！」說著將酒灑在地下。眾臣也都效法他，將酒爵傾倒，酒水灑了一地。

劉表道：「大家無須講究禮節，今日不醉無歸。」

臺上頓時觥籌交錯，歡聲笑語充溢著露臺。也不知過了多久，突然一陣喧嘩聲從府邸的院牆外傳了進來，守候府門的衛卒大聲呵斥，闕樓上的發弩士也緊張地轉動安置在欄杆上的強弩。劉表瞇著眼睛望著闕樓，吩咐身邊的衛卒，道：「什麼事，去查看一下。」

衛卒答應一聲，匆匆下臺而去，一會兒喘著氣跑上來，大聲報告道：「主公，有幾個軍中裨將，說非常敬佩左將軍的用兵與為人，執意要當面給左將軍敬酒，希望今後能在左將軍麾下效命。衛士們礙於律令，不讓他們近前，他們抵死不肯退去，是以喧嘩。」

劉表心裏陡然一沉，不知道是什麼滋味，他順口「哦」了一聲，看了一眼劉備，強笑道：「看來賢弟真是深得人心啊！」

劉備心裏暗暗叫苦，這一定是有人想陷害自己，他投身戎伍十多年，對軍事瞭若指掌，深知衛卒報告的這種情況在軍中絕不可能出現，這是明目張膽地蔑視主君的行徑，除非那些裨將想找死。他趕忙伏席道：「慚愧，備無德無能，所以輾轉中原十幾年，毫無建樹，多虧明將軍收留，才能苟延殘喘。此次北伐小勝，也全仗明將軍的威名，備何敢居功。」

蒯越在嘴角微微露出奸笑，道：「左將軍何必謙虛，現在荊州士民都如此擁戴將軍，可喜可賀啊。我看，左將軍再不出去，會激起兵變的。」

劉表深深吸了一口氣，語調冷冷地對蒯越道：「放肆，給我退下。」說著他站起身來，「我今天累了，你們繼續陪左將軍痛飲，不醉無歸。」又把目光投向蔡瑁，「你去徵發所有衛卒，將門口為首鬧事的人全部抓起來斬首示眾。」

說著，他登登登走下樓梯。一干群臣望著他的背影，目瞪口呆。蔡瑁在旁，斜眼看了看蒯越，發現他神情陡然有些緊張，恍然感覺明白了什麼。

第二天，正在酒醉苦悶的劉備接到命令，讓他帶兵到新野縣駐紮，警伺曹操的南征。

蔡氏青眼惜劉備

第三章

劉備情不自禁張臂攔住她，蔡氏身材嬌小，頓時就在他懷抱中。這是他對待自己所喜歡女人的習慣性動作，蔡氏好像有些羞澀，趁勢就倚在劉備懷裏。劉備想，現在就算是陰謀，也洗不清干係了，他腦子裏一片空白，兩隻手徒自在空中舉著，不知道怎麼辦好。

對於被劉表安排到新野來守衛荊州的門戶，劉備並沒有多大的失落。待在荊州又怎樣？難道劉表就會讓他掌握衛卒水軍，就會把荊州牧的位置讓給他？顯然不可能。這樣倒不如待在新野，橫豎有個自己的空間，或許可以招兵買馬，積蓄力量。只是由於新野靠近邊境，原來的百姓大多逃離，使得這裏除了駐軍之外，幾乎沒有人煙。沒有人，又怎麼樣去招兵買馬？好在此後很久的一段時間，曹操都忙於對付袁譚等人的殘餘力量，沒有功夫南征，劉備倒也落個清閒，但是清閒並不能讓他快樂。自從投奔劉表以來，又是幾年過去了，他已經撒開了邁向五十歲的腳步，當年劉邦起兵的時候雖然已經四十七歲，但五十四歲的時候，已經平定天下，建立了帝業。光武帝劉秀，自己更不要比，人家三十一歲的時候，就稱帝於鄗。想起這些，怎能不讓人灰心失望。

新野縣廷前有一座小山，山上建有一個亭子。空閒的時候，劉備就在亭子裏眺望著遠方連綿起伏的山脈，遠處群山如黛，樹木蔥蘢，燕子在山間飛來飛去，春日融融的陽光瀰漫在這裏，好一片寧靜。

張飛對待在新野極其不滿，時不時要發一通無名火。在這春日的陽光之下，一個士卒正在幫他洗頭，張飛一邊享受著熱水浸泡頭皮的那種麻酥酥的快感，一邊對坐在門檻上看書的關羽道：「二哥，我們來新野兩三年了，你說，大哥天天爬到亭子裏去，坐在那裏想什麼呢？」

關羽只管看他的《春秋》，對張飛的詢問置若罔聞，毫無反應。張飛有些不滿，他抬起濕淋淋的腦袋，抱怨道：「二哥，你成天看書有個鳥用啊，看書也看不來地盤。也不想著去安慰一下大哥，你看大哥心情不好嘛。」

關羽這才抬起頭，悶聲道：「安慰，安慰又有個屁用，上次博望坡勝利，劉表只給大哥增了三千殘兵，讓大哥到這偏僻小縣來守衛，除非我能變出幾萬兵馬，要不然……」他重重歎了口氣，把話收住了。

張飛又把他的大腦殼浸回到木桶裏，甕聲甕氣地道：「也是，以前以為劉表不錯，沒想到竟把我們當賊防，還讓我們兄弟來這幫他看家護院……」他話還沒說完，突然發出殺豬般的號叫，「哎喲……你他媽的想燙死老子啊。」說著披散著頭髮，一手抓住那個給他洗頭的士卒就猛捶，咚咚咚闐然有聲，那士卒的胸膛也不是皮鼓，一時間疼得哭爹叫娘。

關羽看不下去了，大步跑過去，拉開那個士卒，道：「你回去好好休息，別理會這蠻牛。」又對張飛道，「我說，這小兵身體瘦弱，哪禁得起你這般蠻打。」

張飛呸了一聲，道：「這種小豎子，不揍不乖。也只有二哥你好說話。」

關羽哼了一聲，道：「有能耐你去對付那些王侯將相，拿一個小士卒出氣算什麼本事。」

張飛還沒來得及爭辯，一個僕人跑來打斷了他們：「二位將軍，外面有一位先生求見左將軍。」說著躬身遞上一塊竹板名刺。

張飛一把將那塊竹板名刺撈在手裏，舉起來念道：「潁川徐庶奉謁再拜請左將軍足下。」他搖晃了一下腦袋，「徐庶，好像聽人說過，快快有請。」

僕人答應一聲，跑出門去。張飛對關羽道：「二哥，快叫大哥下來罷。」

關羽這時已經重新坐在門檻上看書，聽到張飛呼喚，從書上移開目光，翻了翻眼皮，不耐煩地說：「要去你去。」

沒過一會，僕人已經領著一個身材矮小的中年儒生走了進來，那儒生看見張飛濕漉漉的頭髮披散在肩上，不由微微一笑。

張飛迎上去施禮道：「是徐先生罷，我大哥在那上面。我幫先生叫他下來。」說著用手往山上亭子一指。

徐庶笑道：「不用麻煩三將軍，還是我自己上去罷。」

二　初見徐庶

徐庶緩步走上山去，看見一個中年男子的背影，穿著粗布衣服，一動不動的，像一尊雕像。徐庶駐足片刻，想了一想，朗聲吟道：「惟申及甫，惟周之翰。四國于蕃，四方于宣。」

聽見這個聲音，劉備遽然回頭：「先生何方高士？」

徐庶拱手施禮道：「潁川徐庶，聞知左將軍屯據新野，特來拜見。」

劉備臉上露出驚喜的笑容：「莫非就是潁川徐元直，哎呀久仰久仰。早聽說君隱居在襄陽山中，行蹤無定，備一直想尋訪先生，欲見無由，今日竟然辱君親屈玉趾，真是幸何如之！快快請坐，快快請坐！」說著屈身站起。

徐庶也不客氣，逕直坐在劉備面前的石上，笑道：「久聞左將軍戰陣驍勇，卻仁厚愛士，今日一見，果然不虛。庶逃避戰亂，隱居新野數年，一直很少出門，只盼能苟全性命，得終天年而已。」

劉備饒有興味地說：「那先生今天怎麼肯出門光臨敝處呢？」

徐庶道：「聽說將軍火燒博望坡，大敗夏侯惇，心中好生敬慕。又聽說將軍遭受猜忌，屯據新野，因此特來一觀威容。」

劉備搖頭道：「火燒博望，僥倖小勝而已，何足掛齒。先生隱居新野，卻憂心魏闕，為何不肯出仕，去輔佐劉荊州規劃天下呢？」

徐庶輕輕搖搖頭，笑道：「劉景升一儒生耳，外表華麗，其實空虛，懦弱無能，何以輔佐。」見對方直言不諱地評價劉表，劉備尷尬不答，究竟他得到劉表的收留，劉表雖然對他有些猜忌，多少也總有些恩情。徐庶笑道：「將軍不必介意，在下只是實話實說。如果荊州有將軍這樣的州牧，曹操又怎敢欺凌？」

劉備自言自語地說：「劉荊州年紀大了，難免對得失利害考慮過多。」他又抬頭直視徐庶，「先生如果不棄，能否出來相輔劉備，共創大業。」

徐庶搖搖頭道：「請恕在下直言。將軍雖然仁勇兼備，規模氣度卻遠不如曹操。而今又客居新野，一無所有，要想魚躍鳶飛，在下自忖無能為力。」

劉備的眼睛頓時黯淡了下去，好一會才羞赧地說：「先生說的是，備的確才能駑鈍，一無所長。」

徐庶哈哈一笑，站了起來，面對新野群山，道：「左將軍又過謙了，在下的才能雖然不足以幫助將軍成就大事，但有人卻可以。」

劉備身軀一震，不由自主地又屈腿站立，急切道：「先生快說，誰，誰有這個才能？」

徐庶慢悠悠地說：「『惟申及甫，惟周之翰。』左將軍不就是盼望能有申伯、甫侯那樣的人才以為輔佐嗎？」

劉備重重點頭：「若得那樣的人才，我劉備一定也以仲父之禮待之。請先生明言，那樣的人才在哪裏？」

徐庶道：「南陽是呂尚的郡望所在，人才濟濟。當年呂尚輔佐周文王，天下三分，其二歸周，皆是呂尚之力。現在有一個人，依在下看，其文才武略，不啻呂尚再生，將軍如果能把他羅致於麾下，則漢室之興，可計日而待。」

劉備再次直腰長跪行禮，道：「請先生明示，其人何在？」

徐庶用手一指面前的群山，道：「就在此山之中，需要將軍親自去請。」

「那是自然，請先生明示。」劉備大喜。

徐庶道：「此人戶籍琅邪陽都，姓諸葛，名亮，字孔明。」

「諸葛亮，諸葛孔明。」劉備重複了兩句，有些愕然，「元直先生，備在荊州數年，從未聽人提過這個名字，莫非……」他的話還沒說完，突然聽到山下張飛大叫道：「大哥，快下來罷，又有客人到了。」

三　神秘老者

劉備伸長脖子望著山下的院子裏，見張飛正仰臉朝著自己方向大喊，袖子捋得老高，兩條粗壯的臂膀，像鳥翼一樣張著，鬚髯戟張，樣子十分可愛。他的面前依稀站著一位身材高大的老者，樣子有些威武，看上去不像普通的農家老翁。

徐庶笑瞇瞇地望著劉備，劉備也賠笑道：「先生如果不介意的話，不如一起下去，備聊奉薄酒，與先生作長日之飲。」

兩個人一前一後下山，山不高，很快就下到了院子裏。關羽仍如一尊木雕般坐在門檻上，眼睛也好像盲了，一動不動，雖盯著手上的《春秋》，卻似乎半天不會翻動一頁，永遠不會。張飛則非常熱情，跑來跑去，打躬作揖，笑嘻嘻地指著那位老者對劉備說：「大哥，這位老先生說，他是從襄陽來的，找大哥有要事相商。」說完還滿臉賠笑地對那位老者道，「不知我傳達得對不對？」

劉備見那老者身材果然高大肥壯，面目不凡，趕緊施禮道：「先生枉駕，幸甚幸甚。」又介紹身邊的徐庶，「這位是潁川賢士徐元直先生，現客居荊州。」

那肥壯老者看見徐庶，臉上頗為驚訝，但迅即又露出詭譎的笑容，徐庶也會意地微笑了一下，拱手道：「潁川徐庶，得見先生，幸甚幸甚。」

老者也回禮：「久仰久仰，襄陽草民，姓名不足辱君視聽。」

徐庶道：「先生高士，不想將姓名告知俗人。」他又轉對劉備，「既然這位先生找將軍有要事相商，在下就先告辭了。將軍的薄酒，改日再來叨擾罷。」說著對著張飛也拱一拱手，轉身就走。

劉備急忙跟上，一直追到院門，急切地說：「先生可否將住處告訴劉備，以便劉備改日登門拜訪。」

徐庶道：「左將軍留步，庶閒雲野鶴，每日到處雲遊訪友，就算告知將軍住處，也未必碰上。將軍放心，庶改日一定再來。」

劉備戀戀不捨地說：「那好，希望先生一定踐守諾言。」他站在門前，一直望著徐庶的背影消失，才悵然回頭。見肥壯老者，拱手道：「請恕備慢待，先生進屋奉茶。」

三個人一起朝縣廷堂上走去，看見關羽坐在門檻上，劉備道：「二弟快快起來，見過客人。」

關羽好像不是一個活物，只是發出冰冷的聲音：「哼，到處都是混飯的人，關某沒時間理會。」

劉備有些尷尬，對肥壯老者道：「我二弟一向脾氣執拗，心腸卻是極好，請先生勿怪。」

肥壯老者笑道：「無妨，無妨。」

他們只好小心翼翼地跨過關羽的腿，走進了大堂，劉備和肥壯老者面對，張飛側坐一旁，形容恭敬，又吩咐侍者過來倒茶。一個士卒聽見張飛叫喚，緊張地提著壺，給他們一一斟茶。

劉備伸手道：「請先生用茶，先生光臨，不知有何教誨，備洗耳恭聽。」

肥壯老者呷了一口茶，咂了幾下嘴巴，道：「好茶。」他頓了一下，又道：「山野鄙人，一向景仰英雄，聽說左將軍以三千疲憊之卒，擊破五千精銳曹兵，因此特來拜見。」

劉備有些失望，原以為是名士，卻也許只是當地一個土財主，幫不了自己建功立業。但想到土財主也究竟有些錢財，自己招兵買馬，也少不了銀錢用度，多結交幾個富人，未必不是好事。想到這裏，臉上仍舊保持恭敬，謙虛道：「豈敢豈敢。僥倖小勝，何足掛齒。」

肥壯老者道：「左將軍既然來到荊州，有什麼長遠打算嗎？」

劉備略微沉吟了一下，謹慎地說：「備生於亂世，半生漂泊，此來荊州，也不過欲苟全性命而已，一切都聽從劉荊州安排，哪能有什麼長遠打算。」

肥壯老者臉上頓時露出失望的神色：「久聞左將軍胸懷大志，一向不肯屈居人下。今日一見，大失所望。在下還是告辭了。」

劉備驚喜交雜，看來這人還有些名堂。趕忙道：「先生留步，其實生於亂世，備豈不想廓清宇內，使四海升平，百姓安樂，只恨力量不足。願聞先生高見。」

肥壯老者復又坐下，道：「這就是了。將軍如果肯開誠布公，在下雖然魯鈍，也當竭盡全力，為將軍獻策，如果一意虛與委蛇，在下又豈是多事之人。」

劉備再次拱手：「先生如果不以備愚鈍，就請明言。」

肥壯老者道：「如今袁紹已死，其二子互相攻擊，無藥可救，覆亡已在旦夕。如果曹操統一河北，必將南下進攻荊州，那時我們荊州又要生靈塗炭了。」

劉備道：「有劉荊州在，定能保護荊州安全。」

肥壯老者哼了一聲，道：「將軍又在虛與委蛇了。」

劉備歉疚道：「不敢。」

肥壯老者道：「劉景升非王侯之才，世所共知。將軍擊破夏侯惇，立下大功，劉景升對將軍無絲毫金帛之賞，反而撥給將軍這些老弱殘卒，遣送到這新野小縣，為荊州當守門人，將軍不覺得冤枉嗎？」他停下來，舉杯飲了一口茶，歎道，「不過，在下也很能體會將軍的難處。」

劉備不知這老者底細，生怕是劉表派來試探的，因此默默飲茶，不發一言。張飛耐不住了，插嘴道：「先生，如果先生有什麼好建議，希望盡快告訴我哥哥，在下這裏謝過了。」說著長跪施禮。

肥壯老者笑了：「久聞三將軍雖然性急，卻敬賢好士，果然名不虛傳。」

張飛抓抓頭皮，臉蛋黑裏透紅，坐在門檻上的關羽突然道：「三弟還指望這些欺世盜名之徒能有什麼好建議，實在天真。」

劉備怒喝道：「雲長，休得如此無禮！」又拱手對肥壯老者道，「請先生萬勿介意。」

關羽見劉備發怒，這才訕訕地住嘴，重新變得像木雕一樣。肥壯老者絲毫不以為忤，笑道：「不妨不妨。」他飲了一口水，繼續道，「左將軍，在下一向以為，這天下的土地，本無一定的主人，唯有德者據之。如果將軍能據有荊州，以將軍的仁義，天下定會雲集響應，曹操又豈敢侵犯？如果將軍有意，在下願助一臂之力。」

張飛兩眼放光，興奮地望著肥壯老者，道：「先生果真能夠助我大哥奪取荊州？」關羽聽在耳裏，不由得將脖子扭過來，驚訝地望著肥壯老者。

劉備大吃一驚，厲聲呵斥張飛道：「三弟，休得胡言亂語。劉景升將軍賢良淑德，為天下典範。荊州在他的治理下，百姓安居樂業。我等怎敢生此異心。」又對肥壯老者道，「先生不要再說了。備窮途末路，投奔劉景升將軍，蒙劉景升將軍厚愛，讓備率兵屯據新野，自當盡心奉職，死而後已。先生今天既然來了，不如談點別的有益之事罷。」

肥壯老者搖搖頭，露出不屑一顧的神色：「方今天下擾攘，生靈塗炭，黃某憂心如焚，哪有時間陪將軍空談。既然將軍無意進取，那就請恕在下多事。今日之事，出自在下之口，聞諸將軍之耳，在下一家數十口的性命，全在將軍了。」說著拱手站起。

劉備欲言又止，想挽留他，但嘴邊只蹦出這麼一句：「先生放心，今日之事，只有天知地知，我們兄弟絕不會向任何人吐露半個字。」

肥壯老者歎了口氣：「這樣再好不過，在下也不用佯狂為巫了。」說著往外便走，走到門檻旁，正要縮足從關羽面前避過。關羽卻突然站了起來，對他深施一禮。

劉備看著肥壯老者的背影，深深歎了口氣。

四　初顧茅廬

兩天後，徐庶果然又來了。這次兩人談得很歡，劉備簡直被徐庶的口才和才華驚呆了，他想不

到天下還有思維這麼敏銳的人，暗暗慨歎自己前段時間的醒悟是有道理的。在這樣的世間，如果沒有高人指點，只能應了那句成語「狼奔豕突」，像野獸一樣，到處亂竄，怎麼能成大業？於是他懇切地請求徐庶留下來幫他，做他的左膀右臂。

「左將軍，上次在下說過，你的實力太差，以我的才能，回天乏術啊！」徐庶直言不諱。

劉備的眼睛再一次黯淡下去，臉上甚至覺得發燒。

徐庶好像看出了他的心思，道：「不過左將軍也不必灰心，事在人為，還是有希望的。」

劉備酸酸地說：「以先生如此才學，都覺得回天乏術，還能有什麼希望？先生就不必寬慰我了，看來我劉備只有替人看家護院的命。」說著，似乎眼淚都要掉下來了，睫毛上掛了一片珠簾。

「我是回天乏術，但是，將軍還記得上次我跟你說過的諸葛孔明嗎？他自號臥龍，他的才華勝我百倍，如果將軍能請他輔佐，譬如良醫可以起死回生，何況將軍還小有實力，遠不到病入膏肓的地步。」徐庶道。

劉備搖搖頭：「唉，我劉備雖然無用，卻也走南闖北，從不曾聽說諸葛亮其人，先生之言，無乃太誇張乎！」

徐庶搖頭道：「左將軍此言差矣，想當年文王在渭水邊見到呂尚，那時呂尚不過是一個七十歲的老禿翁，哪裏有什麼名氣？百里奚輔佐秦穆公成就霸業，當初卻是五張羊皮換來。將軍看人，只看名氣，未免過於耳食，殊不知這世上欺世盜名的鼠輩車載斗量。」

確實很有道理，大凡有才學的人，莫不喜歡貶損他人，抬高自己，除非碰見才學的確勝自己十倍之人，才會心服口服。以徐庶如此才學，能夠推崇一個無名小輩，那小輩一定不同凡響。劉備心中有些歡喜，趕忙賠禮：「先生見教得是。」又怯生生地說，「不知先生可否請這位臥龍先生來一見。」

徐庶搖搖頭道：「禮有來學，未聞往教。」

劉備臉紅了，羞澀地說：「其實我剛才就是這麼想的。」

送走了徐庶，劉備當即讓趙雲去置辦厚禮，準備第二天一大早去隆中尋訪諸葛亮。

襄陽北山的隆中深邃優美，青翠欲滴的竹林掩映著一條石板路鋪砌的山間小道，張飛很興奮，一路上嘰嘰喳喳說個不停，又是誇山間景色的美麗，又是表達對將要見到賢士的仰慕之情。關羽卻不大耐煩，覺得來山間遊玩倒也不妨，但是所謂尋訪賢人，卻很可笑。

劉備一直想著心事，也懶得搭理他們。這麼一路上也不知道顛簸了多久，終於看見幾間茅草屋隱現在山岡之上，綠樹之中。

到了。三人加快了腳步，來到茅屋院子前。院子裏寂靜無人，只有幾隻花尾的鳥雀在地上的落葉間一蹦一跳，間或歪著腦袋望著院外的三人，烏黑的眼珠滴溜溜亂轉。張飛遺憾道：「沒帶弓來，可惜，要不然可以打兩隻鳥雀回去燒了下酒。」

劉備嚴肅道：「三弟噤聲，休要無禮。」說著，用手指關節輕輕敲著柴扉。

很快，房屋的門打開了，一個梳著雙髻的童子走到院子裏，向三人張望，嘴裏叫道：「請問來者何人？」

劉備拱手道：「敢問童子，這是諸葛孔明先生的住處嗎？」

童子道：「正是。你是哪位？」

劉備屈身道：「煩你通報，就說大漢左將軍宜城亭侯領豫州牧皇叔劉備，特來拜見。」

童子迷茫地搖搖頭：「世上哪有這麼長的名字，你莫不是西域人。」

劉備笑了：「那——你只告訴孔明先生，就說新野守將劉備特來拜見。」

童子歪頭自言自語道：「新野縣的守將，名叫劉備，這就好懂了。」又注目劉備，「不過哎呀，真是不巧，我家主人今天出去了，我看，只有請你改天再來了。」

劉備還沒來得及說話，關羽耐不住了，對張飛道：「這些俗士，假裝隱居冒充高士來沽名釣譽，架子還不小。」

張飛搖著大腦袋道：「不然，我一直不明白，二哥為什麼對那些下人和顏悅色，見了賢士大夫卻倨傲無禮，難道那些愚蠢的下人，又有什麼本事嗎？」

關羽哼了一聲，轉過身去，不答理張飛。

劉備有些失望，只好道：「既然如此，多有打擾，待你家主人回來，煩請稟報一聲，說我曾來求見。」

童子應道：「可以。」說著轉身又進了屋子。

劉備歎了口氣，上馬而去。三人一邊交談，一邊行走，逐漸深入竹林。竹林深密，枝葉隔離天日，他們好像行走在一條竹子築成的甬道中，四圍的翠綠映得他們的臉都變了顏色。景色這麼美，三個人卻悶悶不樂。山路漫長，一直到傍晚才回到新野縣廷。剛下馬，趙雲已經從堂上匆匆跑出，對劉備道：「主公，襄陽蔡瑁將軍派來使者，說有書信，一定要親手交給主公，我告訴他，主公去山中射獵了。」

劉備道：「哦，快快請來相見。」說著大步走進屋。

一個郵卒打扮的人坐在堂上等候，見劉備進來，趕忙雙手據地，道：「小人參見左將軍。」蔡瑁的人，劉備當然不敢慢待，趕忙緊走幾步，扶起他：「快快請起！據說是蔡將軍派你來的，不知蔡將軍有何見教？」

郵卒從懷裏掏出一封書信，雙手遞給劉備，道：「都在信上，蔡將軍明令，要小人一定親手交給將軍。」

劉備接過書信，趕忙拆開，急速看完，心中驚疑不定。張飛早就忍不住了，急問何事。劉備道：「哦，是蔡將軍母親八十大壽，寫信邀我去參加賀典。」他轉而面對那郵卒，「請代備轉達對蔡將軍的致謝，並請告知蔡將軍，辱賜邀請，備深感榮幸，一定會按時前往。」

郵卒拱手道：「好，那小人就告辭了。」

劉備送郵卒到門口，心中奇怪為什麼這種事蔡瑁還叮囑郵卒要將書信親手給他，難道有什麼特別的用意嗎，他苦思冥想，也沒有什麼頭緒。

五　紅燭情深

蔡瑁母親今年不過六十歲，早在一年前，蔡氏兄妹兩個已經準備為母親慶賀壽辰。他們雇了一幫工匠，雕刻了大型的石刻畫像磚，準備為母親建造一個畫堂。畫像磚上既有軺車、輜車、軒車出巡的場面，也有市井童豎玩樂的場景，精美生動，畫堂搭建在蔡氏莊園的延壽堂前。蔡母親自把一塊塊刻石仔細過目，非常滿意，叮囑道：「哪天我死了，你們就把它們移到我墳前。」

對於尋常人家為人父母者說出的類似的話，兒女們的反應自然是安慰，蔡瑁也是這麼做的，不過也不忘表表功勞：「母親，這是我從高平縣請來的一流工匠，費了半年時間刻成的。唉，如果不是戰亂，這樣的工匠未必能來到襄陽。」

這點倒是確實的，工匠是蔡瑁請的。那天蔡氏回蔡洲，發現工匠們幹活熱火朝天，偶爾交談，都是外地口音，但又似乎有些熟悉，覺得非常奇怪。那個老工匠頭目跪稟：「君夫人好耳力，小人不是荊州人，原籍在兗州山陽郡高平縣，因為家鄉戰亂，無奈逃到荊州的。」

蔡氏恍然大悟，高平縣是她丈夫劉表的家鄉，雖然劉表很早就到洛陽出仕，說得一口漂亮的洛陽官話，山陽口音不那麼明顯，但自小的鄉音，終究難以盡去，所以偶爾會帶出一點。她問那工匠頭目：「高平縣，據說是雕刻畫像有名的地方。你們為什麼來到荊州，家人也一起來了嗎？」

聽蔡氏這麼一問，老工匠突然號啕大哭：「哪裏還有什麼家人？都在幾年前被曹操手下的青州賊殺得乾乾淨淨了。小人們都是赤身逃出來的。聽說荊州牧劉景升將軍就是山陽郡人，所以親切，希望子侄將來能投身戎伍，幫助劉景升將軍去殺曹操。」

工匠們都停住了手上的工作，個個臉上露出悲哀之色。

曹操在兗州屠殺百姓，血流成河的事，蔡氏之前只有耳聞，那天聽工匠說，才知千真萬確，她的鼻子也禁不住有些酸了，道：「諸君來到荊州，從此可以安居樂業了。我會吩咐下面的人，給你們提高工錢。」說著用便面遮住臉龐，策馬行車離開了。

這次為母親祝壽，劉表病了，沒有心情來。本來他的年齡和母親的年齡也差不了多少，來祝壽也蠻奇怪的，不來倒好。她想起了劉備，心裏怦怦直跳，雖然有這樣的想法也很久了，但想到真要實施，還是免不了緊張。

盛大的典禮過後，就是觥籌交錯的飲酒。由於客人太多，他們被分別安排到不同的閣樓中就座。蔡瑁親自把劉備請到一個高閣中，叫上幾個宗族兄弟，一起陪飲。

劉備感到有些受寵若驚，雖然在心底裏，他也是目空一切的人，認為自己英雄蓋世，眼下雖然落魄，卻只是英雄創立霸業過程中常有的挫折。但能在這種落魄的時候受到蔡氏家族的殷勤款待，心頭仍不免熱呼呼地感動。

在酒筵上，他幾乎忘了自己說過什麼，只模模糊糊記得蔡瑁對他說了一句：「今後我們蔡氏家族，就全靠左將軍了。」然後就醉過去了。

再次睜開眼睛的時候，他看見的是一頂絳紫色的幔帳，帳外不遠處，一架十枝的銅燈在溫暖地燃燒，彷彿天上的十個太陽。他覺得有點頭暈，口尤其渴，嘴巴黏黏的像沾滿了泥漿，極為難受，不由得叫了一聲：「水來！」

一個女子掀開簾子走了進來。在燭光下，她的臉龐紅撲撲的。

劉備驚出一身冷汗，這不是蔡氏嗎？難道自己躺在她的床上？天哪，是不是劉表要除掉自己，故意使出這麼一計。他也顧不得口渴，急忙去拔腰間的環刀，實在不行，也不能坐以待斃。殺得一個，也算不虧。

可是腰間是空的。這時只聽蔡氏笑道：「左將軍醒了。」聲音中殊無半點不悅，反而滿是柔情。

劉備不知這到底是怎麼回事，他下意識地翻身下床，跪坐施禮：「是君夫人，臣劉備拜見君夫人，幸甚幸甚。」

蔡氏趕忙勸止道：「左將軍不必拘禮，這裏並非朝堂。」

劉備低著頭，道：「雖然不在朝堂，但君臣名分有定，臣不敢輕忽。」

蔡氏微微一笑：「君臣名分已定？可是，妾身似乎從不聞將軍叫過劉荊州一聲主公。」

劉備詫異道：「臣好像是第一次見到君夫人。」

「那你怎麼一見到我，就知道我是君夫人呢？」蔡氏道。

劉備詞窮了，他所謂的第一次見到，並非指從未見過，而是指從未說過話。人和人之間，無論見過多少次，對方的相貌是否爛熟，只要沒有說過話，就不能說認識。當然，像他們現在這樣，只有兩個人面對面的促膝交談，那又幾乎可以說不僅僅是認識了。

蔡氏感覺劉備的身體在微微後卻，不覺莞爾：「久聞將軍是仁義之人，今日一見，果然不虛。將軍請先飲一碗熱湯解酒，妾身有事和將軍商量。」

蔡氏從身旁的炭爐上取過一個小巧的提梁卣，倒了一碗熱騰騰的湯，遞給劉備。

劉備仍舊低首接過，道：「多謝君夫人，臣豈敢當君夫人這般厚待。」

蔡氏柔聲道：「將軍如果把妾身當君夫人，自然是不符合禮節的。但如果將軍把妾身當成自己的箕帚妾，就理所當然的了。」

劉備心中一震，雙手一抖索，漆碗掉在席子上，滿碗的熱湯灑了一身。他顧不得身上被燙得生疼，跪在席上道：「君夫人，臣……」

蔡氏也趕忙拿起絲巾，就要為劉備擦拭身上的水跡。劉備連往後躲：「君夫人，讓臣自己來。」說著欲搶過絲巾，他的手指捽著蔡氏的手指，有一種柔滑的感覺。作為一個帶兵的武人，劉備身邊並不缺乏女人，但像蔡氏這樣美麗而高貴的女子，對他仍有無法撲滅的誘惑。他心裏一陣亂跳，而蔡氏則乾脆停住動作，兩眼細細凝視著他。

房間裏闃寂無聲。

見劉備低頭不語，蔡氏有些無奈，拾起漆碗，又重新倒了一碗熱湯，唇上仍是微笑：「將軍請起，妾身說了，這不是在朝堂。妾身敢問將軍，將軍對妾身剛才的建議如何？」

劉備搖頭道：「臣愚憨，不明白君夫人的意思。」

蔡氏道：「既然如此，妾身不妨明說了，妾身的意思是，早聞將軍威名，如果將軍肯把妾身當成自己的箕帚妾，妾身會感到非常榮耀的。」她望著劉備，眼波流轉，同時雙手把漆碗遞給劉備。

劉備臉上冒汗：「君，君夫人……真會戲弄……臣……」

蔡氏微微轉頭，對著牆壁道：「將軍面容英武，確是一代梟雄。妾身不才，家族還有點力量，如果輔佐將軍匡復天下，將軍豈有意乎？」

劉備反首看了看帷幔，額頭發亮：「臣一介亡虜，安敢有如此大志？只願效命劉荊州，死而後已。望君夫人明察。」

蔡氏明白劉備是擔心有人窺伺，她搖頭道：「將軍放心，並非劉荊州派妾身來試探將軍，如果劉荊州有意要殺將軍，又何須試探。自從妾身見到將軍，就一直心生感佩，早想找機會闡明衷曲，怎奈時機不到，又久聞將軍秉性仁厚，執德不回，妾身無奈，只好選了今天這個機會，親自面見將軍，一表赤誠。」

劉備舒了一口氣，看蔡氏的神色，倒是真的。他心頭頓時一陣歡喜。如果能得到蔡氏，不但美人在抱，獲取荊州也不是沒有希望。不過這事頭緒紛繁，也不可輕易表態，他想了想，應付道：「不知臣何德何能，能獲得君夫人如此厚愛？」

蔡氏道：「將軍當真想聽實情？」

劉備點頭道：「當真。」

蔡氏歎了口氣，道：「人人都以為妾身為荊州君夫人，必定心滿意足，其實荊州危如累卵，有識之士盡知。妾身本以為劉表為當世英雄，才喜而嫁之。不想他虛名無實，讓妾身大失所望。自從將軍一來，妾身不由得心猿意馬。昔年外黃女子捨棄平庸之夫，改嫁趙王張耳，傳為佳話。妾見將軍，也想一效古人，名垂青史。望將軍勿疑！」

劉備目瞪口呆，雖然蔡氏喜歡自己，讓自己頗覺得自豪。但她這樣直言不諱地披露內心，仍讓他感覺突兀。他雖然從小不愛讀書，但史傳之文也略曾窺覽，知道前漢的風俗和東京大不相同。像張耳妻子改嫁、司馬相如琴挑這樣的事，在前漢可以傳為佳話，畢竟連景皇帝的皇后都是二婚女子，何況其他。但東京風俗提倡婦女守節，蔡氏既然出生大族，就不可能不知道這個規矩，怎麼會在他面前自薦枕席呢？他再一次感覺，面前這一切或許是個陰謀。

蔡氏好像知道他的心思，臉漸漸漲紅了：「將軍一定在疑慮，世上怎麼會有像妾身這樣無恥的女子，何況還是荊州的君夫人。妾身以為，天下紛亂如此，不當計較那些繁文縟節。沒想到將軍也是個拘泥禮節的文士，算妾身看走眼了。」說著就要站起來，聲音頗為不悅。

劉備情不自禁張臂攔住她，蔡氏身材嬌小，頓時就在他懷抱中。這是他對待自己所喜歡女人的習慣性動作，蔡氏好像有些羞澀，趁勢就倚在劉備懷裏。劉備想，現在就算是陰謀，也洗不清干係了，他腦子裏一片空白，兩隻手徒自在空中舉著，不知道怎麼辦好。

六　悵惘

第二天晨光熹微的時候，劉備帶著兩個隨從，騎馬出了蔡洲，到了襄陽城中。城中熙熙攘攘，就像書上說的舉袖成雲，揮汗成雨。若不是因為戰亂，湧進了許多北方難民，襄陽又怎麼能這般熱鬧。

劉備心中暗歎，這麼充裕的人力，劉表不知利用，竟然坐等曹操廓清北方。

一路上都是這樣鬱鬱不樂，蔡氏的面容時不時在心中閃現。他最後仍是拒絕了她，雖然他在腦中的第一反應，是這樣做名聲不好。但更深的原因連他自己也不好意思承認，那就是他覺得過於冒險，他知道劉表這個人進取不足，但守成也還有餘。在荊州十多年，早就有深厚根基，自己一個外來客，想僅僅靠著蔡家，就把劉表的位置搶過來，實在是九死一生。荊州大族又不僅僅只有蔡氏，蒯氏、韓氏、文氏等，都是南陽大族，一慣看重出身，對劉表這個名士，尚能恭敬侍奉，自己這樣的窮軍人，他們豈能放在眼裏。他只能收斂鋒芒，以靜制動。

夕陽西下的時候，到了新野縣城。比起襄陽，新野這樣的邊鄙小縣就顯得寥落。但今天好像有集市，街上頗有一些人，他們望著劉備騎馬緩緩走過街道，相互交頭接耳，間或望著劉備，臉上也都是景仰的笑容。劉備四面環視，也點頭微笑示意。

一行人打馬進了院子，縣廷院門咣噹一聲關上。劉備執轡下馬，悶悶不樂。這時院子裏仍很清亮，向西望去，夕陽立在半山上，紅彤彤的沒有熱氣，四圍都是一片蕭瑟。

關羽坐在院中樹下看書，張飛則舉著矛，和幾個士卒在比試。

看見劉備到了，關羽站了起來，問候道：「大哥回來了。」說完，眼睛又盯到書上。

張飛舉著矛，擦著汗迎上來道：「大哥，這次去襄陽蔡家喝酒，情況如何？」

劉備擠出一絲笑容道：「還好。」他又抬頭看了一眼天空，「我累了，你們也先回去休息。」

張飛兩眼茫然，道：「既然累了，大哥就早早安歇。」他目送劉備走入廳堂，無聊地踱到關羽身邊，咕噥道：「去喝酒，反而搞得不高興，也不知出了什麼事。」

關羽頭也沒抬。劉備想起了什麼，又折了回來，吩咐道：「你們去準備好一份厚禮，明天一早，我們再去隆中拜訪臥龍先生。」說著也不等張飛回答，逕直進了屋子。

張飛揚著腦袋，再次望著劉備的背影，自言自語道：「去了一趟襄陽，脾氣這麼怪。」他回頭看見前面肅立的士卒，突然破口大罵道，「沒聽見將軍的話，還不趕快去集市上採購禮物，越貴重越好。如果買得讓將軍不滿意，老子抽了你們的筋。」

幾個士卒抖索著身子道：「是是是，小人等這就去。」說著一溜煙齊齊跑了。

關羽將手中的書一捲，站起來，沒好氣地說：「三弟，我跟你說了多少次，不要無端責罵自己的貼身士卒，這種習慣並不是什麼好事。」

張飛笑嘻嘻道：「那又怎樣，量這些小小的奴僕，能翻得起什麼大浪。」

關羽不耐煩道：「反正你以後別在我面前這麼幹，心煩。」說著抱著書，也進了縣廷側門。

張飛舉著矛目送關羽，自言自語道：「他媽的，都像吃錯了藥，脾氣這麼大。」說著將矛使勁往遠處樹幹上一擲，矛深深插入樹幹，矛杆不住地顫動。

七　臥龍初見

這回誰也沒興致說話，因為一路上劉備一直苦著臉，鬱鬱寡歡的樣子。這樣不知不覺也就到了臥龍崗，那處高坡上的茅屋隱隱在望。

給劉備開門的也不再是小童，而是一個黃髮長身、衣衫素樸的女子，她看見劉備三人，也毫不驚異，淡淡地問：「你們是誰？」

劉備低聲下氣地說：「新野老兵劉備，特來拜見諸葛孔明先生，煩請君代為通報。」

女子笑了笑，道：「可是大漢左將軍宜城亭侯領豫州牧皇叔劉玄德？」

張飛嘿嘿笑道：「她倒記性好。」關羽也不由得撚髯微笑。

劉備道：「正是在下。」

女子上下打量了一下劉備，莞爾笑道：「將軍看上去倒也不算老，何必自稱老兵。真是不巧，外子昨日又出外訪友了，早知道將軍今日來訪，妾身怎麼也得留他在家等候。」

劉備的心中一陣喜歡，又一陣失望，這女子長得毫無姿色，但是說話卻很得體。劉備在新野待得心煩，常常自覺馬齒見長，而功名未立，算來好歹也有四十多了，算不得年輕，而這個女子卻說他不老，讓他感覺很舒服，眼中竟連她難看的笑容也變得美麗起來。他失望這次又撲了個空，不過轉而一想，也不算太倒楣，畢竟這次見到了諸葛亮的妻子，離這條神秘的臥龍又近了一步。他謙恭地說：「原來是孔明先生的夫人，剛才失敬了。」

關羽在一旁冷笑道：「又說不在家，肯定是腹中無學，而又虛名在外，不得不隱藏躲避，以免被人拆穿之羞。」

女子蹙眉道：「這個長鬚紅臉大漢是誰，言語如此輕薄，當真好生無禮。」

劉備趕忙道歉：「實在抱歉，他是我的二弟，名叫關羽，雖然脾氣古怪，心地卻是善良，只是有個毛病，喜歡有口無心地亂說，望夫人多加擔待。」又轉而斥責關羽，「二弟不可妄言，快快退下。」

關羽氣鼓鼓地走開了，女子關上柴門，道：「將軍先請回，待外子回來，妾身一定轉告。本欲請將軍進門，奉茶相敬，怎奈妾身一人在家，多有不便。」

劉備連忙拱手道：「無須麻煩夫人。備先告辭了。」

三人只好騎馬回去，關羽還是氣鼓鼓的，抱怨道：「也只有大哥才相信這些儒生，他們若真有才能，一定會出仕尋求富貴。豈肯隱居山中，空負一生所學。」

張飛接聲道：「那也未必。我想，胸中有才的人，總要架子大些。況且也要待價而沽，不肯輕易出山嘛。」

劉備點頭讚許道：「還是三弟所言有理，當年文王求見呂尚，五次拜訪才得相見。我們不過來了兩次，又算得了什麼。」

關羽哼了一聲，不再說話。三人聽著鳥囀風吟，繼續迤邐前進，初秋的陽光透過樹葉的縫隙，灑在他們臉上，斑駁陸離。

張飛擦了一把汗，道：「已經到了秋天，中午還是這麼熱。大哥，前面有個涼亭，我們去歇歇怎麼樣。」

劉備反手捶著自己的腰，遙望著遠處，感歎了一聲，道：「也好。我也覺得乏了。久不打仗，筋骨越來越不管用。」

不一會兒到了涼亭。原來這不知是哪家的墳塚闕亭，全部用石條砌成，石條上刻著各種神話故事。什麼牛郎織女鵲橋相會啊，什麼董永葬父感動仙女啊，關羽對此很感興趣，弓著腰，循牆繞柱，一塊一塊地仔細觀賞。劉備和張飛則坐在石欄杆上，不住地擦汗。亭旁溪水潺潺，明媚見底，游魚倏忽往來，如懸空中。池旁猶有荷花，枝殘葉亂，頗呈衰敗之態。

忽然遠處傳來一陣吟詩聲：「鳳翱翔於千仞兮，非梧不棲。士伏處於一方兮，非主不依。樂躬耕於隴畝兮，吾愛吾廬。聊寄傲於琴書兮，以待天時。」

三人一齊向聲音出望去，只見一個農夫，背著一捆柴火順著山間小道走來，他腰帶上別著一把柴刀，手裏卻捧著一卷書，邊走邊誦。

劉備見這樵夫身材高大魁梧，臉上英氣勃勃，不由得舒喉搭話道：「這位少年，可是想學朱買臣嗎？」

張飛對關羽道：「朱買臣是誰？」

關羽道：「是前漢會稽郡的一個儒生，經常邊砍柴邊讀書，老婆覺得丟臉，拋棄他改嫁而去。但他後來去長安，獻策論得到武皇帝賞識，被拜為會稽太守。」

張飛點了點頭：「哦，那他妻子是瞎眼不識豪傑了。」

關羽道：「所以下人中也隱藏不少豪傑，切莫亂打。」

張飛訕訕笑了笑。那樵夫這時越走越近，見劉備問他，也朗聲笑道：「只恨天下大亂，不能去長安上書。」

劉備更加來了興趣：「少年果然胸有大志，請稍稍歇息一晤。」那樵夫道：「也好。」說著將書往腰間一插，放下背上的柴捆，在劉備面前坐了下來。

劉備拱手道：「請問少年姓名。」

樵夫笑道：「山野村夫，有何姓名。不如暢論見聞，以觀才識。況且這天下有虛名而無其實的人實在太多了，知道姓名又有何益。」

劉備連連點頭：「不錯，那，君認為天下誰最虛名無實呢？」

樵夫手指南方：「死去化為糞壤的難以枚舉，若論活著的，不遠，那襄陽城中就住著一個。」

劉備知道這樵夫指的是劉表，心裏暗暗詫異，搖頭道：「君說話未免輕巧，如果讓君統領荊州，又當如何？」

樵夫道：「我會即刻出兵，襲奪許昌。」

劉備連連擺手：「許昌兵精糧足，怎能襲奪。君未免過於汗漫大言了。」

關羽和張飛也哈哈大笑了起來：「到底是乳臭未乾的孩童。」

那樵夫臉上殊無半點愧色，道：「不然。若在往日，自然不可襲奪。但最近曹操秘密往宛縣增兵，顯示出這是一個良機。」

張飛更加快樂：「哈哈哈，曹操秘密往宛縣增兵，不打我們就算萬幸，我們反而去襲擊他，豈非送死。這小樵夫實在太好笑了。」

劉備笑容凝住了：「君的意思是，現今河北起了變故，曹操不得不傾巢北伐，為了防止荊州聞信偷襲，故意增兵宛縣以為迷惑？」

樵夫頷首道：「正是。」

劉備對關羽、張飛道：「最近宛縣果然有曹兵出沒嗎？」

關羽道：「對了，忘記告訴大哥，大哥去襄陽的時候，探馬來報，宛縣有增兵的跡象，但還不能肯定。」

劉備「哦」了一聲，又笑對樵夫道：「君為何如此肯定曹操是迷惑荊州之舉，而不是作南征的準備呢？」

樵夫哈哈笑道：「這個簡單。曹操從未將劉表放在眼裏。只因近日左將軍劉備大敗夏侯惇，所以有些忌憚。若曹操果欲南征荊州，根本無須虛張聲勢。而虛張聲勢，必然北邊有事，其意不在荊州。」

劉備暗暗點頭，幾個人又聊了一會兒，樵夫背上柴火，聲言告辭。劉備覺得就這樣放走他有些可惜，道：「君談吐才學果真不凡，在這山中打柴，豈不可惜？何不出山輔佐明主，成就大業，將來封侯拜相，也算光宗耀祖。」

「話雖這麼說，可是天下茫茫，多是庸主，誰人值得輔佐。」樵夫邊說邊搖頭，挑起擔子就走。

張飛道：「怎麼都是庸主，剛才你說的左將軍劉備，不就是……」

他的話沒說完，劉備趕忙打斷了他，對樵夫的背影叫道：「敢問君的住處，來日有空前去拜訪。」

樵夫回應道：「多謝多謝，不過家母討厭外人來訪，才命我遷居深山，拜訪就免了罷。有緣的話，當可再見。」

劉備悵然望著樵夫離去的小道，竹林蓊鬱，杳無人蹤。他自言自語道：「這位少年，看來也是一位才士。」他陡然加大了聲音，「快，我們立即趕回新野，打探曹兵的動靜。」

三人執綏上馬，策馬絕塵而去。

八 髀肉復生空垂淚

他們回到新野，果然探知宛縣最近有兵進駐。劉備覺得那樵夫說得很對，機不可失，時不再來，他必須立刻去襄陽一趟。

劉表很快接見了他，笑道：「賢弟好久不見，今天有何急事，勞賢弟親自從新野馳來？」

「據諜報消息，曹操前幾日親自起兵北征烏桓，追擊袁尚、袁熙殘兵。因此特來報告明將軍。」

劉表道：「哦，賢弟就是為了此事？」

劉備點頭道：「明將軍，此乃千載難逢的好時機。現今許昌空虛，只有曹操的兒子曹丕留守，士卒不過兩萬。備請明將軍立即徵發大兵，襲奪許昌，許昌一下，曹操將投鼠忌器，再不濟也可以迎回天子。機不可失，時不再來，望明將軍早下決斷！」

劉表的眼睛像燭光陡然暴亮了一下，旋即又黯淡了：「這件事，我得和諸大夫商量一下，再作定奪。賢弟且先歇息一晚，明日我再回訪。」劉備道：「軍情緊急，明將軍切勿遲延啊。」劉表道：「好，請賢弟放心，你先去驛館歇息，明天再來罷。」

劉備坐在驛館裏，一晚上夢境聯翩，好像沒有睡著。晨光熹微透窗，他就一骨碌爬起來洗漱，等候劉表的消息。可是一直等到日上三竿，仍未見州牧府派人來請。他想，既然劉表讓自己去，何必要等什麼邀請，乾脆自己直接去就行了。於是，他騎上馬，逕直往州牧府馳去。

門吏看見劉備，恭敬地施禮，說：「主公吩咐，左將軍一來，直接去大堂，不用稟報。」

劉備這才放心，他想劉表看來還是認真考慮了這事的，只怕希望很大。他一進大堂，看見几案上擺滿了珍饈酒果，蔡氏、蔡瑁、蒯越等人和劉表都在座。他脫掉襪子，跣足登席，伏首道：「劉備參見明將軍及君夫人。」

劉表道：「來，請坐，我本想派人叫你，又怕打擾了你的清夢。」說著大笑起來。劉備抬頭，偷偷看了一眼蔡氏，發現蔡氏正把目光射向他，她面容有些憔悴，神氣蕭索。劉備有些尷尬，又趕忙垂下頭。

劉表舉杯道：「來，好久沒有和賢弟一起喝酒，今日賢弟來了，我們痛飲一回，不醉無歸。」

劉備也舉杯，道：「多謝明將軍。」

劉表道：「多虧你在新野為我鎮守，使曹兵不敢南下，功莫大焉。」

劉備客氣道：「全仗明將軍威名，備有何功德。」說著一口將酒飲盡。

接著，劉表兩側坐著的僚屬也紛紛舉酒酬酢，酒過三巡，劉表吩咐歌伎上來獻舞助興。一會是「翹袖折腰」之舞，一會是「安世房中」之歌，這都是當年漢高祖劉邦創立的舞樂，劉備心裏好生酸楚。雖然出身破落之家，他卻從來相信自己就是漢家皇室貴冑。曾經他的同學公孫瓚跟他開玩笑，說：「匈奴自從呼韓邪單于投降漢朝之後，很多匈奴人都謊稱自己姓劉，只怕你也是匈奴人的後代。」他氣得要命，想狠狠揍公孫瓚一頓，但是望著公孫瓚的壯健體魄，自忖不是敵手，只好不屑地笑笑，好似自己知道他是玩笑，自己不以為意。好在公孫瓚還比較看重他這個朋友，見他不快，趕忙賠禮。這樣長久以來形成的心理定勢，已經將他自己和漢家的榮辱縛在了一起，他激動起來了。是啊，劉表也是姓劉，他今天在酒筵上奏漢家的樂舞，不就表明，他已經下定了北伐的信心麼？

可是，他很快又覺得疑惑了。奏完樂舞，又開始奏起了江漢之間的新聲，兩個俳優上來表演鄭交甫遺落玉佩，被仙女拾到，人仙之間結下良緣的故事。劉備可沒有心情看下去了，見劉表神情專注，又不敢打斷，好不容易演完，日已過中天，秋日的陽光也已經斜射進殿的前堂上了。劉備見縫插針，問道：「昨天備跟明將軍說起的事，不知明將軍和諸大夫的決斷如何？」

劉表有些醉醺醺了，問：「賢弟說的是哪件事？」

劉備道：「就是許昌空虛，請明將軍發兵襲奪的事。」

劉表裝出恍然的樣子，慢條斯理地說：「哦，此事我昨晚和諸將商議了，他們都認為這個消息未必可靠，況且許昌城池堅固，我們並無必勝的可能。再說了，勞師襲遠，徒勞無功，不如坐據荊州，靜觀曹操和北狄相鬥，以收漁翁之利。」

劉備心中大失所望，他昨晚一直沒睡好，就擔心劉表不許他所請，他待在荊州作客實在厭煩了，寄人籬下的日子到底又能持續多久？中原才是他的地方，他曾經擁有徐州，雖然地盤小，畢竟自己是主人。他就希望說服劉表，從曹操手裏先奪回自己那塊地盤再說。此刻，他急急闡述道：「千萬不可啊，明將軍，曹操現在據有四州之地，兵精糧足，這次出征烏桓，勝利可以逆料。如果他擊破烏桓，北方一統，必然會移兵南下，到時荊州何以防禦？我們只有趁他不暇南顧的時機主動出擊，即便許昌不下，也可迫使曹操放棄北伐，回師救援，那樣他在北方永遠還有牽制，就永遠不敢全力進攻荊州。機不可失，時不再來，望明將軍三思啊。」

劉表還未答話，蔡氏插嘴道：「妾身覺得，左將軍所言頗有道理，主公還是再考慮一下罷。」

劉表笑道：「夫人，不是我不聽從，實在是兵力有限啊。現今江東孫權正率兵進攻江夏，江夏太守黃祖馳書要我發兵救援，我實在抽調不開兵力啊。」

劉備道：「黃祖將軍坐鎮江夏，多年和江東作戰，不致失守。襲奪許昌兵不須多，只要將軍給備三萬兵馬，備定可斬得曹丕頭顱獻給將軍。」

劉表還是搖頭：「現在兵馬正陸續輸往江夏，我連三千兵馬都湊不出來，何況三萬。」見劉備還想再說，劉表止住他：「賢弟請飲酒，來人，給賢弟上酒。」

劉備心頭焦躁又無可奈何，只好以酒澆愁。幾盞酒之後，對劉表說：「備欲如廁，暫且告退。」一說著直腰起身而去。望見劉備離開，劉表對蔡瑁說：「江夏戰事如何？」

蔡瑁道：「據黃祖派人來報，孫權聽說母親病重，已經回師了。不過順便掠走了我們江夏郡的數萬人口。」

劉表若有所思：「那看來我們不用派兵去江夏了。」

蔡氏道：「既然不需派兵去江夏，正可抽兵襲擊許昌。」

劉表搖頭道：「曹操善於用兵，雖然主力北征烏桓，但許昌是國都，守衛兵力一定也是精銳，倉促之間哪能攻下？如果我們頓兵於堅城之下，徒勞無功，不但得不到任何好處，反而讓曹操惱怒，找到藉口來進攻我們了。」

蒯越道：「主公說得是。曹操勢大，我們只有和他結好，怎可攻伐？況且如今天子就駐蹕許昌，我們進攻許昌，還有犯上作亂的嫌疑呢。」

蔡氏有點生氣：「難道你對曹操曲意承歡，他就不會進攻荊州了？他野心勃勃，早想統一天下，廢漢室而代之，哪會理會你這般苦心。」她的話音中頗帶譏諷。

蒯越很尷尬。劉表強笑了一下：「夫人，這些軍國大事，你就不要操心了。」

蔡氏還想再說，這時劉備回來了，臉頰帶著淚痕。劉表有些奇怪，問道：「賢弟怎麼了？為何如此傷心？」蔡氏心頭也怦怦直跳，她發現這個英武的中年男子滿面淚痕的樣子很讓人生憐。都是男人，為何差別如此之大。她轉臉望了望劉表臉上赫然的壽斑，不由得歎了口氣。

劉備抹了一把眼淚，吸了一下鼻子，道：「不瞞將軍。備在投奔將軍之前，十幾年中，戎馬顛簸，離不開馬鞍，所以那時大腿肌肉緊湊，如今數年來疏於鞍馬，剛才如廁，竟然發現自己大腿兩側全是肥肉，不覺悲從中來。」

劉表哈哈笑道：「賢弟真是性情中人。天下太平，卻走馬以糞。這本來是好事啊。如果日日騎馬打仗，不是過於辛苦了嗎？」

劉備道：「可是現在天下並不太平，眼看時日蹉跎，年華頓老，而寸功未建，想起來怎能不悲。」說著，又沁出幾顆淚珠。

蔡氏看著他悽愴的模樣，眼圈也有些紅了。

劉表道：「賢弟何必如此，據說賢弟在許昌，與曹操青梅煮酒，共論英雄，賢弟盡舉當世名士，曹操皆表露不屑之色，而獨曰：『天下英雄，惟使君與操耳。』曹操自視過人，卻如此看重賢弟，賢弟何愁將來功業不建？」

劉備又飲盡了一杯酒，重重放在案上，臉色通紅，搖搖晃晃站起來，揚手慨然道：「將軍說得也是，想備如果有塊地盤，這天下庸碌之輩，何足為慮。」

一座人頓時面面相覷，劉表仰面看著劉備，心情也頗為跌宕，還是蒯越說得對，劉備此人包藏禍心，可以利用，但不可重用。他笑了笑，淡然道：「酒後吐真言，賢弟確實是志在萬里啊。」

蔡氏暗暗著急，趕忙道：「左將軍當年在徐州，不是有一塊地盤嗎，怎麼沒有借此騰飛，反而跑到我們主公的荊州來了。」

她話音一落，堂上諸人盡皆大笑。劉備聽蔡氏語帶譏刺，頗為不悅，又聽到堂上盡是嘲笑之聲，尤為憤怒。他望望劉表，見劉表鬍鬚上挑，頗有點得意，他很想對蔡氏反唇相譏，但腦子還沒有完全糊塗，頂撞君夫人必定引起眾怒。況且蔡氏所說也有道理，自己原本也是有地盤的，怎麼糊里糊塗就失去了。既然十多年來都因此東奔西逃，為什麼胸中自信之氣猶未泯滅？他愈想愈覺得慚愧，乾脆裝醉，道：「好厲害的酒，這房樑怎麼都是雙層的。」邊說邊指著屋頂，然後匍匐在地，假裝失去了知覺。

劉表笑道：「賢弟看來是真醉了，要不就扶他去客舍歇息罷。」

兩個從人上來，一邊一個，攙扶起劉備。劉備垂著腦袋，耳邊又聽得堂上諸人在冷嘲熱諷，心裏好不氣悶。不過大丈夫能屈能伸，也無須立刻跟他們計較了。

劉表看著劉備被架走的背影，默然不語。蒯越突然道：「主公，臣以為劉備是裝醉，他自知出言不遜，怕主公怪罪，不如立刻將他……」說著伸掌做了個斬首的動作。

劉表還未表態。蔡氏笑道：「沒想到蒯君竟然如此膽小。這劉備東奔西逃，能有多大能耐？他投奔我們主公，留著守門倒還有點作用，何必把他殺了。何況，連一個窮途無路的客人都殺，豈不是要讓天下人罵我們主公不能容人嗎？」

劉表笑道：「夫人所言有理，他一個醉漢，何必當真。」

九 驛館縈舊夢

劉備回到客舍，怕劉表派人監視，仍一直裝醉。但心頭抑鬱，加上前此一夜未睡，也覺疲倦，不知不覺就睡著了，醒來時已是半夜，月色滿鋪在客舍的屋樑上，窗外樹影參差，到處充塞著秋天的涼意。

他想起在童年時在涿縣中陽里的家鄉，中秋時候被母親帶著，到叔父家過節的場景。叔叔很喜歡他，因為他父親早死，常常資助他家錢糧。起初，劉備覺得這很自然，沒有感覺到這份親情有什麼特別。只是有一天，他隨便說了一句話，才讓他意識到這種親情的存在。家裏院子的東南角有一棵桑樹，有三四層的闕樓那麼高。春大養蠶的時候，附近的矮桑葉子都被人拔光了，只有這棵樹的葉子還在，望上去亭亭如蓋。一般的婦女不敢爬這麼高。那天，劉備和幾個堂弟在那樹下玩，涿郡太守突然乘車來到了中陽里，拜訪居住在這個里的大儒盧植。盧植當過九江太守，又以儒學精湛名聞海內，涿郡歷任太守到任，都會登門拜訪，更不用說那些僅僅六百石的縣令了。所以盧植家門前常常軒車林立，極為壯觀。

堂弟們看見涿郡太守到來，都停下不玩了，攀到院牆上，望著太守的隊伍，只見前頭是兩排斧車，接著是衛卒乘坐的軺車，再接著是太守本人乘坐的軒車，後面還跟了一輛有圍屏的緇車，大概是太守妻子乘坐的。里中人都豔羨地望著，道路兩側的院牆滿是大大小小的腦袋，要不是腦袋上的眼珠子骨碌碌隨著太守的軒車亂轉，真會讓人懷疑，這是不是首級展覽。等車隊行過，劉備仰臉指著桑樹，不服氣地說：「這算什麼，你看這桑樹葉子像不像皇帝的羽葆蓋車，將來我一定要乘坐這樣的車，才不枉活了一世。」

話還沒說完，他的嘴巴已經被叔叔捂住，低聲斥責道：「小孩子，不要胡說，你想讓我們劉氏滅族嗎？」

看著叔父焦急而關切的目光，他似乎才恍然明白，自己的榮辱，和這整個劉氏家族是連接在一塊的，如果他犯了罪，他叔叔一家都得陪著上刑場。而據說，他這個劉氏家族，又和洛陽的皇室有著深厚的淵源，他的祖先是中山靖王劉勝，劉勝的兒子劉貞在前漢元狩六年被封在涿縣的陸城亭，後來因為貢獻給長安的黃金分量不足，被褫奪了爵位，於是乾脆在涿縣定居，過了三百年之久，發展成一個碩大的劉氏家族。他有著高貴的血統，他要為這個家族爭氣。

同族的劉元起聽了他的話，和他叔叔的反應不同，不僅沒有責怪他，反而對他另眼相看。劉元起認為院子裏這株桑樹長得本就非常奇特，喻示這主人家會出非常的人物，而這個人物就是劉備。從此他也經常資助劉備，按說像他這樣的同族遠親，沒有這個義務，可是他做得比劉備的親叔叔還好。他讓兒子劉德然和劉備一起去盧植門下受教，由他來提供束脩（即學費）。除此之外，只要他兒子穿什麼，他必定給劉備也買一份。他的妻子為此特別不理解，抱怨道：「各家只能管各家的嘴巴，誰也不富裕，就算錢多得使不完，也不能這樣使。」他當即給了妻子一巴掌，道：「你知道個屁，這孩子是我們家族的榮耀，你卻只想到吃喝這種小事。」

妻子捂著臉頰躲到一邊，默默地收拾餐具，不敢回話，心中對劉備充滿了仇恨。劉備每次見到她，都能感到她眼中的怨毒。幾年後，黃巾軍出現了，劉備也糾集一些少年，投奔涿縣縣令，開始了征戰生涯。

現在的劉備非常難受，劉元起已經死了二十多年，而他現在還是一個流竄的客將，要是劉元起在世，一定會後悔自己看錯了人。

想到這，他心頭如車輪轆轆，恨不能馬上回到新野。待在這個可惡的襄陽，只能讓他感到恥辱。

臥龍出山

第四章

劉備的內心突然湧起一陣無以名狀的情感，眼淚霎時就湧了出來，緊接著，喉嚨裏也發出悲聲，連他自己也感到出乎意料。這眼淚可以說是傷心，也可以說是喜悅。聽了諸葛亮這番對天下大勢的分析，他相信上天真的待自己不薄，在外漂泊十多年，終於找到自己的股肱之臣了

一　患得患失的諸葛亮

住在臥龍崗上的諸葛亮心情並不寧靜，作為一個山東琅邪郡南遷避難的世家大族子孫，從小就受著治國平天下觀念的薰陶，他怎麼情願躲在這山中逍遙此生？沒沒無聞地老死溝壑，這不是他的理想。

他的妻子黃氏坐在榻上，正擺弄一隻木頭小狗，她扭了扭小狗耳朵上的機關，小狗突然跳到地上，一蹦一蹦地往門外挪去。諸葛亮坐在她身邊，抱著一張地圖，笑道：「你要是能讓它像真狗那樣吠，我就服你。」

黃氏笑道：「讓它吠沒什麼意思，我的想法是直接讓它像你這樣說話。」說著一把揪住諸葛亮的兩個耳朵，道，「快說快說。」

諸葛亮扔下地圖，兩手環繞著黃氏的腰，就咯吱起來。黃氏吃不住癢，笑得直喘氣。好一陣，兩人的打鬧才平復。黃氏道：「說正經的，夫君，去年劉皇叔來了兩次，你都避而不見，到底怎麼想的？」

諸葛亮道：「當年我娶你的時候，經歷了幾番舉措？」接著笑了笑，但有點底氣不足。

黃氏道：「納采、問名、納吉、納徵、告期、親迎，一共要六種禮節。我知道你的意思，如果輕率出山，恐怕得不到他的重視。但你想讓他來訪你六次嗎？」

孔明搖頭道：「六次倒不必，但三為多數，事不過三，那……總歸是要的。」

「要是他再也不來了，你卻怎麼辦？」黃氏道。

諸葛亮道：「不來便不來，大不了去江東。」

黃氏笑道：「少在我面前嘴硬，你要是去想去江東，何必在這襄陽山中安家。」

諸葛亮嘿嘿笑了笑，走下榻來，尋思了一會，決定去找岳父商量一下。他是這麼一種人，沒事便罷，一旦有事總隔不得夜，一定要馬上解決才會心安。好在岳父就住在山上不遠，來去也很方便。他對妻子說：「你做好晚飯等我，我去去就來。」

諸葛亮的岳父名叫黃承彥，長得肥胖高大，相貌堂堂，家族也算是襄陽望族，因為戰亂，舉家避居山裏。山裏雖然生活不便，但在戰亂中喪生的可能性也小。他起初沒想過進山，想出仕輔佐劉表，但很快發現劉表不思進取，覺得沒什麼意思，乾脆全家遷居山中，以避戰亂，恰好和前此隱居山中的諸葛家族相隔不遠。互相一攀談，發覺都是官宦家庭，也就惺惺相惜，談起當前國家大事，不覺慨歎。待到諸葛亮娶了黃承彥的女兒之後，兩個家族就更加親密了。

黃承彥知道這個女婿胸有大志，不甘老死山中，便勸他北上輔佐曹操，諸葛亮一口否決：「岳父，你知道我是琅邪人，我的叔父曾經親眼看見曹操的青州軍在徐州濫殺無辜，血流成河，輔佐這樣的人，不是我的理想。」

「可是曹操早就不那麼做了。」黃承彥道，「相反他現在很愛惜民力，因為自己的馬驚誤踏麥田，竟割去自己的頭髮示眾，法令嚴明，由此看來，曹操必成大業。」

黃承彥繼續說：「況且，一個人能成就大業與否，也不在於他是否殺了多少無辜，而在於他能否控制好他的統治隊伍。只要他擅長統治之術，就算殺再多的人，他也終究會是勝利者。而曹操在這方面是最能幹的。那些失敗的人，經常被批評為不恤民眾，殘暴不仁，而實際上他們的失敗原因並不在此。總之曹操崇尚的東西和你相似，興趣也和你相同，你喜歡管仲、樂毅，他則日日研讀《孫子》，你們都不是信奉儒學的士大夫，靠儒學，也根本不能拯救這個混亂的世道。」

諸葛亮道：「岳父，我認可你的分析，不過，你自己為什麼不去輔佐他呢？」

黃承彥道：「我老了，況且，我跟你們的理想不一樣。」

諸葛亮沉默許久，才說：「小婿自以為有管、樂之才，而曹操卻不可能是齊桓或燕昭。」

黃承彥點頭道：「這倒也是，不過江東有張昭、周瑜，你去也當不了管仲、樂毅。」他想了想，「我聽說左將軍劉備在新野練兵，他身邊多是力敵萬夫的猛將，卻沒有一個像樣的謀臣，這是個很好的機會。」

「然而他只是一個客將，沒有一塊地盤。」諸葛亮慨然道。

黃承彥道：「當年光武帝初起兵時，又何曾有什麼地盤，明天我去新野一趟，拜見這位左將軍，當面探探他的志向。」

第二天，黃承彥果然去拜見劉備，想說服劉備取劉表而代之，劉備卻不為所動，黃承彥雖有些失望，卻反而對劉備有了進一步的好感。人的感覺是極為微妙的，有的人不聽良言相勸，是因為他的愚笨；有的人是因為懦弱無用；但還有那麼一種人，他既不愚笨，也不懦弱，他舉手投足間卻有一種旁人無法企及的氣勢，這個氣勢讓你感覺，此人必非凡庸。所以，黃承彥回來之後，開始認真勸諸葛亮，劉備這個人值得輔佐，也是個霸王之才。

諸葛亮有自己的考慮，一方面他不能對劉備的請求反應得那麼熱切；一方面又心頭惴惴，怕劉備不會再來。他也明白，眼下能把他當成股肱之臣的英雄，就只有這個劉備了。鄉下人形容女子對自己心慕男子的殷勤，會經常用一個很形象的比喻：「有風不走船，無風來拉縴。」他現在就像那個可笑的鄉下女子，他算是明白，為什麼屈原在他的詩歌中，總把楚懷王比喻成夫君，自己則好像失意的姬妾了。

眼下他來到岳父的居處，岳父早就看透了他的心思，笑道：「你是不是在想，萬一劉皇叔再也不來了，卻怎麼辦？」

諸葛亮點點頭：「那可能就是命了。」

黃承彥道：「你去年秋天冒充樵夫，不是親眼見過他嗎？現在怎麼樣，還是認為他值得輔佐？」

諸葛亮點頭道：「對，他果然是一個仁厚長者，卻不乏英雄之氣。」

黃承彥道：「江東那邊如何？」

諸葛亮道：「前幾天二哥曾派人送信來，說江東人事複雜，孫權和手下將領周瑜不和。他母親病重，據說孫權還頗為高興，因為終於沒人可以管束他了。」

諸葛亮哥哥諸葛瑾在江東做官，族兄諸葛誕在曹操手下做官，當初是個權衡利弊的考慮，不管哪方最後獲勝，諸葛家總不會被趕盡殺絕，落到祖宗不能血食。

黃承彥道：「賢婿既然選定劉皇叔，那就安心等待，去年一冬雖然劉備不曾再來，但冬天進山不便，也好理解。如今春暖花開，我想他一定會再來。」

得了岳父這句話，諸葛亮的信心又恢復了。雖然理智地考慮，他也知道岳父不是神仙，不可能預知到什麼，但是在這種情況下，有一點希望總是聊勝於無的。

二　三顧茅廬

黃承彥的猜測倒還真沒有錯，此刻在新野，劉備正在考慮第三次進山拜見諸葛亮。自從去年秋天勸說劉表襲奪許昌不果之後，他就徹底對劉表喪失了信心，他知道自己必須走上單幹的道路。此刻，他站在新野縣廷前伸臂長嘯：「這個冬天，囤積糧草，徵發徭役，修治城池，可真是忙死我了。總算盼到溪水解凍，草木萌芽，真是一片大好春光。」

關羽手上仍舊手攥著他從不離身的書本，仰頭四望，道：「今日休沐，不如我們兄弟三人出外遊玩。」

劉備搖頭道：「哪有心情遊玩，我早就做好打算，備好厚禮，準備今天一起再去隆中拜訪孔明先生。」

關羽大失所望：「哎，大哥仍是念念不忘那個鄙陋村夫，這樣好天氣，何不進山射獵，強似去吃那村夫的閉門羹。」

張飛表示反對：「二哥，訪求賢人可是正事。射獵有什麼好玩。」

周瑜（梁朝偉飾，電影《赤壁》劇照）

江東君臣（電影《赤壁》劇照）

關羽與張飛（電影《赤壁》劇照）

英姿颯爽的孫尚香（趙薇飾，電影《赤壁》劇照）

劉備道：「三弟說得對，雲長你如果不願去，就在家中歇息。」

關羽悻悻地說：「兄弟三人曾經抵足而眠，怎能丟下我一個。」

劉備笑著搖搖頭：「那就準備一下，馬上出發。」

他們迤邐進山的時候，黃氏正在春光籠罩的院內餵雞，洗衣，忙忙碌碌。諸葛亮卻斜躺在兩棵桃樹之間的吊床上，無聊地撚著花瓣，把一片片桃花的花瓣撕落，扔在空中。院子裏落紅成陣，不斷有花瓣從樹上飄下，墜落在他的身上。

黃氏餵雞的間歇，回頭笑瞇瞇地對孔明道：「大好天氣，夫君怎不出外踏青啊？」

諸葛亮望著妻子嘴角的笑意，哼了一聲，拉長了聲調道：「春慵撩人，不妨高臥，享受朱陽。」

黃氏笑道：「言不由衷。」

諸葛亮知道妻子的心思，欲假裝不理，又顯得心裏有鬼，只好硬著頭皮問：「我怎麼言不由衷了？」

黃氏道：「少裝了，我還不知道你，撚花占卜，匣玉思售，我看你是擔心人家尋隱者不遇罷。」說著咯咯笑出聲來。

諸葛亮有些尷尬，他知道什麼都瞞不過這個聰明的妻子，和她結為夫妻，雖然享受不到美色，因為黃氏黃髮黑膚，確實毫無姿色，但是她永遠能給他帶來一種智力的愉悅，何況人的容貌再醜，看慣了也會習以為常，而智力的衝擊卻是永不消歇的。諸葛亮乾笑了幾聲，道：「我怕什麼，大不了和你隱居終老。」

黃氏站起來晾衣服，嘴裏道：「仍是言不由衷。」她的目光掠過樹葉，望著坡下的悠長山道，劉備等數人正行駛在那悠長的山道上，黃氏驚喜道：「夫君，你的明主來了。」她比諸葛亮還要高興，雖然從來沒停過和丈夫打嘴仗。

諸葛亮像鬆被針刺的蛤蟆，從吊床上蹦了起來。他手忙腳亂地撣掉身上的花瓣，看了山道一眼，急急道：「我進去換件衣服，你先幫我應付。」

黃氏望著他的背影，笑道：「又不是新婦見人。」

很快，劉備等人就到了，他望見黃氏在山坡上曬被褥，心中也默默祈禱，希望這次不會落空。來到柴門前，劉備隔門躬身道：「夫人無恙，劉備又來拜見，不知諸葛先生在家否？」

黃氏打開門，也側身施了一禮，道：「將軍來得正巧，夫君正想出門，在裏面換衣服呢。我喚他出來相見。」

劉備喜之不禁：「精誠所至，金石為開。這回終於如願了。」他看著院子裏燦爛的桃花，脫口吟道：「桃之夭夭，灼灼其華。之子于歸，宜其室家。」

這時蓬門大開，諸葛亮衣裝簇然一新，走了出來，笑道：「左將軍吟詩作賦，頗有雅興。」

劉備看見諸葛亮如此年輕，而且面熟，微微一驚，旋即緊走幾步，道：「久聞孔明先生大名，渴望殊殷，原來去年就曾一見，幸甚幸甚。」

張飛也驚訝道：「原來就是那個樵夫，看來真有點本事。」

關羽道：「有沒本事，且看以後。」

諸葛亮道：「南陽野人，生性疏懶，蒙將軍屢次枉顧，不勝羞愧。請進草廬奉茶。」

一行人魚貫而入。喝過一巡茶，寒暄了一會，劉備就開門見山，詢問諸葛亮對現下局勢的看法，諸葛亮直言不諱道：「這個只能我和左將軍兩人單獨談論。」

關羽聽在耳中，怒火霎時就升騰起來。不過劉備在旁，他究竟不敢發作。張飛倒不生氣，只是微微覺得有些遺憾。劉備望了他倆一眼，道：「兩位兄弟，你們在此稍待，我和孔明先生去內室面談。」

來到內室，劉備開門見山：「當今漢室傾頹，奸臣篡權，天子蒙塵。備缺乏自知之明，想為天下伸張大義，卻因為智術短淺，屢戰屢敗，不得不寄人籬下，只是志向還一如當初，今日有幸得見先生，望先生能不吝賜教。」

諸葛亮微笑道：「既然將軍如此盛情，亮安敢不披肝瀝膽。亮以為，將軍想要實現大志，有兩可圖，兩不可圖。」

劉備道：「願先聞兩不可圖。」

諸葛亮道：「兩不可圖者，曹操、孫權也。」

劉備道：「願聞其詳。」

諸葛亮道：「自從董卓禍亂天下，豪傑並起。如今曹操已經完全殲滅袁氏，擁兵百萬，虎視河北，又挾天子以令諸侯，名正言順，將軍不可與他爭鋒。孫權倚仗父兄兩代的基業，佔有江東六郡，地勢險要，百姓歸服，江南才智之士，皆為其效力。將軍只能跟他聯合，不能有所圖謀。」

劉備道：「先生所言極是，那麼敢問先生兩可圖？」

諸葛亮道：「兩可圖者，劉表、劉璋也。」

劉備沮喪道：「都是劉氏子孫，安可圖乎？」

諸葛亮道：「將軍生逢亂世，而有婦人之仁，此乃覆宗亡家之道，亮甚為不取。將軍如果實在無意，就當亮多嘴了。」

劉備謝道：「先生勿怒，備只是想著二劉皆我同宗，心下不忍罷了。敢聞其詳。」

諸葛亮點頭道：「將軍如果能伸張大義，誅滅奸臣，興復漢室，天下百姓都將頌揚將軍的大仁。而將軍如果依違不決，束手束腳，漢家滅亡指日可待，又稱得上什麼仁義？以大仁換取小不仁，而有功於社稷，名垂青史，不亦可乎？」

劉備開顏道：「先生說得是，請先生繼續。」

孔明拿出一張地圖，鋪在几案上，指著地圖道：「荊州北據漢、沔，南海的物資可溯河而達，東面連接揚州的吳郡和會稽郡，西邊連通益州的巴、蜀二郡，此乃兵家必爭之地，而劉表卻沒有才能守護，這不是上天賜給將軍的嗎？益州關塞險要，土地肥美，物產豐饒，當年高祖皇帝就仰仗它成就帝業，而益州牧劉璋昏庸懦弱，百姓離心，智能之士都想投靠明君。將軍乃漢室子孫，仁義播於四海，如果先佔據荊州、益州，對內，嚴耕戰之策；對外，結好孫權，一旦天下形勢有變，就可派一上將率領荊州軍隊進攻南陽、洛陽，將軍則親率益州之軍北進，出擊秦川，關中的百姓一定會扶老攜幼，捧著酒食迎接將軍的，到那個時候，漢室的復興又有什麼困難呢？只要將軍有心，漢家舊儀光復於天下，指日可待。」

見諸葛亮語氣如此斬釘截鐵，劉備大喜道：「先生這番話，如撥雲霧而見青天，我以前只知打仗，卻沒有一個全盤策略，致使半世漂泊，事業無成，希望先生這次能出山襄助，共創大業。」

諸葛亮搖頭道：「亮生性疏懶，不敢奉命。」說著站起來，背身透過窗戶朝院子內觀看。

劉備的內心突然湧起一陣無以名狀的情感，眼淚霎時就湧了出來，緊接著，喉嚨裏也發出悲聲，連他自己也感到出乎意料。這眼淚可以說是傷心，也可以說是喜悅。聽了諸葛亮這番對天下大勢的分析，他相信上天真的待自己不薄，在外漂泊十多年，終於找到自己的股肱之臣了，他現在只是不能確定諸葛亮是否會跟自己出山。他的眼淚是為自己流的，那是他自己的傷心和喜悅。

聽到劉備的悲聲，諸葛亮趕忙轉身安慰，他本來只想擺擺架子，讓劉備再懇求兩次，才順勢答應，沒想到劉備竟然會哭出聲來，這出乎了他的意料，簡直讓他手足無措了。劉備一把鼻涕一把眼淚地說：「先生……不出山，就忍心……看見天下……百姓日日……匍匐於干戈擾攘……之中……嗎？」由於啼哭，他的話也是斷斷續續的。

於是諸葛亮道：「既然將軍如此赤誠，亮願意效犬馬之勞。」

三　美人救英雄

他們在隆中待了幾日，劉備這才發現，此山中竟然聚集著這麼多飽學宿儒，黃承彥、崔州平、徐庶他們好像從地底冒出來的一樣，都紛紛來到諸葛亮的草廬，與諸葛亮告別。劉備驚喜不已，想趁機一網打盡，苦苦邀請他們也出山輔佐自己，但是沒有完全奏效，只有徐庶接受了邀請，其他人都以年老推辭，並且一致宣稱諸葛亮的才學勝過當世所有的謀士，有諸葛亮輔佐，自己一干人出山與否實在無足重要。劉備沒有辦法，好在得了諸葛亮和徐庶兩個最有才能的人，已經收穫極豐了，幾個人歡天喜地地回到新野。

但是屁股還沒坐熱，劉表派來的使者就到了，說有緊急軍情，請劉備立刻去襄陽商議。

劉備這回興致不高，他對劉表已經完全失望，不過在人家的地盤上，當然暫時還得聽人家的話。他決定帶諸葛亮和趙雲一起去襄陽，萬一有什麼意外有人可以商量。

還沒進襄陽城門，發現氣氛的確和往日有些不同，守門的士卒明顯增多，城牆上邏卒的來來往往，也比尋常時候頻繁。襄陽的百姓似乎也都認識劉備，他能聽見他們在輕聲議論：「左將軍來了，是來幫助主公解決江夏爭端的罷。」「左將軍來了，事情就好辦了。」「左將軍還是要年輕……」

劉備雖然不完全能聽清楚他們的交談，但從他們的表情，知道他們對自己只是敬佩，心中油然生出一份自豪，感覺自己走馬襄陽市，真是春風得意，也堅定了終究要成就一番事業的決心。他這樣想著，不多時，已經來到州牧府，衛卒答應劉備進去，但不許諸葛亮和趙雲跟隨。這也好理解，州府重地，尋常人怎麼能隨便放入。劉備只好叮囑兩人在門外等候。

走進庭院，府內寂靜無聲，讓劉備感到奇怪，既然有緊急軍情，怎會這般安靜。他心中隱隱覺得有些不對。但如果沒有軍情，城樓上士卒那麼多又是為了什麼？

劉表病了，而且病得不輕，他的鬍鬚零亂，仰臥著，額上敷著巾子，雖然不是冬天，但他身上卻壓著幾層綾錦的被褥，看來非常怕冷。蒯越等幾個親信大臣圍在他身邊，愁眉苦臉。見到劉備，劉表想強撐著起身，劉備趕忙上前幾步按住他，跪坐在他的床前。

「玄德賢弟，我找你來，是為了東吳孫權進攻我江夏的事，我想賢弟可能已經聽說，江夏太守黃祖將軍已經遇害了。賢弟快給我想個報仇之策罷！」劉表說著，歎氣不已。原來不但有軍情，而且又碰上了劉表病重，真是禍不單行，難怪城中這麼緊張。

劉備俯首道：「明將軍，備以為，這個仇是一定要報的，只是不必急在此刻。備聽說曹操正在鄴縣訓練水軍，恐怕很快就要進攻荊州，明將軍還是先防備北方為上。君子報仇，十年不晚，江東力量薄弱，暫時沒有能力吞併我們。」

劉表更覺煩惱，連連歎氣不已，道：「賢弟，我年老多病，不能理事，也不知能活幾日。我死之後，賢弟可為荊州之主，我兩個不肖之子，就託付給賢弟了。」

這番話突如其來，把劉備嚇了一跳，他仔細端詳劉表的神情，不像是試探，只是有些無奈。他明白，劉表剛才這番話可能的確是誠懇的，但並非心甘情願，誰不希望親生兒子能繼承自己的家業？但劉表知道兩個兒子才能有限，在這個亂世，已經沒有能力掌控荊州。而這個同宗的劉備卻是個梟雄，與其把荊州交給曹操，不如送給劉備。那樣的話，自己的兒子或許還能得到善待。

想到這裏，劉備稍微有些喜悅，然而，他不能答應。因為一則要謙讓，二則他已經發現身邊的蒯越斜眼看著他，表情陰冷。很顯然，蒯越不會甘心成為他這個外來客的下屬。要是馬上答應，說不定走不出這個院門就會被殺，於是他趕忙表態：「明將軍身體一向康健，些許小病，何足掛齒。即便明將軍身有不諱，備輔佐公子，定如對待明將軍那樣忠心無貳。」

蒯越嘴角微微露出冷笑，今天這種情況，已經在他的預料當中。他知道也許劉表要考慮託孤了，但讓他極為氣惱的是，劉表的託孤，不是託給他這樣的股肱之臣，而是想將整個荊州讓給劉備。這個劉備算什麼東西，一個織席販履的賤人，他從心底裏看不起。即便是對劉表，隨著時日的增長，他也有些怏怏，當初你劉表來到荊州的時候，不是靠了我們蒯家和蔡家的勢力，根本坐不穩荊州牧這個位置。現在好了，你快死了，又想將荊州送給別人，你問過我們的意見沒有，你劉表有什麼資格把荊州交給這個販履的賤人？要知道，荊州不是你劉表的荊州，是我們襄陽大族蒯氏和蔡氏共有的荊州。他已經打定主意，不管劉備敢不敢笑納，他都要當場擲杯，讓埋伏在兩旁的刀斧手將劉備當場砍死。他現在就握著杯子，用手指輕輕轉動著杯緣，蟠螭紋的杯緣粗糙而舒服地摩擦著他的指肚，他心中默默地數著數，準備數到七十三的時候，就把杯子擲出去。為什麼不是別的數字，而是七十三，這沒有什麼道理好講。他蒯越就是喜歡這個數字，誰他媽的也管不著。

在這關鍵時候，蔡氏突然來了。她跑得氣喘吁吁，看見劉備還活生生的，喉頭舒了一口氣。劉表奇怪了，問：「你怎麼了，這麼慌張。」

蔡氏回答道：「將軍，剛才妾身小睡了一會，竟然做了個噩夢，醒來生怕將軍有恙，故急匆匆跑來。」

雖然是個很普通的藉口，劉表還是很高興，愉快地說：「還是夫人愛我。」

蔡氏幫他掖了掖被子，道：「主公且安歇罷，你身體不佳，不該太勞累，左將軍一路從新野趕來，也是鞍馬勞頓，該讓他去驛館暫時歇息才是。」

劉表轉頭對劉備道：「賢弟，這樣也好，你先回客舍，等我病體稍癒，再和賢弟把酒言歡。」

劉備躬身道：「那麼將軍好好養傷，備先出去了。」

蔡氏道：「我送左將軍出去。」

兩人走出內門，蒯越望著他們的背影，感到有些遺憾。蔡氏在場，就不好下令殺人。畢竟劉表還沒有死，過於心急說不定會惹來不必要的麻煩。

出了州牧府，劉備和諸葛亮、趙雲會合，心下稍定。他對諸葛亮道：「剛才劉荊州床前，蒯越的神色有些奇怪，不知道是不是安排了刺客，想對我不利。」

諸葛亮道：「出來了就好，我也正擔心這個，好在這不是劉景升的意思，否則主公也不能安然待在這襄陽城中。」

劉備道：「那現在怎麼辦？我們是不是直接回新野？」

諸葛亮還沒答話，忽聽到左邊人聲擾攘，州牧府內衝出一騎，向劉備馳奔而來。原來是劉表的長子劉琦，他剛才就默然坐在劉表床邊，不知跑出來是什麼意思。

劉琦馳至劉備身邊，翻身下馬，也不等劉備問話，急道：「叔叔，既然來了襄陽，怎麼能住在驛館，不如去小侄家裏安歇，雖然簡陋，但比驛館想必會略微舒適。」

劉備不知道他的用意，諸葛亮趕忙插嘴：「主公，既然公子有請，怎可不去。」

劉備想想，去驛館，還真不如到劉琦府邸安全。他知道劉琦一向不得寵，前不久蔡瑁將女兒許配給他的弟弟劉琮，眼看劉琮繼承荊州牧的可能性很大。眼下，自己真和他有點同病相憐的感覺。

不多時到了劉琦的府邸，一進庭院，劉琦馬上摒退了侍從，單獨拉劉備到一個房間，突然跪倒在劉備面前，泣道：「叔叔，請救小侄一命。」

劉備趕忙扶起他，詢問原因。劉琦泣道：「自從弟弟劉琮娶了蔡瑁女兒為妻，父親就對我愈發冷淡，想立弟弟為嗣。我不當那個嗣子倒也無妨，只怕繼母會殺人滅口。」

劉備脫口而出：「君夫人可不是那樣的人。」

劉琦道：「何以見得。」

劉備自知失言：「哦，這是我的猜測。賢侄，你這些都是家事，俗話說，幹人家事者不祥，請恕我無能為力。」

劉琦當即大為傷心，淚水奔流而下，也不說話，抱住劉備的腳踝死活不肯放手。劉備有些哭笑不得，但同時又萌生起了自豪，既然連現任荊州牧的大公子都這樣求自己，那說明自己雖然僅是個客將，但實在有左右局勢的潛力。他想了想，突然想到了一個主意，低聲在他耳邊說：「我這位新請來的軍師孔明先生妙計如神，你可以向他請教。」

劉琦搖頭道：「既然叔叔都不肯說，他又怎肯教我。」

劉備低聲道：「這個，我會先叮囑他，另外我有一計……」說著在劉琦耳邊說了自己的計策。

劉琦有些驚疑，劉備鼓勵他：「儘管照我說的去做，若是不管用，我們再想別的辦法。」劉琦迭聲道：「叔叔可要說話算話，一定要為侄兒想別的辦法。」

四　劉琦出守江夏郡

第二天，劉備帶著趙雲假裝要出門，讓諸葛亮陪劉琦說話，諸葛亮也不說什麼，爽快地答應了。劉琦早就準備了一桌上好酒菜款待諸葛亮，酒過三巡，劉琦按捺不住了，直接問道：「昨日聽叔叔說，先生足智多謀，是叔叔的左膀右臂，琦不才，有一事疑難，正想向先生討教。」

諸葛亮笑道：「如果是談家事，就千萬別為難在下。在下寄居荊州，實在不敢管荊州主君的家事。別的事，任由公子吩咐。」

劉琦奇怪道：「先生怎麼知道琦想問家事。」

「自古以來，國君卿大夫的長子就是儲君，能有什麼煩惱？如果有，當然只有家事。」

劉琦喜道：「先生果然足智多謀，叔叔昨日所言不虛，先生放心，這間密室別無他人，請先生一定要出計救我。」說著當即跪在諸葛亮面前，咚咚叩頭。

諸葛亮不為所動，搖頭正色道：「剛才在下已經說了，家事絕不敢干預，公子定要強在下所難，在下只好告退了。」

劉琦見這招無效，無奈道：「先生休走，琦不提這事便了。」他覺得確實只有採用劉備的計策才行。接下來，兩人又是一陣觥籌交錯。劉琦假裝微醺道：「琦家藏有一古書，價值萬金，先生可有興趣一觀。」

諸葛亮心裏暗笑，嘴上卻說：「那當然，古書一向是在下所好，公子願意以寶物讓在下寓目，在下實是喜之不禁。」

劉琦暗暗喜歡，上鉤了，他假裝無奈的語氣：「寶劍贈英雄，古書也希望能讓有識者觀賞。此書是家父重金購來贈給琦的，因此極為珍貴，琦特地為之建築一臺，名喚『凌華臺』，請先生屈駕上臺觀賞。」

諸葛亮笑道：「很好很好，那公子請帶路。」劉琦打開門，一個家僕猝不及防，驚慌地跪倒在他面前，顯然是偷聽談話，來不及躲避。劉琦大怒，飛起一腳踢去：「該死的東西，躲在這裏幹什麼？」

家僕伏地哭道：「剛才正好腳疼，就坐在門檻上歇息了一會，實在沒有他意。」

劉琦大怒：「還敢撒謊。」抬腳還要踢，諸葛亮勸解道：「算了算了，何必跟奴僕一般見識。別耽誤了看書。」劉琦喚來家丞，道：「將這個狗賊給我關起來，細細盤問。」這才悻悻地帶著諸葛亮離開。諸葛亮笑道：「幸虧亮不算太傻，否則劉荊州已經派人來取亮的人頭了。」

「先生千萬不要在意，」劉琦辯解道，「這不會是家父派來的。」

諸葛亮搖頭笑笑，不答。劉琦見他沒有什麼大的反應，也就放心了。兩個人邊走邊說，雖然是白天，庭中卻稍覺幽暗，他們順著迴廊繞了一圈，庭中種植著各種奇花異草，香味撲鼻，只是天色黯淡，呈現一副山雨欲來風滿樓的氣勢，花朵的顏色也看不真切，寂靜的迴廊中只聽見他們兩人的腳步聲，顯得尤其落寞幽遠。

再走過一道側門，面前出現了一個高大的樓閣，夯土的臺基上漆著朱紅之色，臺基上雕樑畫棟，窗櫺上青瑣連橫，真是好一座樓臺。臺前幾個小吏執著兵器，正坐在欄杆上聊天，看見劉琦，趕忙站起來躬身施禮：「拜見公子。」

劉琦一擺手：「罷了，今天我和諸葛亮先生來看書，你們把臺門打開。」

諸葛亮仰頭注視這座樓閣，歎道：「公子肯建一座這麼大的樓閣來儲藏一部書，足見這書價值連城。」

劉琦將手一伸，道：「請先生看後再說。」

兩人一前一後，走到閣內，堂上帷幄縱橫，仰面是雕花藻井，顯然還有一層樓閣，但見不到固定樓梯。劉琦解釋道：「我怕這書被人盜去，所以平常不設樓梯。只在需要時才令人架設活動梯子。」旋即他轉頭吩咐，「把梯子架上。」

兩人攀上樓梯，孔明在前，劉琦在後，上了二層閣樓。劉琦閣中一個精緻小房間內搬出一個錦盒，打開，裏面是層層的錦緞包裹，剝開層層錦緞，最後赫然現出一大卷竹簡。竹簡色澤暗黃，看來多歷年所，上面編連的牛皮也油光滑亮，古色古香。諸葛亮心中暗暗稱歎，看來這書的確不同凡響。劉琦拿出一卷，在旁邊的几案上鋪開，頓時，映入諸葛亮滿眼的都是曲曲彎彎的蝌蚪文字，而不是習見的隸書，諸葛亮雖然一向不是好古敏求的人，但究竟保存著士大夫面對歷史的本能敬畏，他的心怦怦直跳，低下頭，仔細端詳竹簡最右端的文字，不由念出聲來：「曹沫之陣。」

劉琦這回真心讚歎道：「先生果然博學，竟認識這種蝌蚪文字。」

誰都愛聽恭維話，諸葛亮當然也不例外，他心裏喜歡，嘴上卻假裝客氣：「也只是認識一二。這個曹沫可是春秋時魯莊公手下的那位勇士？」

劉琦道：「先生說的一點沒錯，實話告訴先生，這書是家父從江陵楚昭王墓裏挖出來的。家父和我自己也不認識，後來拿給王粲先生看，他給我一一講解，我才明白。據王粲先生推測，此乃春秋時期著名兵書，從未見典籍記載，料想早已失傳，沒想到今天能重見天日。先生素有管、樂之志，料想一定喜歡這種兵書。」

諸葛亮微微點頭，他確實喜歡兵書，平生熟讀《孫子兵法》、《尉繚子》、《司馬法》等兵家典籍，卻從來不知世上還有這麼一部兵書。曹沫是魯莊公時候的貴族，有勇力，好兵法。不過縱使他留下了什麼兵書，多半也不實用。因為他那個時代還用兵車作戰，比起後來騎射的戰術，早就過時了。諸葛亮心裏癢癢的，他並不指望這部書能教給他什麼，只是它既然從楚昭王墓裏挖出，那就是積澱了漫漫歲月的古物，他是好古的人，這樣的東西如果能夠佔為己有，還是很快樂的。何況這些蝌蚪文，本身就是一樣寶貝，世上已經沒有多少人認識了。他平常雖然看不起那些純粹的儒生，但在他們擅長的詩書技藝方面，自己卻絕不肯承認比他們差，這是很古怪的一種想法，他自己也無法控制。

「書，嗯，確實很喜歡。毫不諱言地說，在下實在很嫉妒公子。」諸葛亮也不隱諱自己的想法。

劉琦當即跪倒在地，泣道：「孔明先生，如果能救琦一命，這書情願奉贈。」

諸葛亮知道劉琦想求他什麼，即便劉琦不給他什麼，他也不能不幫劉琦。但答應別人幫忙，絕對不能輕易，否則這個忙就顯得不值錢。於是他假裝不悅道：「公子怎麼像坐肆販賣的商人，既要送書，又附帶條件。」說著拔腿走到臺前，卻發現梯子已經撤去。他沉吟了一下，反轉身道：「請公子喚人把梯子架上。」

劉琦泣道：「先生莫怒，琦剛才也是一時情急，說錯了話。其實不管先生幫不幫我，這書都情願送與先生。只是盼望先生有一念之仁，肯伸手援助。」

諸葛亮默然不語，顯得頗為躊躇。劉琦看諸葛亮似乎有點動心，趕忙又道：「琦猜想先生說怕事有洩漏，現在凌華臺上，上不至天，下不至地，出先生之口，入劉琦之耳，先生還擔心什麼呢？」

諸葛亮仰首閣頂，長歎了一聲，道：「非是在下冷漠，實在是疏不間親，在下怎敢多嘴？」

劉琦反手從腰間拔出佩劍，道：「先生終不肯教劉琦，琦將自刎於先生面前，先生難道毫無惻隱之心嗎？」說著將劍橫在頸中。

諸葛亮頹然道：「罷了，既然公子如此懇切，在下只好冒死為公子劃策了。」

劉琦大喜，連忙拉諸葛亮走進樓上另一間密室，道：「在這裏說話，絕對無人能夠偷聽，請先生明示。」

諸葛亮道：「公子難道不知道當年晉國公子申生和重耳的故事嗎？申生待在晉國而亡，重耳出奔別國而存。現在黃祖新亡，江夏無太守，公子何不向父親請求屯守江夏？江夏雖小，公子去那裏也算呼吸自由，身邊又有兵馬，又豈有性命之憂？」

劉琦歎了口氣：「也只有這麼辦了。」

諸葛亮道：「公子大概有點不甘心，覺得自己是長子，應該接替父親的荊州牧之位罷。」

劉琦臉色通紅：「正如先生所言，琦實在嚥不下這口氣……」

「公子雖然委屈，但是比起申生、扶蘇的悲慘，又算得了什麼？當斷不斷，必留後患。願公子勿疑。」

「既然先生這麼說，」劉琦道，「看來也只好如此了。」

劉琦要求鎮守江夏，讓劉表感到高興。蔡氏、蔡瑁兩人也鬆了口氣。這樣的結果無疑最好。對劉表來說，雖然已經決定放棄將劉琦立為嗣子，但劉琦究竟毫無過錯，這件事自己實在說不出口，因此時時感到良心譴責。如今劉琦主動出守江夏，顯然是明白了自己的心思，當然是瞌睡碰到了枕頭，自己怎麼能不高興。對蔡氏、蔡瑁來說，他們也不想因為奪嫡的事搞到互相屠殺，讓天下人恥笑，劉琦自知避讓，那是最好不過。於是，他們馬上鑄了一個「江夏太守」的印信，讓他帶著去江夏上任。

五　族滅孔融

剛剛掃清袁氏勢力殘餘的曹操，在建安十三年的春天回到了鄴城，他知道自己下一步該幹什麼，命令在鄴城城北挖了一個玄武湖，在湖中訓練水軍。同時，在朝廷制度上，他施行了一些改革，把後漢的太尉、司徒、司空官罷除，恢復了前漢的丞相、御史大夫制度，並自任丞相。這對劉協來說倒並沒有什麼，他本來就是一個傀儡皇帝，只是這樣制度的改革對曹操做起事情來就方便了。在前漢，丞相總領百僚，地位十分尊崇。只是到漢武帝時期，為了對抗丞相的權力，才以大司馬大將軍輔政。後漢建立之後，光武帝劉秀設置司徒、司馬、司空三公，地位雖高，實權卻歸於尚書台，由尚書令直接向皇帝奏事。這都是在皇帝權力膨脹的時候採取的措施，現在皇權衰微，曹操重置丞相，既掌握了實權，又可以自稱回歸前漢美政，真是一舉兩得。

他剛剛自封為丞相沒幾天，就傳來東吳兵擊破夏口、斬獲江夏太守黃祖的消息。這對他顯然不是件好事。一旦孫權奪取荊州，就獲有天下半壁江山，力量足以和他抗衡。他必須要趕在孫權大規模動手之前，先佔領荊州。於是當即召集所有僚屬議事。

像類似情況的通常反應一樣，武將們都很爽快，紛紛道：「請丞相立即發兵，攻取荊州，順便掃平東吳。」文官們卻沒有急於表態，他們要看看曹操自己的計畫。

曹操笑了一笑，道：「荊州在劉表手中，孤倒不擔心，但是，如果落入孫權手中，卻是個大大的麻煩。所以，孤只有立即發兵南征了。」

謀士們大多點頭贊同，太中大夫孔融卻提出反對意見：「丞相，荊州牧劉表一向保境安民，而且尊奉當今朝廷正朔，經常派遣使者前來奉獻，怎能無緣無故前去征伐？」

曹操心頭大怒，又是孔融，這老豎子仗著自己出身名門，實在太囂張了。他想起前幾年孔融譏諷自己奪取袁紹兒媳甄氏為自己兒媳的事，那時不殺他，是因為時局未穩，現在袁氏已被掃清，河北已經一統，自己無須再忍了。如果繼續容忍，不但有損自己威嚴，而且會留下後患。於是他望著孔融，怒氣沖沖道：「君屢為劉表張目，莫非懷有異心？」

孔融道：「和丞相同朝為官，豈敢有異心？只是丞相若一定要征伐無罪之邦，與袁紹何異？」

殿上群臣盡皆失色。孔融把自己和曹操擺在一起同朝為官的位置，實在是大錯，殊不知曹操名為漢相，其實早已凌駕漢帝而上之，整個中原，都是他率兵打下來的，漢失其鹿，曹操逐而得之，豈能還給生於深宮之中，長於婦人之手，毫無功勞的劉協？他是中原無可爭辯的主人，這點大家都該明白。孔融這麼說，就是裝傻，裝傻的目的，就是想對曹操的權威提出挑戰。

曹操再也不想保持溫文爾雅的丞相風度，他一拍几案，怒道：「你這豎子，仗著自己是聖人後裔，屢次在孤面前狂傲訕謗，無上下尊卑之禮。今日又欲沮我正義之師，若不斬你，安服天下？來人，將這狂徒拉出，斬首來報。」

站在兩側廊上的武士馬上奔了進來，架起孔融就往外拖。孔融索性大罵：「曹瞞，早知道你是一個亂臣賊子，竊國大盜，漢家天下……」但在武士的野蠻拖拉下，他有點喘不過氣來，罵聲含糊不清，也越來越遠。

殿上靜默無聲，群臣都傻了。大家從來沒見過曹操當場發這麼大脾氣，而且是當場命令將一個名滿天下的大儒斬首。他們中不乏和孔融惺惺相惜的儒生，但在曹操的淫威之下，沒有人能鼓起勇氣勸諫。

曹操的心情慢慢輕鬆下來，他歉意地對大家笑了笑，道：「剛才被這狂徒打斷了，諸君且與孤再議。」

一時誰也不敢發言，生怕一言不慎，就把腦袋掉了。在曹操的執意要求下，好一會，荀彧才小心翼翼地進言：「臣以為，丞相可以派疑兵在宛縣、葉縣一帶活動，迷惑劉表。另派精兵沿新野進攻襄陽，打劉表一個猝不及防。」

曹操微微頷首，這對群臣是個鼓勵。賈詡又小心翼翼地道：「臣以為文若君把事情想得簡單了些，就算我們用步騎攻下襄陽，如果劉表退守江陵，控守長江，和我們水戰，我們也無能為力。」

曹操打斷他：「文若所言，甚合孤心。不過劉備據守在新野，是個勁敵。」

荀彧道：「如丞相所言，荊州能戰者唯劉備耳，但劉備兵少，且多老弱病殘，只要我們多發精兵，突襲新野，擒獲劉備，荊州諸郡可望風而下。」

這時，武士手端托盤，將孔融血淋淋的首級獻上。文臣們多覺心中惻然，這樣一顆滿是經綸的腦袋，從此再也作不出驚天動地的文章了。實在可憐可惜！曹操瞟了一眼那顆首級，漫不經心道：「很好——誰願給我率兵為先鋒進擊新野？」

六　州牧府殺氣

暑熱蒸人，旌旗蔽日，大批騎兵、步兵蜂擁行進，遮天的灰塵好像一條望不見首尾的黃龍，穿行在由許昌通往宛縣的狹窄官道上。

這是曹操率領南征劉表的軍隊，曹操穿著單薄的縠縐羅衣，坐在軒車上，他目光前面的方向就是南陽郡的重鎮宛縣。雖然南陽郡原先屬於荊州管轄，但劉表失去南陽郡北部的縣邑已經很久了，荊州，在劉表的統治下，早就不是全鬚全尾的荊州，而是東殘西缺的荊州。

荀彧騎馬伴隨在曹操的身旁，曹操感慨地對他說：「宛縣乃是當年光武皇帝龍興之地，孤一直沒有機會久駐，這次出兵，正好憑弔一下，順便掃除逆臣劉表，孤也算可以告慰光武皇帝的精魂了。」

這番話顯然讓荀彧非常振奮。他想，也許曹丞相統一天下之後，真的會還政漢朝，他頓時由衷地開心起來，恭維曹操道：「丞相還可以順勢掃平孫權，一匡天下，還我漢家舊儀，那時就算蕭何再生，也不及丞相功德之萬一啊！」

曹操沒想到荀彧會陡然這麼開心，他瞥了荀彧一眼，心下稍微有些不快。之前他也已看出荀彧和孔融一樣，都是忠於漢室的，只不過沒有孔融那麼明目張膽。這樣的人當然對自己將來的事業不利，但平心而論，他也能理解，曾經，他自己勢力還很低微的時候，目睹董卓專權朝廷，主宰天下，也是憤憤不平，恨不能馬上興師將之誅滅，還漢家堂堂舊儀。他不但是這麼想的，也是這麼做的。他費了很大力氣，散盡家產，又靠朋友捐資，好不容易招募了數千士卒，和天下諸侯合兵虎牢關前。他曾對袁紹為首的山東軍隊逗留不進極為不滿，覺得他們心懷鬼胎，和董卓一樣，也想篡奪漢家江山。現在他擁有了董卓、袁紹當年的實力，甚至比他們的力量還要強大，他才發現自己的志向也完全變了，他再也不想僅僅當一個大漢的宗臣，他想做的是取漢朝而代之，自己做皇帝。他很感激荀彧，荀彧這個人畢竟不同於孔融那個只會空談的儒生，在他的征戰生涯中，荀彧曾幫他出了不少計謀，有的甚至對他的勝利起了絕對性的作用。他不想殺荀彧，除非在萬不得已的時候。曹操的眼光重新望著遠方，懶洋洋地問：「孤殺了孔文舉，外面有什麼議論沒有？」

荀彧不知曹操的用意，孔融全家的被屠，曾讓他心驚肉跳。當初他離開袁紹投奔曹操，是覺得曹操確實有拯救天下的才能，可以重振漢朝，可沒想到曹操就像一條餵不飽的狗，胃口大得驚人。他們潁川荀氏家族的儒生，一向以忠君為信義，對曹操遮蔽天子、專權殺戮極為不滿，可是到清醒時，後悔已經來不及了。如今他只能回答：「孔融自恃才高，謗訕朝廷，大逆不道，應當伏誅，外人都誇丞相信賞必罰。大漢有丞相輔佐，中興有望矣！」

曹操哼了一聲，不發一言。他在一怒之下殺了孔融，冷靜下來之後，又想到既然要斬草除根，還要想個理由，好在不需要他示意，很快就有人上來迎合。丞相軍謀祭酒路粹上了一道奏章，說孔融早就欲謀不軌，還曾與禰衡「跌盪放言」，侮辱聖人，蔑棄孝道。他說父子之間，沒有什麼親密的關係，父親生兒子，當初不過是為了釋放情欲。母子之間，也沒有什麼恩情，就像一件物品寄居在瓶子裏，兒子生出來後就和母親沒有關係了。曹操對路粹的奏章很滿意，這個不孝的罪名很可以說服一幫愚民。殺了孔融這種人，愚民們一定會歡呼，會讚揚自己維護了道德；而且因此族滅了孔融一家，愚民們會更加興高采烈，這無異於讓謬種不得流傳，大有裨益於人世。但是實際上，曹操覺得孔融的說法很精闢，他驚異於孔融對人生的透徹和天才的表達力。可是越是聰明的人越不好統治，那麼只有三個字：殺，殺，殺。

此時此刻，荀彧卻暗自歎息，他默默對眼前這個人說，你以不孝的罪名殺了孔融，又族滅孔融一家，不是讓人家斷子絕孫嗎？誰都知道不孝有三，無後為大。你絕滅了孔融的子孫，從孔融的角度講，是將孔融言辭上的不孝轉化為實際的不孝；從道德的角度講，你是屠殺成性，傷天害理。當然，這些話他荀彧哪裏敢講出來。

此時的襄陽，仍是風平浪靜。在荊州牧府邸後院內，宛如車蓋的大樹下，蟬聲鼎沸，聒噪盈耳。劉表俯身趴在竹席上，袒露著背脊，他的背脊上長了個碗大的毒瘡，自從春天以來，他的身體一直不佳，但也沒有到達一病不起的地步。現在蔡氏細緻地為他敷藥，嘴裏埋怨道：「主公平時要是肯勤加洗沐，就不會弄成今天這個樣子。」

劉表不悅道：「你少說兩句行不行，想讓我煩死啊。最近這段時間以來，你對我是越來越不耐煩了。」

生病的人總是格外暴躁些，蔡氏沒有辦法，只能柔聲安慰：「妾身怎敢對主公不耐煩，這樣說你，還不是為你好。」

劉表含糊不清地道：「好罷，給我穿上衣服。」

蔡氏幫劉表穿上衣服，劉表側著身體躺在席上，嘴裏咕噥道：「真是奇怪，七月天氣，就感覺秋意闌珊，莫非我真的不行了，唉！我要是死了，這荊州叫我交給誰合適？」

蔡氏安慰他道：「主公不要胡思亂想，多多休息，定會康健如初的。」

劉表躺了一會，望著頭頂上的樹葉，又不耐煩道：「蟬聲鼎沸，吵得人燥熱難安。」

蔡氏回頭吩咐侍女道：「來，給主公打扇。另外叫幾個親兵來，把樹上的蟬全部趕走。」

劉表擺擺手道：「罷了，夏天就是這樣，有這蟬聲相伴，我倒還覺得自己活在世上。」一個侍女過來，跪在劉表榻前，揚扇給劉表扇風，才扇兩下，劉表激靈打了個冷戰，蜷成一團，兩手抱胸，不小心又碰到了脊背後的背疽，疼得叫了一聲，呵斥道：「你想冷死我啊，快滾。」

侍女嚇得慌忙請罪，劉表猶自怒道：「穿衣服又熱，不穿衣服又冷。」他話音剛落，侍衛跑了進來，跪稟道：「主公，有緊急郵書。」

劉表煩躁地說：「送進來。」侍衛回頭傳話：「主公吩咐，傳郵卒。」

一個郵卒一陣風地跑進，雙手捧著一個竹筒，大聲道：「啟稟主公，宛、葉一帶有大批曹軍集結，似乎欲進攻我荊州。」

劉表「啊」的一聲大叫，從榻上蹦了起來，張嘴欲言又止，突然他感覺一陣眩暈，再也支撐不住，重重地摔倒在榻上。

蔡氏急忙命人將劉表抬進屋內，她摸摸劉表的鼻息，覺得凶多吉少。她一邊吩咐召醫工，一邊暗暗命人把蔡瑁叫來。

等蔡瑁帶著他的外甥張允趕到的時候，發現蔡氏坐在前室的榻上，滿面淚痕。蔡瑁心中一沉，但還是低聲問道：「府君真的病入膏肓了嗎？」

蔡氏道：「醫工說，背疽復發，瀰漫全身，無藥可救。」

蔡瑁頓時眼中落淚。畢竟和劉表君臣相處了十多年，感情非常深厚。劉表剛到荊州的時候，還不到五十歲，看上去仍英武倜儻。蔡瑁身處南陽下郡，雖然家財萬貫，見識過人，可是對名列「八友」的劉表早就聽聞大名，崇敬無比，只恨無緣結識。因此，聽到劉表被拜為荊州牧之後，他立刻和蒯越聯合起來，傾整個家族之力，幫助單馬來荊州上任的劉表誘殺了長沙太守蘇代和其他各縣聚眾作亂的宗賊，順利平定了荊州。之後君臣相處了十幾年，情誼深厚。一旦要人天兩隔，感情上實有點不捨。他進屋看了看劉表面如金紙的表情，愈發悲傷。呆了一晌，又對蔡氏道：「剛才得到城門守尉的報告，說劉琦已經進入襄陽了。」

「這麼快？」蔡氏想了想，又道，「劉琦一向純孝，大概聽說父親病重，特來探病罷。」

蔡氏猜得不是很對。劉琦此番來襄陽，一則固然是父子情深，特來探病；二則也是想來襄陽探聽動靜，想看看自己究竟還是否有立為繼嗣的可能。現在的劉琦，比起半年前來，已經是大不相同了。

劉琦初到夏口的時候，看見街上人煙稀少，家家戶戶都掛著白布，辦著喪事，青壯男女幾乎被東吳兵掠走，也無兵可徵。江夏郡的治所原先是西陵縣，但西陵縣不在長江沿岸，在這戰火紛飛的年代，選用哪裏當治所，已經不是那麼重要了。早在黃祖當太守的時候，就把治所移到了夏口。當初江夏郡法定的下轄縣有十五個，經過東吳數年侵擾，東方靠近長江沿線的下雉、蘄春、邾、鄂四個縣早已落入了孫權手中。其中邾縣的丟失最為冤枉，當初黃祖派遣手下將軍甘寧為邾縣長，甘寧到任後竟立即將縣邑獻給了孫權。丟了邾縣的藩蔽，整個江夏郡腹地都在東吳的威脅之下，果然，孫權派遣甘寧率領舟兵輕易上溯到夏口，和黃祖在夏口激戰，最後黃祖兵不敵，逃跑中被東吳平北都尉呂蒙殺死，首級被裝盒獻給孫權。東吳本來可以順勢佔領整個江夏，不巧這時內郡山越人發生叛亂，所以雖佔領了夏口，卻不得不退兵，但臨走時擄掠了數萬口青年男女回東吳，只剩下老弱病殘在城中哀號。

劉琦望著人煙寥落的夏口縣城，心中暗暗叫苦，但也沒辦法，好在他帶來了幾百親兵，當即緊閉城門，發下露布文書，諭告在戰亂中逃亡的百姓都回城重新登記名籍。

聽說荊州牧派了嫡長子來鎮守江夏，夏口的百姓們覺得自己還是頗受重視，人心逐漸安定。劉琦心中惶急，擔心孫權的兵隨時會出現，命令加緊修築防禦設備。夏口水道狹窄，易守難攻，他聽說黃祖當時用兩條大船橫亙水道，又用巨石沉入水下，繫住船隻，上面派遣千名士卒用弩箭防守，確實很有功效。不料被孫吳派遣的敢死隊割斷繫船的繩索，大船經不起風浪，沖離了方向，致使防線潰破。於是劉琦下令，打造鐵鏈鐵錨繫住船隻，不讓吳兵故伎重施。同時，他命令往江夏下屬的十個還能控制的縣邑發下露布板檄，命令所在官長立即徵發青壯年男子輸往夏口。

於是，在江夏所屬的各個縣邑城牆門口貼滿了文書。但是百姓們大多不識字，官吏們必須輪流向百姓宣讀，文書是以劉表的語氣發布的：

東吳孫權凶厲無狀，頃遣賊兵侵我江夏，殺我江夏太守黃祖，屠我父老，淫我婦女，夷我城郭，孤聞之悲泣痛悼，急遣長子劉琦，赴江夏代為太守，凡於戰亂中失散之江夏舊卒，聞孤教記，咸當會集於新太守麾下，擐甲執兵，以禦兇暴，以雪奇恥。

當地鄉亭的低級官吏也挨家挨戶地曉諭，城中各家各戶都愁眉苦臉，知道家中男子被徵發服役都是九死一生，但按照大漢的《軍興律》，接到徵召文書敢不即刻應召者，全部腰斬。所以家裏人也只能哭哭啼啼地為接到徵召文書的親人準備軍衣，即時出發。

站在夏口城樓上的劉琦，看著百姓源源不斷地來到夏口，一顆心像得到陽光雨露滋養的花朵一樣，逐漸舒展開來。本來對諸葛亮的計策還覺得委屈，現在他明白，這個計策實在是再好不過了。他現在有了一支絕對歸自己掌握的部隊，不管是不是夠精銳，在襄陽的蔡氏家族想輕易奪去他的性命卻是不可能的。

幾個裨將圍在劉琦身邊，其中一個說：「公子，黃府君那些失散的部曲有不少已經回來了，人數有三四千。加上我們在江夏所有縣邑村落搜集到的大男子，很快就可以建立起一支兩萬人的軍隊。」

劉琦點點頭，心中突然想起什麼，問道：「很好，只是……不知這些強行抓來的烏合之眾，能不能打仗？萬一東吳人再來，靠他們行嗎？」

那裨將道：「公子放心。現今天下大亂，哪個王侯的軍隊不是臨時徵集的烏合之眾？只要我們好好訓練，打仗是不成問題的。」他看了看劉琦的臉色，又壓低了聲音，小心翼翼地說，「就算對付不了孫權，也可以自保。等到將來公子擁有整個荊州，徵召起一支二十萬的軍隊還不是易如反掌，那時又怕什麼孫權。」

劉琦笑嘻嘻地看著裨將的臉：「此事千萬不可胡說。」

他們緩緩走下城樓，一個軍尉奔到樓梯下，攔住劉琦，在他耳邊低聲道：「啟稟府君，據襄陽城中傳來的消息，說主公前日背疽復發，現正病勢垂危。」

劉琦心中陡然狂跳，血液直往他腦袋上湧：「果真？」這個消息雖然說並不突然，但實在太重要了，一時之間，他不知道該怎麼辦。

軍尉道：「千真萬確。」

劉琦眼中沁出淚珠，突然對身邊裨將道：「我要去襄陽一趟，你和其他諸君繼續留在此地給我徵召士卒，多多益善。」

他挑選了一百個精銳士卒，連夜往襄陽進發。他的這些舉動當然都被守衛襄陽的城門校尉報到了蔡瑁耳中，蔡瑁心裏暗笑，劉琦還是太嫩了，如果自己想殺他，他帶來一百士卒又有什麼用？不過對這種情況，蔡瑁還是感覺有點不好辦，他原先以為劉琦願意出守江夏，就是想通了，心甘情願放棄嗣子的地位，沒想到劉琦還是不死心，看來非弄成互相殘殺不可了。

此刻在荊州牧府中，聽到蔡氏這麼說，張允搖頭道：「夫人認為他是探病，可他帶著數百個士卒。」

蔡氏道：「哦。現今戰亂，路上不安全。不帶士卒，難以防身。」

蔡瑁表示反對：「既帶兵來，分明不懷好意，況且父子情深易感，倘若主公見到他突然心軟，下令立他為嗣，那就麻煩了。不如我們……」

蔡氏斷然道：「不行，他究竟是主公的兒子。」

蔡瑁道：「但不是你的兒子。」

蔡氏道：「劉琮也不是我的兒子，我們不也要擁立他嗎？況且，名義上究竟我還是他的母親，絕對不能夠殺他，否則傳出去讓人笑話。現在大敵當前，內部的事，更應該和平解決才是。」

蔡瑁沉默不語。張允一拍自己的腦袋，大聲道：「可是我已經吩咐下去了，等他一來，當場斬殺。」

蔡氏氣得險些沒暈過去，怒道：「豈有此理，誰給你膽子，竟敢擅作主張，主公就在裏面，你卻想在院中殺死他的親生嫡長子，你想氣死他嗎？」

見蔡氏發怒，張允有些害怕，嚅上囁嚅地解釋：「不氣……他本來也活不長了。」

蔡氏大怒，一個耳光打過去，蔡瑁也只好斥責他：「還不向你姨媽賠罪？」張允只好跪下，低頭請罪。蔡氏看著自己的外甥，也沒辦法，這時聽得士卒在外大叫：「江夏太守到。」

張允好不欣喜，正是解圍的好時機，蔡氏也顧不上他，下令迎接。隨即他們走到庭院之中，聽見外面響起了擾攘聲，好像在爭吵，接著劉琦大踏步闖了進來，身邊跟著十來個精壯侍衛。

蔡瑁、張允站在堂前階上，劉琦見了他，俯身道：「拜見舅父大人。」蔡瑁冷哼道：「免了，公子身為江夏太守，不好好在夏口據守，跑到襄陽來幹什麼？」

劉琦道：「聽說父親病重，憂心如焚，所以連夜趕來。」

蔡瑁道：「主公也沒什麼大病，吃過醫工開的藥後，已經基本痊癒了。現在剛剛休息，不能打擾。」

劉琦道：「我只看父親一眼，不會將他吵醒。」

張允插嘴道：「看半眼都不行。」

劉琦身後的侍衛大聲道：「公子為了父親，一路上風餐露宿，孝心可感神明，望蔡將軍體諒。」

蔡瑁還沒回答，張允斜眼看著他道：「你是什麼人，敢對蔡將軍這樣說話？來人，給我打出去。」

那侍衛憤怒道：「將軍隔絕主公父子，難道想矯作遺令，圖謀不軌嗎？」說著手按劍柄，半截劍出鞘。

張允笑道：「嘿嘿，果真要造反了。」他仰臉望著闕樓，拍了兩掌。

突然闕樓上兩支羽箭激射而出，正中那侍衛咽喉和胸部，那侍衛劍還未出鞘，仰面栽倒，屁股重重坐在地下，血如噴泉一樣，從嘴裏噴出。

劉琦臉色大變，他身後的侍衛們也都齊齊拔劍。張允笑道：「不奉陪了，庭中反賊，給我全部拿下。」說著，也不等蔡氏作出反應，和蔡瑁一起，擁著蔡氏跳上臺階，就欲關門。闕樓上士卒都挽滿弓，箭鏃朝下，只等蔡瑁將門一關，就要亂箭齊發，將劉琦等一干人全部射殺。

蔡氏狂怒地掙脫蔡瑁，衝下臺階，跑到院庭，站在劉琦身前，道：「沒有我的命令，誰也不可輕舉妄動。」又轉首對劉琦道，「主公一直憂心江夏局勢，妾身說君在江夏鎮守，可保無虞。現在君廢棄職責，來到襄陽，主公一日知道，定會發怒傷心，加重病情，君的不孝聲名將流播天下，君現在難道還不能醒悟嗎？」

劉琦眼看自己要命喪當庭，剛才已經極為悔恨，聽到蔡氏這句話，像抓到了一根救命稻草，感覺還有活命的希望，趕忙回答：「母親，臣明白，臣這就回江夏，不讓君父憂心。」他又仰面看了一眼闕樓，大聲對侍衛道，「我們走。」

幾個侍衛抬著那個中箭者的屍體，跑出了院庭。

蔡氏長長歎了口氣，蔡瑁和張允兩人愕然對視，不知說什麼才好。

七　劉表薨逝

劉琦和侍衛們出了荊州牧府門，跳上車，在街市上穿梭。襄陽城內還是熙熙攘攘，他們的車來到郡邸門前停下，守邸的老兵趕忙上前道：「府君這麼快就回來了，今晨府君走後不久，就來了人尋訪府君，至今還在在堂上一直等候。」

劉琦準備收拾一下行李就立刻離開襄陽，以免遭害。聽說竟然有人等他，又驚又懼，問道：「是什麼樣的人，有多少？」

老兵看著劉琦驚懼的面孔，奇怪地說：「兩個人，都是頭戴幅巾，儒生打扮。」

劉琦鬆了口氣，他擔心是蔡瑁派人在郡邸伏擊他，聽到只有兩個儒生，放下心來。眾侍衛拱衛他走進了院庭。老兵看見後面的侍衛抬著一具屍體，臉上驚疑不定。劉琦走進門，發現諸葛亮穿著一身平民的布衣，正坐在屋子裏，他對面的席上也跪坐著一個身材壯健的年輕人，正是趙雲。

劉琦大吃一驚：「孔明先生，你——怎麼來了。」

諸葛亮笑道：「聽說公子來了，亮怎敢不來。」

劉琦沮喪地說：「家父病重，我心中憂急，故連夜趕到襄陽，希望能見到家父。」

諸葛亮道：「亮曾經對公子說過，公子在外則安，在內則危，怎麼還特意自投羅網呢？」

劉琦唉了一聲，道：「終究父子情深。」

諸葛亮微微搖了搖頭，笑道：「只怕未必。」劉琦感覺被他看徹了肺腑，看出了自己心中信仰的不堅定，作為一個在儒家經書中薰陶長大的貴族公子，他一向是以自己純孝的品行為自豪的。但在這種亂世，孝究竟不如自己的性命更重要。

諸葛亮道：「公子今天能夠平安回來，實屬萬幸。蔡夫人能保得公子一時，不能保護公子一世啊。」

劉琦有些驚訝：「先生怎麼知道……蔡夫人原來是個好人，可是她為何一定要排擠我呢。」

諸葛亮道：「因為公子不是英雄。」

劉琦有些不悅，囁嚅道：「這世上又有幾個英雄，難道劉琮是嗎？」

諸葛亮道：「劉琮也不是，但他是蔡瑁的女婿。」

劉琦默然不答，孔明道：「好在公子年輕，還有成為英雄的可能，只要肯聽亮一言，火速趕回江夏，擁兵固守，以窺時變。留在這襄陽城中，隨時都會成為他人的魚肉。」

劉琦道：「先生來襄陽，難道就為了這點小事嗎？」

諸葛亮道：「曹操的兵馬已至宛縣，亮此次來襄陽，一則因為公子的安危，二則為了打探劉荊州的病情。」

劉琦道：「連我都見不到家父，先生如何打探。」

諸葛亮道：「已經知道了。」說著和趙雲相視一笑。剛才他們去了荊州刺史府，雖然沒有見到劉表，但刺史府的屋頂上積聚了很多烏鴉。這點透露了劉表將死的信息，因為烏鴉對腐肉的氣息非常敏感，一個人在臨終之際，實際上肉體已經在散發腐敗氣息，而烏鴉們正對這種腐敗氣息有著極度的敏感。

他們的猜測沒有錯，事實上此刻劉表真的處於迴光返照的階段，久病不起的他竟然還一反常態坐起來，要求吃瓜。蔡氏、蔡瑁、劉琮、蒯越、張允等人圍在他跟前，看見他突然精神健旺，沒有一點歡欣，他們都知道對一個病勢沉重的人來說，突然間的精神抖擻意味著什麼。只有年幼的劉琮非常歡喜，他覺得父親是真的康復了。

劉表吃完甜瓜，咂咂嘴巴，問蔡氏：「怎麼不見琦兒？」

蔡氏道：「他不是在江夏嗎？」

劉表如夢初醒：「哦，想是我剛才做夢，在夢中見他來了。」

蔡氏道：「主公好生將養，萬勿思慮，一定可以康復的。」

劉表喜悅地點點頭：「嗯，我一時半刻還死不了。」又問蔡瑁，「曹操那邊動向如何？」

蔡瑁道：「沒有任何動靜，此前的戰報全是虛驚。」

劉表露出欣慰的笑容：「那就好！」又拿起一塊甜瓜，繼續埋頭吃著。過了一會，吃完了，他擦擦嘴，斜躺在床榻上，面上又露出悔恨的神色，「可恨，我當初沒聽玄德的話，趁曹賊北伐袁譚之際，發兵襲奪許昌，唉，真是悔之何及？」

蔡瑁道：「主公不必悔恨，當今天下擾攘，這樣的機會很多，只盼下次不再錯過。」

劉表歎了一口氣，神情重又變得蕭索：「蔡君，我當初單馬來到荊州，步入宜城，一無所有，全仗君和蒯異度兩人相助，才能據有荊州，建立大業。如今將近二十年了，你我名為君臣，實同摯友，希望我死之後，縱然荊州難保，也能讓琮兒無恙。」

蔡瑁淚如泉湧，伏地泣道：「主公身體已然痊癒，臣等敢任重託？」蒯越也眼中落淚，伏地不言。

劉表好像知道自己是迴光返照：「我豈不想再活幾年，等琮兒長大。可惜……」

蔡瑁道：「主公正在逐漸康復，何必如此？」

劉表歎道：「我雖然不夠聰明，豈不知天命難違，君不必安慰我了。」他又從床前拿過一卷書，緩緩摩挲著，自言自語道：「這是我親自撰寫的《新定喪服禮》，我這一生，雖不能佐天子平定宇內，重整社稷，但靠此一卷書，也可以留名百世了。」

蔡瑁頓首道：「主公才學過人，將來定可留名青史。若萬一有不諱，臣一定不辜負主公所託，誓死保護琮兒周全。」

蒯越等群臣也一起跪下叩首：「請主公放心。」

劉表點點頭，頹然躺在榻上，展開書卷，過了一會，臉上的笑容漸漸僵冷，書卷從手中滑落下來，鬍子上全是亮晶晶的涎水。周圍群臣都寂靜無聲，每人臉上都是哀戚的神色，蔡氏上前，撫摸劉表的臉頰，頓時抽泣起來，緊接著，整個房間都響起了哭聲。

刺史府前門楣上掛得一片雪白，堂上擺著劉表的靈柩。蔡氏、劉琮、蔡瑁、蒯越、韓嵩、劉先、劉備等人穿著孝服，在堂上討論政事。曹軍已經逼近，荊州的危難已經迫在眉睫，他們不得不在辦喪事的時候，討論這一嚴峻的問題。蔡氏泣道：「主公已經不在，今後荊州的安危就全靠諸君了。」

蔡瑁道：「臣等在主公床前已經發誓，誓死輔佐新主公。」蒯越等人也相繼表示了相同的態度。只有劉備沒有答話。蔡氏紅著眼圈望著他，主動徵詢：「左將軍有什麼建議嗎？」

劉備俯首道：「備前受劉荊州厚恩，又蒙不棄，囑我將兵屯守新野。今新主即位，自當誓死效忠，絕無二心。只要備在一日，新野當堅如磐石。」

蔡氏道：「將軍這麼說，妾身也就放心了。據說曹兵已經進駐宛城，有進一步南侵的趨勢，將軍有何防範之策？」

劉備道：「只要給備足夠的兵力和錢糧支持，備定為主公拒曹操於荊州之外。」

蔡氏道：「自當如此，只是不知將軍有何具體計畫？」

劉備道：「新野縣廷破舊，無險可守，備請率兵退守樊城。」

堂上一陣驚呼。蒯越陰陽怪氣地說：「樊城和襄陽只是一水之隔，君要退守樊城，不會是想把曹兵引入襄陽罷。」

劉備哼了一聲，冷笑道：「蒯君如果投降，曹操定會重重賞賜。不過，備如果像蒯君一樣貪圖富貴，曹操給君的官秩，絕不會高過備。」

蒯越一時語塞，道：「也是，我蒯越就是求田問舍之輩，不像君素有大志，寄於他人籬下，卻對主公的家業虎視眈眈。小小的富貴，君怎麼會放在眼裏。」

蒯越身旁的人都紛紛點頭。蔡氏打斷他們，道：「主公剛死，諸君就吵吵嚷嚷，豈不讓曹操笑話。如今大敵當前，如何退敵，方是大計。」

劉備道：「君夫人，備剛才說退居樊城，並非一時妄言。新野縣邑城牆矮小，前面多平原，無險可守。而樊城地勢險峻，背依襄陽，兵力補充和糧草輸送都遠比新野方便。且敵兵臨近，我們同仇敵愾，士氣旺盛，曹兵遠道而來，頓於堅城之下，師老兵疲，必可大破。」

蔡氏點點頭，對蔡瑁道：「你怎麼看？」

蔡瑁看了蒯越一眼，遲疑了一下，道：「我覺得可行。」

八 南征新野

此刻曹操已經到達宛縣，正在宛縣城郊狩獵。時年五十三歲的曹操，精力依舊充沛。他站在一個破敗的亭子裏，矚目面前荊棘遍布的丘陵，身邊一個地方小吏給他解釋：「丞相，這就是當年光武皇帝寄居的李氏莊園。」

幾隻狐狸倏忽從面前掠過，鑽進了一個丘陵的洞中。正是初秋，丘陵上草木依然茂盛。曹操道：「真是滄海桑田，昔日的華屋，竟然成了狐狸的洞穴。」群臣一起點頭附和。荀彧道：「丞相親率王師平定天下，使黎民安居樂業，今天的狐狸洞穴，很快又可以恢復為以前的廣廈重樓了。」

曹操點頭道：「文若君，五年前，孤曾經在故太尉喬公的墓前發誓，要將他的兩位孫女從江東奪回，這次克平荊州，就立即派遣使者去江東，責令孫權交還二女，讓她們各得其所。」

賈詡道：「丞相真是仁厚無匹，年初剛剛遣使匈奴，命令將蔡邕之女文姬送還漢朝，並親自為她選擇女婿，傳為佳話。」

站在身邊的曹植插嘴道：「據說二喬皆有國色，如果孫權將她們送回，請父親賜給臣罷。」他現在已經十六歲，比起幾年前更加俊秀，長得眉目如畫，唇紅齒白。

曹操看了曹植一眼，不悅道：「你才多大年齡，就整天想著為自己擇婦。」

曹植滿面羞紅，群臣相視而笑。一個士卒跑進來，躬身向曹操報告道：「啟稟丞相，襄陽城中到處掛白，州牧府門楣也舉重孝，據確切消息，劉表已經病亡。」

聽了這個消息，不知怎麼，曹操一呆，心中殊無半點歡愉。他「哦」了一聲，慨歎道：「真是人生易老，奄忽物化……劉景升治國雖不足數，但他的道德文章，卻是孤一向景仰的，可惜緣慳一面，甚為遺憾。」

荀彧道：「有主公這樣宅心仁厚的丞相，實乃我大漢之福。」

曹操奇怪地看了他一眼，荀彧有些不自然。曹操知道荀彧話中是什麼用意，這些儒生，到底還是對我心存戒備。

看見氣氛有些不對，賈詡趕忙讚美道：「丞相親率王師，弔民伐罪，兵矢未交而使逆臣膽裂身亡，實在可喜可賀啊。」群臣見賈詡起頭，也趕緊紛紛響應。

曹植清脆的聲音又響了起來：「劉表一死，荊州勢必大亂，父親可趁機火速進軍。」

曹操低頭沉吟不答，突然又抬頭道：「劉表既死，現在誰據有荊州？」

士卒道：「據打探，蔡瑁、張允等人擁立劉表的幼子劉琮繼位，遣其長子劉琦據守江夏。」

曹操哼了一聲，道：「廢長立嫡，敗亡無日矣。」他說完這句話，心中一動，轉首望了望曹植，見曹植臉上極為尷尬，心頭又軟，撫慰道：「植兒，你說得對，現在正是進軍良機。」

曹植見父親臉上顏色和悅，鬆了一口氣。他很希望自己能被立為嗣子，他也知道，就才華來說，父親明顯是對自己有所偏向的，但究竟自己不是長子，長兄曹丕也非駑鈍之材，嗣子的位置怎麼能輕易獲得呢？

曹操沒有理會他，又問報信的士卒道：「劉備有何動作？」

士卒道：「據說劉備已經放棄新野，退守樊城。」

曹操撚鬚道：「退守樊城，很好。依孤來看，如今荊州可不戰而下。」

群臣紛紛驚訝，只有賈詡和荀彧在一旁微笑。

曹操對他笑道：「文和君，可有什麼良策嗎？」

賈詡道：「丞相英明，臣豈敢發表愚見。」

曹操道：「不妨，說說看。」

賈詡道：「臣以為，劉備退守樊城，意在監視襄陽，擔心劉琮首鼠兩端。只要我們派一介密使，遊說劉琮，告訴他，若任用劉備拒抗王師，失敗仍為我所擒；成功則劉備坐大，荊州也非復他所有。兩相抉擇，他會選擇投降丞相的。」

荀彧也笑道：「劉琮會想，不管如何選擇，都無法據有荊州，不如投降王師，免得落個不忠的罵名。」

曹操撫掌道：「君等所言，正合我意，誰肯為我前去襄陽充當說客？」

一個謀士道：「臣願往。」

曹操道：「很好，大軍明日出發，進軍新野。」

兵敗長阪坡

第五章

這時眾人忽然聽見遠處馬蹄聲雜遝，如風雷一般，都情不自禁齊齊回首向身後的山坡望去。只見長阪上空灰塵蔽天，聲音地動山搖，卻不見一物。他們正在驚疑之際，很快從長阪背後突然出現了一排密密麻麻的馬頭和人頭，還有數不盡的旌旗，當中領頭的大旗上繡著一虎一豹。

一 魯肅出使荊州

孫權的行宮設置在都城京口附近的金山上，瑣窗外是浩瀚無邊的太湖，遠處的長江像澄靜的白鍊一樣，雍容典雅地緩緩匯入太湖。秋天眼看就要到了，無數翻飛的黃葉，在窗外盤旋。

孫權倚著瑣窗，慨歎道：「如此江山，攝人心魄。」

他的身後傳來一個聲音：「主公，江山如此瑰麗，定要珍惜啊！」

孫權知道是魯肅來了，他回頭笑道：「子敬，我正要找你，不想你倒先來了。」

魯肅跪拜道：「天下大變，肅怎能不來。」

孫權笑道：「什麼大事，讓子敬也如此急迫。」

魯肅道：「目下柴桑那邊紛紛傳揚，劉表已經病亡，這還不算大事嗎？」

孫權在魯肅對面的席子上坐下，往後一仰，舒服地倚著憑几：「劉表死了正好，劉琮豎子，乳臭未乾，我正想舉兵伐之。」

魯肅道：「主公既想奪得荊州，為何還如此恬然無事？殊不知曹操兵馬已至宛縣，荊州若在劉表手中，我們還算有個屏障；倘若曹操據有荊州，我東吳在曹操面前可就一絲不掛了。」

孫權撫掌大笑：「好個一絲不掛。」笑畢，又迅即嚴肅起來，「子敬說得有理，其實這幾日我也一直在考慮此事，所以才找君來商量。君有什麼好計策嗎？」

魯肅道：「臣請借著弔喪的名義，立即去襄陽窺視荊州動靜。荊州能戰者唯劉備耳，如果劉備能和劉琮團結一心，我們就當聯合他們共抗曹操；如果他們內部不和，我們就當立刻進兵荊州，只要我們搶先佔領荊州，背靠東吳為援，就不怕曹操了。」

孫權喜道：「好，就勞煩子敬即刻出發，一路勞苦了。」

魯肅道：「忠心為國，怎敢言勞苦。」

兩人又聊了一點別的事，魯肅告辭，立刻回家打點行裝，帶著幾個剽悍士卒，揚帆西上。

逆流而上的船隻走得較慢，三四天之後，船才到夏口。夏口水面波濤急勁，是漢水注入江水的入江口，江面上豎起一根根木質的柵欄，一杆大旗上繡著斗大的「劉」字。水寨的大部分木質簇新，顯然是修成不久。有的地方色澤暗淡，顯然是用舊木補苴而成的；還有的部位甚至有燒焦的痕跡，烏頭黑殼。魯肅猜測，這是年前東吳兵擊破黃祖軍時，回師前焚燒營寨留下的。他這樣想著，忽然聽到鼓聲大起，響徹大江，接著望見寨壁上人頭攢動，突然出現了很多士卒，寨壁上巨大的弓弩也快速轉動，指向自己的坐船，顯然守軍對東吳人恨之入骨。

貼身衛卒趕忙擁著魯肅退入船艙，生怕被弩箭射中。魯肅命令隨從舉旗示意，表明自己是使者。不多久，寨門大開，從中駛出十幾隻快船，船上各有數十名士卒，這些快船像十幾條魚，圍住了魯肅率領的三隻坐船。

魯肅身邊的侍從又趕忙走出船艙，站在船頭，大聲道：「不要射箭，我等是東吳派來的使者，聽說鎮南將軍荊州牧劉景升不幸病故，我家主公特派魯子敬將軍前來弔喪。」

荊州領頭船上的軍司馬大聲回答：「弔什麼喪，我看是貓哭老鼠，假慈悲。」另外幾艘船上的士卒也大聲附和：「是啊，東吳蠻子殺了我們那麼多父老，搶了我們那麼多財物，這會兒來裝好人了。」「我們主公病故已經將近一月，現在才來弔喪，其中必定有詐，很可能是來刺探軍情的。」

聽到他們的叫嚷，魯肅只能趕忙出來，道：「諸君不要誤會，在下魯肅，有要事拜見江夏劉府君，請諸君代為引見。」

軍司馬見魯肅身材高大，服飾華麗，舉止威嚴，看上去像個大人物，不覺凜然生畏，銳氣去了大半，而且他也知道魯肅是江東重臣，於是大聲道：「你果真是江東的魯子敬？」

魯肅回答：「千真萬確。」軍司馬沉吟了一會，對手下士卒道：「也罷，你們先把弓弩收起，這些軍國大事，不是你我能決定的，把他帶去見府君就是了。」

劉琦聽說魯肅來江夏拜訪，也頗為驚訝，想起江東屢次三番侵犯荊州，掠走了那麼多人口和財物，他心頭火冒三丈，怒道：「把東吳間諜給我帶進來。」

魯肅氣宇軒昂地走進。劉琦突然一拍几案，大聲喝道：「該死的東吳間諜，來我江夏意欲何為，老實交代，可免一死。」

魯肅伏席施禮道：「久聞荊州大公子仁厚忠孝，恭敬懂禮，今日對待客人卻如此無禮，叫肅深感失望。」

再大的怒氣，遇到人笑臉相迎，也不好意思不略微收斂。何況劉琦本來就是個柔仁的人，他愣了一下，道：「你們東吳蠻子屢次侵伐我江夏，算什麼客人。」

魯肅道：「不然。東吳屢次攻打江夏黃祖，只是為了報黃祖的殺父之仇。如今黃祖已死，公子繼任江夏太守，東吳可曾再次前來騷擾公子？」

劉琦語塞，魯肅的話倒無破綻。自從黃祖被殺，東吳兵的確不曾再來。但是劉琦就算再忠厚，也不會相信東吳對荊州毫無覬覦之心，他腦中略微一轉，問道：「殺我黃祖將軍，就算是你們報仇罷了，為何又擄走我江夏數萬人口？」

魯肅不慌不忙，看來早就考慮好了對策：「公子出身高貴，自幼也曾飽讀經書，豈不聞一旦出師，必要掠奪軍實，以告宗廟。國之大事，唯祀與戎，我東吳的做法完全合於聖人教誨，又何責焉？況且春秋諸國，今日攻伐，明日結盟，皆應於時勢變化，公子又何必如此小氣。」

這些話雖然是狡辯，卻又讓人無可斥責。儒家的經典裏的確早就說了，國家最重要的事，就是出兵和祭祀。出兵前要先昭告宗廟，凱旋歸國也要在宗廟獻上戰利品以告慰祖宗。這樣看來，東吳人掠奪敵方人口當作戰利品，也不能算過分。劉琦想了想，道：「先生好一張利嘴，難道今日來此，想和我荊州結盟嗎？」

魯肅道：「正是，據說曹操大軍已到宛城，單憑荊州一州之眾，恐難抵擋。所以孫將軍派肅前來結盟，共抗曹操。」

劉琦哼了一聲，道：「現在荊州牧是舍弟劉琮，先生要和我荊州結盟，就當去襄陽，何必來夏口。」

魯肅道：「公子扼守荊州東門，不經公子允許，肅又怎敢逕直去襄陽呢？」

這句話顯然對劉琦的身分表示了極大的尊重，聽魯肅這麼一說，劉琦臉色顯得和悅了，他歎了口氣，揮手讓身邊士卒退下，低聲對魯肅道：「我看子敬君是實在人，明曉事理，因此敢坦誠相告。舍弟還是個童子，哪裏知道什麼軍國大事。我看他無所作為，先生若真想和荊州結盟，不如去

見我叔父左將軍劉玄德。」

魯肅大喜道：「肅也有此意，只是肅與玄德素不相識，得煩請公子書信一封，為肅作個介紹。」

二　截獲投降密信

劉備和諸葛亮已經率兵離開新野，退居樊城。曹操來到新野時，縣邑的大街小巷空空蕩蕩，連一聲狗吠都沒有，各個民居的臥室和廚房七零八落，扔滿了雜物，還沒有塵封，似乎可以找到主人們在此生活的氣息。縣廷前道路上則車轍縱橫，似乎拖走了很多輜重。縣廷前小山上的亭子裏，原先劉備站立的地方，曹操如今也站在那裏，縱目面前連綿的群山，舒長了聲調道：「好一番景致，劉備在此住了七年，果然安逸。日月如梭，我不見他，也已經十多年了。」

旁邊的賈詡笑道：「安逸足以亡身，如果劉備在這七年中，也像主公那樣日日劬勞，征戰辛苦，又何至於今天倉皇逃竄？」

曹操大笑道：「假使劉備據有整個荊州，又怎肯安逸？」他手指不遠處的豫山，「當年夏侯將軍就是在那裏吃了劉備的苦頭罷。」

夏侯惇紅著臉，圓睜獨眼，大嚷道：「末將不過中了他的詭計，要是兩軍陣前交鋒，硬碰硬廝殺，誰會怕他。」

群臣哈哈大笑。曹操親熱地拍拍夏侯惇的肩膀，道：「夏侯將軍勇猛有餘，謀略不足啊！」

夏侯惇把頭撇向一邊，顯得很不服氣，這時一個士卒從山下疾步跑上，大聲道：「啟稟丞相，有荊州使者持節到達，說要親自向丞相遞送降書。」

曹操喜出望外：「哦，果然不費吹灰之力。給我召上來。」

不多時，使者被帶了上來，他雙腿下跪，兩手舉過頭頂，將一支長七八尺，上面綴著紅色犛牛尾巴的節信獻上。

曹操心情大好：「貴使免禮，今日到來，有何見教。」

那使者道：「我家主公聽見王師次於江漢問罪，急忙派臣來向丞相解釋，前此中原大亂，王路不通，因此對天子貢職多闕，如今丞相已經肅清河北，王路通暢，我們主公理當重述臣職，為此遣臣特獻上漢節，以表忠心。我家主公自己也在襄陽灑掃以待丞相光臨。」

曹操笑道：「荊州能夠順天應人，重返大漢，孤欣喜何似。君回去告訴劉將軍，只要衷心臣服，孤一定向皇帝陛下奏明，讓劉將軍繼續擔任荊州牧。」

使者喜道：「多謝丞相。另有一事需要告訴丞相，現今劉備駐守樊城，仗著自己勇猛，一向驕橫跋扈，不聽我家主公指揮，丞相如果來襄陽途中，遇見劉備軍隊抵抗，可以順勢擊滅。」

曹操笑道：「既然是劉備不聽指揮，那自然和劉將軍無關。」

使者道：「多謝丞相理解，我家主公在襄陽急等我回信，因此不敢久留，先此告辭了。」

曹操道：「不忙，貴使先去傳舍歇息，待孤明日親自為貴使餞行。」

使者道：「臣官職低微，豈敢勞動丞相。」

曹操道：「貴使不必客氣，君為使者，則如劉將軍親臨，孤豈能慢待。」

使者伏地道：「那臣多謝丞相了。」

使者滿面欣喜地退出，曹操笑問群臣：「我大兵才至新野，劉琮就派使者來降。想荊州列城數百，帶甲十萬，怎麼如此軟弱，會不會有詐？」

群臣都面面相覷，有的說：「或許有詐。」有的又說：「應該無詐。」爭論不休。賈詡堅定道：「丞相，臣以為非詐。」

曹操哦了一聲，望著賈詡，示意他說下去。賈詡道：「劉琮小兒，未知軍事，今丞相以威武百勝虎豹之師降臨，他豈敢阻擋？況且現在又有漢節為信，不容有詐。」

曹操點點頭，沉吟不語。

第二天，曹操在縣邑的都亭擺下酒席，為使者餞行。使者心頭熱呼呼的，乘著安車火速馳往襄陽。他不敢走官道，因為這件事是蔡瑁和蒯越等一幫荊州重臣暗中策劃的，身在樊城的劉備並不知曉。但是，他的命不好，當他走到樊城北面的檀溪附近時，遇到了張飛率領的徼巡衛隊。短暫的抵抗之後，張飛麾下的士卒抓住了使者，送到劉備跟前。

劉備掃了一眼從使者身上搜出的書信，大驚失色。張飛提出異議道：「大哥，或許是反間計呢？也不能輕信啊。」

劉備一想也有道理：「三弟，你現在還真是心思縝密，我們須對那個使者嚴加盤問。」張飛欣喜地拉住諸葛亮道：「軍師，大哥說我心思縝密，你怎麼認為啊。」諸葛亮敷衍道：「三將軍心思縝密，我贊同主公的意見。」

張飛哈哈大笑：「我這就去提問那個使者。」這時，關羽走了進來，拿著一封信交給劉備：「大哥，剛才有襄陽使者送來密信，說是務必要親手交給大哥親拆。」張飛嚷道：「又來了使者，剛才我抓到的是不是假使者，問問這個新來的使者便知。」

劉備猜測這封信也和剛才這件事有關，果然，他一拆開書信，眼前就出現這麼一行字：

左將軍麾下：日前家兄蔡瑁惑於蒯越、文聘等諸小人，意欲投降曹操，已遣使者去新野納降。妾聞此消息，五內俱傷。雖為君夫人，奈今夫君已歿，權威日損，況為女流，無能主事。將軍得此書信，當急思良策。若發兵攻襄陽，妾亦贊同。何去何從，早下決斷。

劉備這才相信，一切都是真的，他大喊一聲，將書信拍到案上。

三　劉備兵圍襄陽

對於舉州投降曹操，劉琮本心是不願意的，畢竟是父親好不容易攢下的基業。父親一死，就要拱手送人，他怎肯甘心？不過他還是個十幾歲的孩子，本身就是岳父蔡瑁扶持為嗣子的，有什麼權力可以違拗岳父？雖然心裏不痛快，也只能忍著。他心裏還存著一個希冀，希望投降曹操後，能夠繼續坐在荊州牧的位子上。蒯越等人都信誓旦旦地向他保證，曹操一定會這麼做。雖然劉琮並不特別相信。

劉琮感到愧疚的第二個原因，就是出賣了劉備。但是不出賣又怎麼辦呢？如果和劉備一起抵禦曹操，贏了，劉備會坐大，荊州恐怕也會落到劉備手裏；輸了，自己會被曹操誅滅。權衡利弊，還是瞞著劉備最好。再說，就算不瞞，又能怎麼辦，自己有什麼權力做決定？

蔡瑁、蒯越等人心中也很焦急，使者去曹營還未回來，不知會不會出現意外。他們還沒有想得十分停當，守衛襄陽北門的軍司馬前來報告：「樊城南門大開，大批士卒湧出，在漢江邊集結，似乎想渡江奔赴我們襄陽。」

蒯越望了一眼蔡瑁，意味深長地說：「肯定是誰走漏了消息，劉備狗急跳牆，決定反叛主公，進攻襄陽。」他又歎了一口氣，「都說養虎為患，虧了逝去的主公對他那麼好。」

劉琮著急道：「蒯府君，現在說這些也無用，劉備驍勇難當，快快想個對策才是。」

蒯越道：「我早就擔心有這麼一著，已經想好了對策。請主公立即下令，拉起吊橋嚴守。襄陽城中有士卒上萬，劉備雖然驍勇，想要攻破城池，只怕不易。況且曹公駐紮新野，肯定也在時時窺探樊城的動靜，一旦發現劉備棄守樊城，一定會輕騎追擊，到時我們和曹公內外合擊，必將劉備生擒。」

劉琮鬆了一口氣：「那府君就去替我辦罷。」又對蔡瑁道，「岳父大人，你率親兵守衛州牧府。以免意外。」

蔡瑁道：「臣遵命。」

蒯越的猜測很有道理，曹操已經通過探子得知了樊城的動靜，斷定消息已經走漏，劉備欲攻取襄陽，當即親自率領兵馬向樊城追去。騎兵夾道，步兵居中，後面跟著牛車，拖著糧草兵械。曹操自己仍舊坐在軒車上，眯眼望著遠方快要落山的太陽。

劉備的軍隊在襄陽南門停留下來，南門的吊橋也早已高高掛起，蒯越正站在城樓，對劉備大喊道：「左將軍不奉命據守樊城，卻擅自渡江圍逼襄陽，難道果真想造反嗎？」

劉備仰面對著城樓叫道：「蒯異度，備何敢造反，只是聽聞主公已經派遣密使投降曹操。備想來親口問一句主公，此事是真是假。」

蒯越道：「一派胡言，就算想親口詢問主公，當隻身前來，又怎會傾巢出動？分明是想造反。還不快快退兵，回歸樊城，可赦你無罪。」

劉備見蒯越一副無賴的模樣，心頭有氣，但強自壓制怒火，溫言道：「有信使為證，豈能有假。蒯異度，快快開門，我要親自面見主公，陳述利害。曹操一向背信棄義，主公若投降以求苟安，必定後悔莫及。」

這時劉備軍中隊伍分開，那個送信官吏被推倒前面，仰臉對著城樓戰戰兢兢地大喊：「的確……有……此事，主公……命我持……漢節投降曹操。」

蒯越道：「胡說八道。劉備，你竟然找人來訛詐主公，再不退開，我就命令放箭了。」這時城樓上士卒全部挽滿弓弩，對準城下。

劉備大怒：「蒯越，你這該死的奸賊，竟敢蠱惑主公，賣國求榮。我若進城，定將你碎屍萬段。」

他的話還沒說完，城樓上頓時箭如雨下，那個送信的使者登時身中數箭，死於非命。兩邊盾牌手立刻上前，用盾牌罩住劉備，護送他回到軍中。

四 南逃江陵

此刻在襄陽城中，形勢並不太平，街道上士卒來來往往，百姓們也都驚慌失措，流言四處飛舞。很多百姓都聽說，樊城的劉備已經傾巢出動，要進攻襄陽，為的是荊州牧要舉城投降曹操。劉表在世的時候，一直宣傳曹兵的兇殘，在兗州屠殺無辜百姓三十萬，血流成河。現在新主繼位，反而要投降曹操，怎不讓百姓驚疑。

襄陽城的百姓對劉備的印象本來就很好，他們經常看見這位四十多歲的左將軍在襄陽街上緩轡徐行，出入城門時永不忘對城門衛卒頷首行禮，對街上觀看的百姓也面帶笑容，非常謙恭。尤其聽說他在新野大敗曹兵之後，更加佩服。現在聽說他被荊州新主出賣，在城外駐紮，都很同情。尤其不知道曹軍進駐之後，自己會遭到怎樣的對待，反倒覺得不如讓劉備進城抵禦曹操更為安全。

襄陽北門附近就是北市，平時是商業集市，百姓們一邊進行交易，一邊議論紛紛：「原來主公秘密投降曹操了，把左將軍蒙在鼓裏，幸虧左將軍截獲暗使，才知道自己被主公出賣。」

另一人回答：「我們主公年輕，又受奸人蠱惑。還是左將軍忠厚，雖然受騙，卻並不怨恨主公，一定要進城面諫。」

一個老者道：「據說曹兵兇殘，當年在兗州殺了三十萬百姓，河水都染紅了。我們留在襄陽，曹兵一來，不知道還能否保命。」說著不禁有點哽咽。

這時一隊工匠打扮的百姓路過，聞聲上前說：「曹操的青州兵兇殘，我等皆親眼所見，我是兗州高平人，當年我父母妻子就是被曹兵殺害的。」

其他工匠都操著方音道：「我們的妻子都死在曹兵之手，所以現在急欲逃出城去，投奔左將軍。」

其他百姓也圍了上來，急切問道：「我們也不想在城中等死，只是不知怎樣才能出去。」

他們話語雜遝，亂成一團，不知不覺，太陽逐漸落下天際，天色暗淡下來了。這時城門附近巡邏的士卒上來喝道：「吵什麼吵，集市馬上關閉了，今天提早宵禁。快給我各自回家，不許喧嘩，否則按軍法從事。」邊說邊揚著環首大刀。集市的旗亭樓上，市亭長甩開胳膊，敲擊市集的大鼓。咚咚咚，鼓聲響徹了整個集市。商販們紛紛著手收攤，百姓們也都向市集門移動。

那群工匠憤怒了，帶頭的工匠道：「我們要出城去，曹兵兇殘，我的父母妻子都被他們殘殺在兗州城下，我們不想留在城中等死。」其他工匠紛紛回應，群情憤激。

士卒頭領大怒：「主公有令，不許出城，你想造反嗎？來人，給我把他抓起來。」

幾個士卒立刻奔上，意欲抓領頭的工匠。工匠們愈加暴怒了，大叫道：「反正是個死，跟他們拼了。」說著卸下肩頭的工具袋，摸出裏面的錘子、鑿子、斧頭，就向士卒們衝去。百姓們見狀，也都提起鋤頭等農具齊齊跑上去加入戰陣。

登時市集中到處一片打鬥聲。守衛北門的城門校尉聽見報告，趕忙率領一夥弓弩手前來鎮壓，這時集市上正打得熱鬧，城門校尉下令鳴金。那些還在鏖戰的士卒趕忙抽身往回跑，百姓緊追在後不捨。校尉命令弓弩手：「準備，放箭。」

追趕的百姓聽見弓弦聲響，還沒反應過來，有的人感到身體一震，一陣劇烈的疼痛傳遍全身，胸臆間鮮血翻湧，撲通栽倒在地上。其他工匠們怒不可遏，大嚷道：「跟這夥畜生拼了！」說著紛紛扔出手中的斧鑿等工具，他們似乎精於此道，那些斧鑿紛紛插入士卒們的臉上、胸脯，響起一片呼痛哀號的聲音。

校尉有些震驚，他沒想到這些平時柔弱好欺任人宰割的百姓這時竟如此勇敢。他不知道，平常受慣壓迫的人，一旦豁命反抗，會產生難以想像的能量和破壞力。驚慌失措之下，他正要下令進行第二輪射擊，忽然從集市拐角處衝出一隊騎卒，大約有上百騎，個個臉上蒙著黑布，看不清面目。這群騎兵風馳電掣般馳到校尉率領的弓弩手面前，揮動手中的環首大刀，像砍柴切瓜一般，將弓弩手砍得七零八落。百姓們見突然冒出一隊強大的幫手，驚呆了一晌，然後爆發出一陣歡呼：「打開城門，迎接左將軍。」

城外的劉備軍隊正在搭建帳篷。襄陽城緊閉，劉琮根本不冒頭，要攻下城池，絕非短時間所能奏效。劉備有點猶豫，對孔明道：「劉琮雖然對不起我，但我受他父親厚恩，不忍真的攻打他，我們明天一早還是開拔罷。」

諸葛亮點頭：「不但要走，而且必須連夜走。據說曹兵正往樊城而來，如果我們遲了，勢必腹背受敵。」

劉備道：「軍師認為該去哪？」

諸葛亮道：「江陵。」

劉備道：「正合我意。」

這時聽見外面喧嘩震天，有士卒進來報告：「啟稟主公，襄陽北城門大開，有數萬百姓湧出，說要投奔主公。」

劉備眼睛一亮，望著諸葛亮，徵詢意見。諸葛亮笑了笑：「主公此時一聲號令，或許就可佔據襄陽了。」

劉備的眼睛又很快黯淡了，搖頭道：「我不忍這樣對待劉琮。」

「也好。」諸葛亮道，「就算佔據襄陽，曹兵馬上到達，我們也難以堅守。而江陵背依長江，一旦有急，還可以浮舟東下，退居夏口。曹兵不善水戰，必定不敢追擊。」

劉備再不猶豫：「傳令下去，接納城內百姓，保護他們一起開赴江陵。」他轉而對關羽道：「渡口有船數百艘，你親自指揮水卒，沿漢水南下長江，我們在江陵城下匯合。」

關羽道：「大哥一路保重。」

蔡瑁、蒯越等人聽說襄陽北門大開，百姓都湧出去投奔劉備，大驚失色。他們預計襄陽城守不住，急急召集家兵，準備打開襄陽東門逃竄。蔡氏拒絕了蔡瑁的建議，並且勸蔡瑁也留下來。她說：「左將軍為人仁厚，他在城下已經說了，想面見琮兒闡明投降曹操的利弊，並沒有反叛的意思。」

蔡瑁滿頭大汗：「仁厚是做給人看的。在這關鍵時刻，哪裏還會仁厚？你要是真不走，我也不會獨自逃生。但我建議，還是逃命為上。」

蔡氏微笑不答。她深知劉備進城，不會帶來絲毫危險。事實上，那些幫助集市百姓進攻北門士卒的騎卒，就是她的親兵。她滿心希望劉備的軍隊趕快進城，重振荊州。

但是下面的事很快讓她失望了。士卒來報告，說劉備親率步兵和十餘萬百姓繞過襄陽城，向江陵官道逃竄。關羽則率領舟船百餘艘沿漢水南下，大概想轉夏水奔赴江陵，和劉備會合。

蔡氏一聽，大失所望。蔡瑁倒精神為之一爽：「可能劉備知道丞相率兵追來，無暇攻城。我們的命算是保住了。」

「唉！阿兄不要高興得太早。」蔡氏長歎了一聲，心裏像被刀割一樣疼痛。

五　虎豹騎突擊

曹操的軍隊渡過漢水到達襄陽城下時，見城下一片狼藉，到處扔滿了雜物。曹操倚著車較，喃喃道：「我早該料到，劉備不會在此坐等我的大軍。」

幾個士卒抓住一個中年百姓，拖了上來。那百姓戰戰兢兢，跪在車前。曹操問道：「劉備軍隊往哪邊去了？」

那百姓向江陵官道方向一指，道：「聽說是往江陵去了。從前天夜裏夜半出發，估計已經走了二十四個時辰。」

曹操思考了一會，自言自語：「不出我所料。」又環顧周圍將領，叫道：「傳曹純來見孤。」

一個隨從立刻馳馬往後飛奔，大叫：「丞相有令，傳曹純來見。」這個聲音一層一層被傳送到後軍。緊接著，從後軍傳來急促的馬蹄聲，一個全身披掛的將軍風馳電掣而至，來到曹操面前，攬轡而止，大叫道：「末將曹純，參見丞相。」

等曹純到了面前，曹操又改變了主意。他本來想讓曹純率領虎豹騎追擊劉備，但是，他突然想自己親自享受一下擒獲劉備的快感。十多年沒見的故人了，這次重新捕獲那位故人該是何等的愜意。他瞇眼看著曹純，慨然道：「劉備想逃往江陵，負隅頑抗。江陵有強弩武庫，糧草堆積如山，如果被他佔據，後患不小。你立即點齊你的虎豹營精騎，隨我追趕劉備，務必在他趕到江陵之前將之擊破。」

曹操跳下軒車，跨上坐騎，在貼身衛卒的護衛下跑到隊伍的北端。很快，這支五千多人的精騎在路上和大軍分開，向江陵方向進發。領頭的大旗上，繡著一隻斑斕條紋的猛虎和一隻有著黑色斑點的豹子，這支軍隊像線一樣，突入綠樹如茵的丘陵小道，這就是曹操最鍾愛的輕甲精銳騎兵——虎豹騎，每個騎兵都擁有爵位，他們雖然是士卒，但是一種相當於軍官的士卒。

劉備的人馬一眼望不到邊，看上去聲勢非常浩大，有十幾萬人，然而大部分是赤手空拳的百姓，雖然百姓當中也有不少青壯男子，卻都擔負著照顧自己家眷的任務，加上牛車裝著家具被褥等雜物，行動十分遲緩。一路上地勢崎嶇不平，也使他們不能提高速度。

張飛抬袖擦了擦汗，對劉備道：「大哥，我們一天才走了幾十里，幾時才能到達江陵，倘若曹兵追來可就麻煩了。」

劉備歎了口氣，回望著身後曲曲折折像蛆蟲一樣蠕動的隊伍，道：「百姓都來歸附我，我怎麼忍心丟棄他們呢？」

徐庶勸諫道：「不行啊，主公，我們還是先趕到江陵為上。現在看上去雖然人多，卻大多沒有兵器。等曹兵一到，我們只能任其宰割了。」

劉備幾乎帶著哭腔：「那能怎麼辦？做大事要以人為本，沒有人就沒有一切，就算我這條命不要，也不能獨自逃跑。」

身旁走過的百姓聽到劉備這麼說，都露出感激的神色。一個百姓道：「很久就聽說左將軍愛民如子，今日一見，果然不假啊。」

另一個百姓介面道：「我們算是跟對主君了。」

在夏口見過劉琦的魯肅，本來已經揚帆沿漢水北上，奔赴襄陽，卻在途中聽到曹操已經佔領了襄陽的消息，急忙折回夏口。這時劉琦已經得到關羽派來的郵卒，告知自己率領百十艘舟船，準備去江陵和劉備會合，希望劉琦拒絕襄陽劉琮發來的投降曹操的命令。劉琦把這一切都告知魯肅，魯肅當即要求奔赴江陵。

劉琦告訴魯肅，這是一個很危險的舉動，很可能江陵守將已經接到荊州牧的命令，準備投降曹操。但魯肅認為，既然劉備正往江陵撤退，江陵暫時不至於投降曹操。如今要見劉備，只能冒險了。他當即辭別劉琮，沿長江上溯，奔赴江陵。

魯肅的坐船很快來到江陵城下，魯肅拜見守將，假裝不知道荊州近來的變故，道：「我要即刻乘傳車去襄陽拜見你們主公，請將軍為我準備傳車，有緊急軍務。」

守將道：「還乘坐什麼傳車，剛剛接到襄陽緊急軍報，我們主公已經投降曹操了。你還是快回你們東吳罷，遲了只怕性命不保。唉！」

魯肅假裝驚異：「荊州帶甲十萬，劉景升將軍經營了二十年，竟然不發一矢就拱手送人，你們主公也太輕率了罷。」

守將無奈道：「我也覺得不平，無奈身為人臣，只能聽主公命令，奈何？你還是快走罷。」

魯肅急道：「剛才將軍說左將軍劉備正奔江陵而來，我就去迎他。」

「確實如此。」守將道，「我正在發愁，劉備若來，我是抵抗還是歸順。」

魯肅道：「若左將軍先到達，你不歸順又當如何？若左將軍不來，必定已經被曹軍追上，你也用不著考慮這些了。」

守將恍然大悟：「先生說的是，若劉備先到，我只怕也抵擋不住。先生既要等他，不如就在江陵，何必乘車去迎？」

魯肅心想，萬一劉備被曹操追兵擊破，恐怕就難以等上。不如主動去迎，還可以趁勢說服他和東吳聯合。在這坐等，萬一劉備不來，自己這次出使，豈非一無所得。於是堅持道：「將軍還是為我準備傳車罷，我在此等待也是焦躁。」

經不住魯肅的懇求，守將答應了，不過叮囑魯肅：「不過萬一遇見劉備兵敗，不要說車是我為你準備的。」

魯肅喜道：「多謝將軍，肅一定守口如瓶。」

六　當陽長阪坡

劉備的人馬走過當陽縣邑，翻過一道極陡的長阪之後，牛車和百姓都累得筋疲力盡。百姓們嚷嚷著要休息，說實在走不動了。張飛勃然大怒，大罵道：「走走停停，一天走不了幾里路，還休息個屁？等到曹兵追來，大家都會沒命。」

百姓們都把求救的目光轉向劉備。劉備呵斥張飛道：「三弟不可妄言，百姓們拉著牛車，又拖家帶口，哪像你輕騎獨行，怎麼不累。」

張飛嘟囔道：「這些百姓都是賤骨頭，要寵著他們，只怕會就地躺下，不到明天天亮不會起身。」

徐庶和諸葛亮聚在一起商量了一會，他們認為如果再帶著百姓，將會全軍覆沒。但深知劉備脾氣的諸葛亮不想自己去碰釘子，徐庶無奈，只好打馬走到劉備跟前，再次勸諫劉備道：「主公，據說曹操親自帶著五千虎豹騎追趕我們。主公也知道虎豹騎的厲害，建安九年，斬袁譚於南皮；建安十二年，斬烏桓單于蹋頓，天下無敵，而我們多是步兵，只怕很難抵擋啊。望主公放棄百姓，我們率士卒輕裝趕到江陵，才可保住性命。」

劉備快要哭了：「他們縱然厲害，可是千里襲遠，就算追上我們，也是強弩之末。況且我們很快就到江陵了。虎豹騎不擅攻城，何必害怕。」

張飛插話道：「什麼虎豹騎，我張飛才不怕他，看他們誰敢跟我決戰。」說著揚揚手中的長矛，又看看百姓，「只是我看到這些懶散的百姓心煩。」

劉備拉過張飛，低聲道：「三弟，你雖然驍勇，卻究竟只有雙手。到了江陵，守城還需要人力，我帶上這些百姓，也是擔心人手不夠啊！」

張飛恍然大悟，不住點頭，道：「還是大哥想得周全。」這時眾人忽然聽見遠處馬蹄聲雜遝，如風雷一般，都情不自禁齊齊回首向身後的山坡望去。只見長阪上空灰塵蔽天，聲音地動山搖，卻不見一物。他們正在驚疑之際，很快從長阪背後突然出現了一排密密麻麻的馬頭和人頭，還有數不盡的旌旗，當中領頭的大旗上繡著一虎一豹。這排騎兵立在長阪上，齊齊停住了腳步。隊伍接著又從兩邊分開，中間衝出來一匹栗色馬，上面端坐著一個頭戴金盔、身披魚鱗玄甲的中年人，面目威嚴，正是曹操，一頂黃羅傘從身後伸出，遮在他的頭頂之上，顯得威風凜凜。

阪下劉備身邊的百姓們一陣驚呼，紛紛擾動起來，都不約而同地往劉備身邊湧去。劉備仰臉望著長阪上的曹兵，臉色煞白。

趙雲勸諫道：「主公，你趕快撤退，這裏由末將來對付。」一邊吩咐張飛，「益德，快驅散百姓，不要讓他們圍住主公。」

張飛舉起長矛，驅馬上前大喝道：「快快閃開，不要擋了我大哥的路。」

百姓一片哭號，都哀求劉備救他們。張飛命令士卒：「給我把他們趕開，擋了路的，格殺勿論。」

百姓們仍是爭先恐後往前湧，張飛怒了，舉矛橫擊，打翻了一個，吼道：「都是你們這幫人慢得像蝸牛，連累了我大哥，還不快快給老子滾開。」又命令自己麾下士卒，「給我攔住他們，讓出一條道路。其他的布好陣勢，準備跟我衝。」

士卒們往前驅趕百姓，劉備忙大喊道：「不可侵害百姓。」同時急忙跳下馬來，跑到那個被張飛擊翻的百姓面前，哭道：「都是劉備不祥，害了你……」又站起身來，對百姓道，「諸君仗義跟隨我，現在曹兵追來，我當誓死一戰，以報諸君厚意。諸君手無寸鐵，請後退等候，讓我親率士卒上前。」

百姓都默默望著他，接著又七嘴八舌道：「是我們走得慢，連累了將軍。」「我們還是趕快後退，不要妨礙了將軍行動。」「快走罷。」

諸葛亮驅馬上前，道：「子龍，你親自押送車馬，保護好兩位夫人。」又對張飛道：「益德率軍為前鋒。主公隨我們一起壓陣。」

這時有邏卒飛馳而來報告：「啟稟主公，敵軍算來不到五千，不過都是騎士，無一徒卒。」

劉備的眉頭逐漸舒展：「我方有一萬多甲士，未必輸於他。」

諸葛亮歎道：「對方乃是虎豹騎，鋒銳不可當，主公不要輕敵，還是押後觀望，如果不利，可以隨時走脫。我已經命人往漢津安排船隻，虎豹騎只擅長陸戰，只要我們上船，他們就無能為力了。」

這時張飛已經布置好士卒，密密麻麻迎頭面對著長阪，每個人手中都挽滿弓弩。

曹操騎馬立在坡上，看著阪下哭號的百姓和驚慌的士卒。這些人在他眼中像螻蟻一般，算不了什麼。十幾年前，他曾縱兵在兗州屠殺了這樣的螻蟻三十萬，也沒產生什麼重大後果。他早就悟到儒家的「順天應人」「得民心者得天下」那套說辭是一錢不值的，秦始皇宰割天下，得了民心嗎？白起坑殺趙國降卒四十萬，可曾阻止了秦國統一的腳步？一個君王，只要能駕馭好他的統治隊伍，百姓就會被治得服服帖帖。都說秦始皇暴政，二世而亡天下，如果真的暴政能亡天下，那何必要等二世？事實上秦朝的滅亡不在於秦始皇的暴虐，而在於二世皇帝統治的軟弱無能。當然，在沒必要殺戮的時候，他也不一定要舉起屠刀，因為這樣會給他帶來一些罵名。這罵名雖然不一定會動搖他的統治，聽起來卻不舒服。兗州的殺戮，也確實對他的名聲和大業產生了一些消極影響，不是萬不得已，他沒必要那麼做。現在，他沉靜地望著阪下的劉備軍，思忖著該怎麼發布命令。

夏侯惇道：「丞相，趁他們立足未穩，又有百姓擾亂陣腳，我們立刻出擊，打他們一個措手不及。」

將士都躍躍欲試，曹操抬手搖頭道：「不然，殺傷百姓，對接管荊州不利。讓百姓們撤退，等他們布好陣勢，再進擊未晚。我虎豹軍天下無敵，何必乘人之危？」

眾將紛紛點頭諂媚：「丞相仁厚，臣等不及。」曹操道：「夏侯惇，你率一千人繞到左翼；張郃，你率一千人繞到右翼，不要讓劉備等人跑了。其他三千人，等我一聲令下，立刻進擊。」

劉備站在車上，仰望長阪，不知道曹操的軍隊為什麼還在觀望。張飛也有些不耐煩了，他的士卒引滿弓弩許久，不知所措。正在心神不定之際，突然只見坡上曹操長劍一揚，登時地動山搖，無數騎卒像閃電一樣衝下山坡，灰塵蔽天。

張飛揚劍大吼道：「放箭。」

只聽一陣密集的弓弦聲響，箭矢如雨，撲向衝來的騎卒，騎卒們中箭紛紛倒下，但還沒等劉備軍隊射出第二輪箭矢，後面的騎士已經飛馳而至，劈頭蓋臉的刀劍下來，劉備的射士們頓時像砧板上的魚肉一樣血肉橫飛。

張飛驚呆了：「好快的馬，趕快撤退，盾牌長矛手齊上。」

射士們全部四散奔逃，長矛手在盾牌手的護衛下，向前狂衝，可是擋不住如暴風般的虎豹騎，一萬步卒頓時被騎士們衝擊得七零八落。

諸葛亮站在劉備身邊，急道：「主公，我們敗了，趕快走罷。」

劉備望著苦心操練的一萬多士卒正遭受虎豹騎的屠殺，心痛如絞，但是好歹自家性命重要，他枯澀著聲音大聲回答：「也只有如此了。」又對身邊一個侍衛道，「傳令給張益德和趙子龍將軍，立刻輕身撤退，勿帶輜重。」說著，他勒馬轉身，對諸葛亮、徐庶道：「我們走。」

但是徐庶竟然拒絕了：「不，我母親的車還在後面。」他對劉備由於先前心軟，導致喪失了逃跑的良機非常不滿。

劉備一時語塞，諸葛亮勸徐庶道：「有子龍將軍護衛，她老人家一定會安全，我們還是先走罷。」並命令士卒夾輔徐庶，徐庶無奈，只好圈馬回頭，他們數人在一百多貼身侍衛的保護下，勒馬向東南面漢津方向狂奔。

幾十個百姓跑上來想攔住劉備的馬頭，嘴裏亂嚷：「左將軍，千萬不要撇下我們啊。」「左將軍，帶我們一起走罷。」

劉備不再理會他們，策馬狂奔，他身後的士卒抖開韁繩，撞翻百姓，一百多騎絕塵而去。

這時長阪下的戰場凌亂不堪，一片廝殺之聲。趙雲帶著一隊士卒，護送著劉備的兩位夫人、兩個女兒以及兒子阿斗急速撤退。那個傳令士卒找到趙雲，說：「主公吩咐將軍輕身撤退，不必理會輜重。」

趙雲道：「不行，我得到的命令是保護她們一起走。」

曹操站在阪上，望著趙雲他們，問道：「那輛輜車是什麼人？快快截下。」幾個騎卒立刻馳下長阪，大聲傳令道：「丞相有令，截住那輛輜車，重重有賞。」

曹兵聽到命令，蜂擁追趕趙雲。趙雲縱馬左衝右突，奮力廝殺，好不容易擺脫糾纏，回頭一望，發現輜車已經不知去向，他立刻勒轉馬頭，尋找輜車。迎面又有不少虎豹騎擋住他的去路，但在他強勁的膂力之下，這些騎士都被長矛刺穿。剩下的那些騎士們心懷畏懼，不敢奮勇上前，但是懾於軍令，又不敢逃走，只能硬著頭皮將趙雲團團圍住。

曹操身邊的猛將張郃看著不耐，怒道：「讓我去。」說著挺矛縱馬衝下坡去。

趙雲見是張郃，大吼一聲：「人膾，敢擋你爺爺的路嗎？」

張郃被趙雲猙獰的臉色嚇了一跳，趙雲趁他一愣，挺矛就刺，張郃急忙揮矛上擊，想格住趙雲的長矛，哪知趙雲的矛到中途換了個方向橫掃，張郃猝不及防，腰間重重挨了一擊，倒栽下馬。幸好其他騎士趕上，齊齊截住趙雲的矛。趙雲也不戀戰，打馬衝了過去。

張郃從地上爬了起來，羞慚滿面，狠狠拍了自己一掌。他馳馬上坡，跪在曹操面前請罪。曹操剛才在坡上看見張郃被趙雲擊下馬的狼狽樣子，心中驚訝，他知道張郃也是自己麾下數一數二的勇將，沒想到在趙雲面前戰不了一個回合。他撫慰道：「張將軍請起，勝敗乃兵家常事。」

張郃道：「末將剛才敗走，請按軍法從事。」曹操還未回答，身邊夏侯惇笑道：「張郃一向稱勇，現在看來，名不符實啊。」

張郃抬起頭來，目眥欲裂，怒道：「我固名不符實，卻不怕你盲夏侯。」

這句話戳到夏侯惇的痛處，夏侯惇一向忌諱別人稱他盲夏侯，偏偏軍中屢稱，屢禁不止，無可奈何。現在見張郃新敗，丟了大臉，竟然也敢頂撞自己，當即拔劍出鞘：「敗軍之將也敢猖狂，我們這就比試比試。」

張郃也拔劍道：「我剛才雖然受辱於敵，卻不怕你一個瞎子。」

曹操怒道：「大膽，敵人在阪下威風，你們竟欲自相殘殺，還不給我退下。」又吩咐身邊邏卒：「去給我打探那人姓名。」邏卒答應一聲，馳馬下坡。

趙雲仍在陣地上奔馳，看見一群百姓，大叫道：「見到二位主母和二位小姐嗎？」

有幾個百姓回頭道：「都說劉備仁厚，不想到了危難，也只顧自己逃命，連老婆孩子都不要了。」「是啊，早知道我們何必逃出襄陽，來此受罪。」「真是知人知面不知心啊。」

趙雲大怒，卻無計可施，只能勒馬轉圈。百姓中有個年輕人突然跑回來，指著南邊道：「將軍，我是張將軍麾下的士卒，為了逃命，只好脫掉甲冑，扮作百姓。我看見兩位主母丟了輜車，抱著孩子赤腳往那邊逃了。」

趙雲怒道：「你這豎子臨陣脫逃，也不知道保護兩位主母。」

那年輕人也不高興了，道：「我在張將軍麾下，屢屢遭他的凌辱打罵，憑什麼不要性命去救別人的妻子。要不是看趙將軍平日為人仁厚，我才不會多嘴。」說著撒腿就跑。

趙雲無奈，撥馬向南而去。走不多遠，迎頭碰見數個騎士馬上綁著一個女子，矛上挑著一顆首級奔馳而來，趙雲一眼認出那女子就是劉備的大女兒，氣得發昏，二話不說，挺矛上去，撲哧幾聲，將那幾個騎士從馬上刺下，然後揮劍割開劉備大女兒身上的繩索，行了個軍禮，道：「大小姐，看見兩位夫人和小公子了嗎？」

大女兒號啕大哭：「妹妹已經被他們殺死了。兩位母親早就和我們失散，不知到了哪裏。」

趙雲這才發現那個騎卒矛上挑起的人頭就是劉備小女兒的，不禁心痛如絞。劉備這個小女兒今年才十六歲，長得端莊秀麗，對趙雲非常友好，從來不擺小姐的架子，還總是甜甜笑著，這麼可愛的女子，沒想到現在已經身首異處。趙雲哆嗦著手，從矛尖上取下那個首級，殘餘的鮮血尚自從頸部殘留的血管噴出。往常紅潤白皙的臉，現在已經失去了顏色，長著長長睫毛的雙眼緊閉，秀髮零亂，滿面都是血污。她是再也不會醒過來了。

趙雲熱淚盈眶，將首級塞進懷裏，一手牽著劉備大女兒坐騎的轡繩，一手握矛，泣道：「大小姐，隨我來。」

長阪上，曹操俯視趙雲在亂軍中左右衝突，拍腿感歎道：「真虎將也，孤當生擒此將，以為己用。」

夏侯惇不服道：「丞相太抬舉此人了，待我前去為丞相生擒。」說著不等曹操說話，提矛策馬，直衝下坡。趙雲猛然見到一將攔住去路，勒馬停住，抬袖擦擦眼淚，大喝道：「何人前來送死。」

這時圍觀曹兵大呼道：「盲夏侯，勇冠三軍；盲夏侯，勇冠三軍。」

夏侯惇回首大罵道：「都他媽的給老子閉嘴。」又舉矛面對趙雲道，「爺爺乃夏侯惇也，何方豎子，趕快束手就擒。」

趙雲冷笑道：「原來是夏侯惇孫兒，給我讓開，免你一死。」說著不等他回話，策馬前衝。兩馬相交之際，長矛奮力刺出，虎虎有聲。

夏侯惇揮矛去格，卻不料趙雲膂力太強，呼的一聲，夏侯惇手一鬆，長矛飛向空中。趙雲再次舉矛刺去，夏侯惇身體往後一仰，栽下馬來。圍觀的曹軍騎士大驚，也不顧趙雲英勇，齊齊湧上搶救，也有一些士卒圍住趙雲鏖戰。

趙雲大發神威，長矛揮舞如電，所當無不披靡，士卒雖然身披甲冑，然而盡皆被趙雲長矛刺穿，只能紛紛後退，讓趙雲殺開一條血路。然而劉備的大女兒，卻再次陷沒在亂軍之中。趙雲恍惚間望見遠方有一輛輜車的影子，強打精神，刺馬向輜車方向奔去。

七 江津岸邊

劉備等一百騎一路熱汗淋漓，馳到江津，卻見岸邊空空如也，什麼船隻也沒有。劉備大驚，對諸葛亮道：「軍師，你說在漢津岸邊安排有船隻，怎麼一艘也看不見。」

諸葛亮也滿臉失色，氣喘吁吁：「我派了士卒前來搜尋，猜想渡口一定有幾隻民船，沒想到……」

這時幾十個士卒騎馬馳了過來，叫道：「主公，軍師，我們沿岸搜尋許久，不見一艘船隻。」

劉備跌足長歎：「天欲亡我劉備，為之奈何？」

諸葛亮道：「主公不必擔憂，漢江上定有過往船隻，我們在此守候，不怕攔不下幾隻。」

劉備搖頭道：「追兵將至，我們哪有時間，不如沿河岸跑一段。」

諸葛亮道：「張益德斷後，敵兵倉促之間不可能追來。主公不必擔憂。」

士卒們也驚慌失措，面面相覷，只有徐庶好像是個局外人，在河堤上來來回回地遊走，對眼前諸人的焦急恍若不見。這河堤全用石頭加土細細夯築而成，看上去十分堅固，想來是當年天下太平時，官府徵發百姓修築的。劉備望著河堤，不覺落淚。他彷彿看見當年工匠們在此熱火朝天勞作的情景，此處離最近的縣邑不近，被徵發的工匠們當初肯定在此臨時搭建了屋子居住，現在草地上還可以看見零亂的陶器和傾毀的木樑，木樑的色澤灰暗發黃，昔年的陽光似乎還在上面遊蕩。

徐庶一邊轉圈，一邊嘴裏喃喃地說：「老母在後，不知能否安全到達。」諸葛亮只能強打精神勸慰他：「子龍將軍勇冠三軍，且為人忠義，不會有失的。」徐庶歎道：「但願如此。」

這時樹林中馬蹄雜遝，有一隊人馬馳來。劉備臉上變色：「難道追兵來得這麼快。」說著立刻拔劍翻身上馬，身邊的隨從面面相覷，也紛紛翻身上馬，挺矛護衛在劉備身前。連孔明也提了一支矛，跨上馬去。只有徐庶仍舊無動於衷，一副聽天由命的架勢。

正在蓄勢待發的時候，那些騎兵漸漸馳近，領頭的一個虯鬚大漢叫道：「大哥，軍師，你們沒事罷？」劉備一看是張飛，鬆了口氣，道：「原來是益德。」又大叫道：「我沒事，子龍在哪？」

張飛驚異道：「子龍還沒回來嗎？」徐庶焦急喊道：「益德將軍，益德將軍，可曾看到家母？」張飛道：「元直先生，令堂應當由子龍照看，既然他們還沒來，待我再去看看。」說著，也不等回答，帶著二十多個騎卒又朝原路飛馳而去。

他們馳至橋邊，張飛遠遠看見趙雲等兩騎正朝自己方向奔來，嘴裏叫道：「益德，益德，快來救我和甘夫人。」他奔馳在前，手上牽著一匹坐騎，坐騎上綁著一個女子，正是劉備的妻子甘夫人。在他們身後，緊緊跟著十幾個曹軍騎卒。張飛對身邊士卒道：「你們留下幾個，砍幾條樹枝，綁在馬後，到樹林後來回馳騁，務必使灰塵蔽天，其餘的隨我殺敵。」說著縱馬衝下木橋，叫道：「子龍勿慌，我來了。」挺矛上前，越過趙雲，大吼一聲，將一名追趕的騎卒刺穿，手腕一抖，甩在半空，重重砸落到這騎卒後面的同伴頭上，將那名同伴砸下馬去。這名被刺穿的騎卒還未死透，在空中慘叫聲不絕於耳，極為淒厲。他的其他同伴見張飛如此勇猛，齊齊勒住韁繩，停止追擊。

張飛大笑：「我乃燕人張益德，誰來共我決一死戰。」幾個騎卒面面相覷，雖然膽怯，但懾於軍律，也立刻鎮定下來，齊齊叫喊一聲，又縱馬挺矛向張飛衝來。

張飛長笑：「果真不怕死。」舞動長矛，啪的一聲擊在一名騎卒的頭盔上，將他打得頭骨碎裂，摔在馬下。他身邊的隨從也迅即打馬上前，加入戰團。張飛長矛舞得水潑不進，加上隨從相助，很快將這十幾騎全部斬落馬下，但他的隨從也死傷了好幾個。

張飛喘了口氣，破口大罵一聲：「曹瞞的這些士卒果然厲害。」又吩咐餘下的隨從：「你們退回橋後，不要讓曹兵看見。」說著圈馬回頭，單騎佇立橋上。

曹軍大隊追兵很快又追了上來，望見張飛單馬持矛，橫立橋上，都覺得奇怪，怕有埋伏，派人去請示曹操。曹操聽到消息，親自率領眾將馳到，他看見橋後樹林灰塵蔽天，也是驚疑不定。一個謀士道：「丞相，那林中灰塵蔽天，確實有埋伏啊。」

曹操不置可否，頗為猶豫。張飛見曹操神色不定，大吼道：「我乃燕人張益德也，誰敢與我共決死戰。」聲如雷鳴，曹軍驚懼不安。曹操對身邊的謀士道：「曾聞雲長說，張益德於百萬軍中取上將首級，如探囊取物，今日相逢，不可輕敵。」

張飛又吼道：「燕人張益德在此，誰敢來決 死戰。」

曹兵一陣騷動。曹操只覺得自己頭頂的傘蓋也一陣顫抖，連忙下令：「收了傘蓋。」隨從忙將撐在他頭頂的傘蓋收起。曹操繼續下令道：「敵軍定有埋伏，用弓弩射住陣腳，以防敵軍突襲。」說著圈轉馬頭，他身邊的眾將緊緊圍著他，拱衛他撤退。

張飛心中暗喜，但臉上裝出很失望的神色，乾脆將長矛扔到地上。曹軍士卒愈發相信林中有伏兵，很快就撤個精光。張飛一直等到看不到他們的身影，才急忙回馬，命令隨從士卒，將木橋燒掉，然後一行人向漢津方向狂奔。

劉備這時正是悲不自勝。趙雲在不久前已經到達，他帶著甘夫人，背著劉備唯一的兒子阿斗，鄭重地交給劉備。他是在絕望之中發現了劉備兩位夫人乘坐的輜車，他只能救下甘夫人和阿斗兩個人，另外一位夫人已經中箭受了重傷，淹沒在亂軍之中。劉備聽了潸然涕落，這仗打得也太慘了，一位夫人、一個女兒失蹤，另一女兒被殺，好不容易積攢的一萬多兵馬消耗殆盡。當年劉表活著的時候，自己駐紮新野，還深恨日子過得太安逸，現在想來，那種安逸實在是難得了。如今逃亡漢津，一條船也找不到，如果曹兵追來，又將如何。想到這，劉備悲從中來，將阿斗往地下一扔。

趙雲嚇了一跳，趕忙揀起阿斗，泣道：「主公！」

劉備恍然，望著趙雲血跡斑斑的臉孔，也泣道：「為了這個童子，險些折了我的大將。」

主僕兩人哭成一團，好不容易止住悲聲。這時張飛到了，大笑道：「大哥，我命令士卒在橋後拖樹枝製造灰塵，自己單騎站在橋上大吼，曹操怕有疑兵，不敢上前，竟然帶頭逃跑了。」

劉備心裏稍微有些安慰，誇讚道：「三弟現在有勇有謀，還知道使用疑兵之策。」

張飛得意道：「總得有些長進，不然老被人說成一介武夫。」嘿嘿笑了幾聲，又補充道，「臨走時我把長阪橋給燒了，讓曹操乾瞪眼。」

劉備臉色大變：「啊。」張飛嚇了一跳：「怎麼，我做得不對麼？」

「唉！」劉備道，「三弟，拆橋一事過於魯莽了。曹操足智多謀，你如果不拆橋樑，他還擔心會有伏兵；你現在拆橋，他料定我們無兵膽怯，必來追趕。他麾下有數千兵馬，區區一座橋樑，很快就可以搭建，怎能擋住他？」

張飛怪叫一聲，拍了拍自己碩大的腦袋：「我張飛仍他媽的是個老粗。」

劉備道：「看來我們仍必須走，曹兵很快必然追至。」

八　劉備獲救

劉備猜得沒錯，曹操奔逃了幾百步，很快就起了疑心，命令麾下將領回去打探虛實，當他聽說

張飛燒毀了橋樑，立刻意識到自己中計，下令軍隊重搭橋樑。沒耽擱多久時間，他們就向著漢津劉備逃走的方向追去。

對於劉備的猜測，諸葛亮也很贊同，他強作鎮靜道：「曹操就算要追來，也要先搭建橋樑，不會太快。我們可以先沿著河岸繼續尋找渡船。」他話還沒說完，眼睛不由得直了，因為他看見北面漢江上游幾隻漁船正順著粼粼波光飄然而下，不由得喜道：「主公，快看，有船來了。」

劉備看到船隻，也喜出望外，喃喃道：「天不絕我劉備……只是可惜船都太小。」

諸葛亮道：「雖是小船，總勝似沒有，主公可以先上，只要主公還在，我們收拾散兵，還可以捲土重來。」又命令士卒：「趕快前去截下。」

幾十個士卒立刻跑到岸邊，對那幾艘船喊話：「那船夫，借你的船一用，重重有賞。」

那是幾隻普通百姓的漁船，他們深知在陸上終年勞作而食不果腹的痛苦，改在江上打魚為生，但是兵荒馬亂，荊州水兵也常常在江上巡弋，敲詐勒索，讓他們心驚膽戰。他們知道最近襄陽發生巨大變故，正想順漢江東下，去投奔據說局勢還比較安定的東吳，沒想到在這荒郊野外遇見這麼多士卒，看他們狼狽的樣子，顯然是在某場戰事中敗退的，第一艘船上的青年船夫一邊搖櫓一邊對著船艙裏的中年人驚叫道：「阿兄，岸邊有好些兵士，不知是哪方的，要我們划船過去。」

他兄長回答道：「管他哪方的士卒，都是群狗亂咬。他媽的這世道，好壞都是我們當百姓的遭罪。」

岸邊鼓譟聲越來越大。青年船夫非常驚恐，嘴唇發白：「哥哥，怎麼辦？」

中年船夫跳出船艙，向岸上望去，手上也提著船槳，使勁划了一槳，道：「看來是荊州敗退的士卒，這幫狗東西，平時欺侮我們夠了，也有今天。把船盡量往對岸划，不要理他們。叫後面的大狗他們，也都不要搭理。」

青年船夫也奮力急急搖動手中的槳，向河對岸划，同時對後面的船大聲吼道：「大狗兄弟，不要理他們，我們把船划向對岸，快跑。」

後面的幾隻漁船也爭先恐後往江對岸划，水聲激蕩，襯托出了他們內心的緊張。岸邊的士卒見船越划越遠，勃然大怒：「這些該死的鄉巴佬，竟然想跑，給我射箭。」劉備治兵雖然紀律甚嚴，但究竟難以時時關注到底層士卒，這些士卒和天下其他地方的士卒一樣，在普通百姓面前都作威作福慣了，哪裏受得了百姓對他們如此冷漠。命令之下，頓時亂箭穿空，第一艘船上的青年船夫猝不及防，手臂被箭矢射中，疼得慘叫一聲，蜷曲在甲板上。他阿兄放下槳跑上來，扶起他，哭道：「你，你怎麼樣？」青年船夫咬牙拔出箭矢，道：「阿兄，好痛，好在射得不深，可能相距太遠，已經沒勁了。我們躲起來，再划一點，他們就射不到了。」

後面兩隻船的運氣就沒這麼好了，他們動作慢了些，來不及划到較遠的地方，只聽幾聲慘叫，幾名船夫皆被射中，慘叫數聲，全部倒斃船上。船無人控制，順水向下流漂游。

岸邊的士卒眼看著雖然射殺了船夫，但船隻仍舊越漂越遠，氣得邊怒罵邊跺腳。第一艘船上的船夫兩兄弟滿臉都是淚水，泣道：「這個該死的世道，活著怎麼就這麼難？」也難怪他們傷心，後面幾艘船上的船夫都是他們交好多年的朋友，相互之間情同手足，平時大家在一起多有照應。現在突然遭遇不測之禍，今後形單影隻，更加孤寂，誰不難過？

劉備失望地看著那些船隻漂流而去，道：「就算無船，也只能沿著江岸而奔，總勝過束手待斃。」於是眾人紛紛上馬。只有徐庶卻伏地嗚咽，不肯起來。張飛道：「先生怎麼不走。」就去拉他。

徐庶被張飛拉起來，對劉備一揖，帶著哭泣之聲，道：「左將軍，就此告別。家母失落於亂軍之中，實在再無心情為將軍劃策，望將軍見諒。」

劉備也沒有辦法：「求忠臣於孝子之門，劉備無能，使先生母親失落亂軍之中，是備對不起先生。」說著伏地而拜。

徐庶趕忙對跪：「將軍言重了。」趙雲也趕忙對徐庶跪下：「都是趙雲沒有盡到職責，請先生恕罪。」

他們還在禮讓之際，聽得馬蹄聲像雷聲一樣漸漸飄近。劉備大驚：「果然來了。我們快走。」一行人跳上馬，欲順著漢江下游奔馳。諸葛亮趕忙攔住劉備：「主公，下游無船，我們勢必被曹兵追上。主公在襄陽時，命令雲長的率船隊沿漢江而下，此刻他必在江中，還不到漢津。我們溯江而上，也許可以碰見他。」

劉備道：「就依軍師。」他們沿著江岸溯江急馳。曹兵果然很快就到了，發現劉備等人的馬蹄印，在後緊緊追趕，有些先鋒部隊已經和劉備的殿後部隊交戰，由於寡不敵眾，加上虎豹騎騎士驍勇，劉備的數百人部隊像秋天被割的稻子一樣紛紛倒下。

劉備回頭一看，除了諸葛亮、張飛、趙雲等幾個重要親信之外，身邊護衛的士卒幾乎死得差不多了，他邊奔邊絕望道：「看來這回真是活不了了。」

曹兵愈發接近了他們，眼看劉備等人要被全數殲滅。這時遠處漢江水平線上突然出現戰船的輪廓，一隻兩隻三隻，很快增加至上百隻，好像從天上銀河降落一般。戰船上旌旗飄揚，從旗幟的顏色和戰船的式樣，劉備依稀認出就是關羽率領的水軍。

「軍師，有船，是不是雲長的船。」劉備嘶啞著嗓子說。

諸葛亮也很興奮：「就是雲長的船。真是天助將軍，此番逃脫大難，必有後福。」

有了希望，劉備和剩下的幾十騎重新抖擻精神，策馬加鞭，眼看離船隊越來越近，劉備扯起嗓子呼喊道：「雲長二弟，快來救我。快來救我。」他的隊伍們也都齊聲呼道：「關將軍快來救我們。」

江上為首的一隻大船拋出鐵錨，穩穩停在江心。船艙大開，船頂層的艙裏走出一個長鬚大漢，右手提著一支長矛，倚船闌而立，長鬚飄然，臉上毫無表情，正是關羽。

曹操遠遠望見江上的船隻，已經暗暗覺得不妙，現在看見關羽站在船上，有點沮喪，知道劉備這次又逃脫了自己的逐捕。不過他倒沒有太不開心，他已經全殲了劉備的軍隊，剩下關羽這點舟兵，也算不了什麼。讓他們苟延殘喘，大不了到時把他們連東吳一起殲滅罷。他想。

不過曹操沒有召回自己的士卒，他的士卒們仍在追趕，和劉備越來越近。這時江上的戰船有不少已經駛近了岸邊，紛紛伸出木板，幾個水卒跳下水，將木板一頭擱在船板上，一頭架到岸邊，劉備、諸葛亮、張飛、趙雲等殘卒紛紛上船。這時曹操的士卒也差不多趕到了。

關羽立在船頭上，長矛一指，下令道：「放箭。」

立在船舷上的水軍士卒朝著奔馳而來的曹軍一陣亂箭齊射，曹操的虎豹騎再勇猛也躲閃不了箭雨，紛紛中箭倒下。騎卒的屍體血流成河，重重疊疊地躺在岸邊，射入他們身體的羽箭像亂風中的蘆葦叢，散布在秋日的江岸邊。

剩下的其他虎豹騎還想上前，這時船上的弓弩手已經退下，一排新的弓弩手上前。曹操看在眼裏，急忙下令鳴金：「給我撤退。」

劉備跪在船艙上，看見曹兵在岸邊無奈地收拾屍體，有的士卒還舉矛指著他們破口嘲罵，他什麼也聽不見，身體一鬆，跌坐在船板上。

關羽蹲在他身邊，勸慰道：「大哥。」劉備號啕大哭：「可憐我的一萬兵馬，全軍覆沒。」

趙雲也勸諫道：「主公，只要這條命在，一切可以重來。當年高祖劉邦屢敗屢戰，卒成帝業，主公何必看不開？」

劉備仍泣道：「子龍不必安慰我，備是個不祥之人，連累君多矣。如君這般虎將，若遇明主，豈會遭此顛沛之苦。」

趙雲連忙跪地道：「主公，都是趙雲無能。」張飛也面露慚色。只有諸葛亮無動於衷。

關羽斜了諸葛亮一眼，道：「孔明先生不慚愧嗎？」諸葛亮道：「我和雲長將軍一樣慚愧。」

九　遭遇魯肅

戰船全部起錨，繼續向下游行駛。秋天的江上，正是十五、十六的時間，月色瑩澈，照得水上岸邊恍如白晝。露水凝滴，空氣中似乎飽含著水氣。也不知船隻行了多久，右岸上突然朦朧出現了幾輛傳車，沿著江邊大道迎面奔馳而來，吱呀吱呀的輪轂聲打破了秋江的沉寂，車上有人對著戰船大叫：「停船！快停船！」站在首船上候望的邏卒從夢中驚醒，趕忙進去報告。

劉備根本也無心睡眠，聽到邏卒報告，趕忙起來，問道：「岸邊有多少人？」

邏卒道：「總共四五輛車。不會超過十人。」

劉備鬆了一口氣：「好，我去看看。」他披上甲冑，來到了甲板上。他命令士卒對那些車喊：「你們是什麼人？」

車上人叫道：「敢問是不是左將軍劉玄德的坐船？」

士卒道：「是又怎樣？」

車上人道：「我是東吳魯肅，特來拜見將軍，請將軍勿疑。」

聽到魯肅這個名字，劉備心中陡然喜悅起來，他剛才正在盤算率領這支船隊去哪，去劉琦駐紮的江夏？地方太小，而且隨時面臨曹操的進攻。他想起當年有個好友叫吳巨，後來去蒼梧郡當太守去了，或許去投靠他？但也有危險，萬一吳巨懾於曹操的淫威，把他誘斬了獻給曹操怎麼辦？就算自己帶著這麼多士卒，吳巨沒有能力對自己不利，但也會害怕自己是去搶佔他的地盤。尤其是，在蒼梧這樣偏僻的小郡待著有什麼前途呢？放棄劉琦在江夏的地盤，也屬得不償失。他又想到東吳的孫權，如果能聯合孫權抗擊曹兵，那當然最好。不過如果自己主動去投靠孫權，孫權會不會趁機滅了自己，也很難說。現在魯肅卻主動來了，真是太好了，天無絕人之路啊！他又想起了童年時家裏的那株如車蓋般的大桑樹，也許自己真的是有帝王之命的，今天的敗逃只是一時不利。他暗暗想。

「快，停船。」劉備當即下令。

很快小船靠岸，將魯肅接到了大船的船艙，魯肅感歎道：「肅本欲循陸路去江陵攔截將軍，卻在途中得知消息，說將軍在當陽被曹兵追上，不幸失利。肅想，將軍可能會斜趨漢津，和雲長會合，於是棄了江陵主道，從小路馳奔江岸，希望能遇見將軍船隊，幸好不曾錯過。」說著不停舉袖擦汗。

劉備羞慚道：「誠然，曹兵虎豹騎驍勇異常，雖然我所帶兵力超過曹軍兩倍，仍然落敗，實在無顏見人。」

魯肅搖頭道：「勝敗兵家常事，將軍不必自責。曹軍虎豹騎天下聞名，而將軍所帶皆為步兵，又要照顧數十萬百姓安危，就算落敗，也不丟臉。不知將軍此番要去何處？」

劉備想了想，道：「江陵如今不可再去，只能順江趨往夏口，再沿湘水南下走靈渠，投奔蒼梧太守吳巨，希望他看在故人的面上，肯加收留。」

魯肅又搖了搖頭，瞪大了通紅的眼睛：「肅受孫將軍派遣，星夜兼程，一刻不敢休息來尋將軍，難道就得到將軍這樣一句言不由衷的話嗎？」

劉備有些驚訝：「子敬先生何出此言？」

魯肅道：「恕在下走言辭冒犯，將軍身經百戰，如果策略如此不濟，怎能活到今天？」

劉備尷尬地一笑，沉默少許，道：「不瞞先生說，我們欲順江前往夏口，和劉琦水軍匯合，再觀成敗。」

魯肅道：「到夏口會師，將軍總共能有多少兵馬？」

劉備道：「此處有舟兵一萬，劉琦處也有一萬多，總共兩萬多人。」

魯肅道：「恐怕不足以抵抗曹操。」

「為之奈何？」劉備緊盯著魯肅。

魯肅道：「當然是和我們東吳聯合。我們孫討虜將軍，聰明仁惠，江表豪傑都紛紛投奔，現在據有江東六郡，兵精糧足，將軍如果願意，就派遣心腹使者，隨肅一起前往江東，和孫將軍締結盟約，聯合抗曹，共創大業。」

劉備假裝想了片刻，點頭道：「好，我派孔明先生和你一起去江東，面見孫將軍，共商大計，君看如何？」

魯肅喜道：「當然好，事不宜遲，我們立刻出發，前往夏口。到了夏口，我和孔明先生換船，前往江東。」

十　曹操入江陵

曹操率領餘下的虎豹騎，沒有回襄陽，而是逕直去了江陵。江陵附近有春秋時期的楚國故都，也是楚王行宮渚宮所在地，臨江跨湖，風景優美，東面湖水一望無際，是楚國著名的雲夢之澤。漢興以來，江陵作為南郡郡治，扼守長江，易守難攻。城中城外還有諸多名勝古蹟，相傳楚國名相孫叔敖的墳塚就在城中的白土里。這樣一座有著輝煌歷史的城池，對於文采風流的曹操來說，有著巨大的誘惑力。他此前從未到過江陵，南征之前曾經常念叨，這次終於可以一償夙願了。

站在江陵城頭，曹操向東邊張望，旌旗在他頭上不住搖晃。江陵城下就是滔滔不絕的江水，向東一刻不停地流去。曹操望著氣勢磅礴的雲夢澤和川流不息的長江，心境為之一片豁朗。他想起前幾年北征路過碣石東望大海的情景，比起滄海茫茫，這江陵當然少了那樣無邊無垠的博大氣勢，但江水永不歇止地東流，以及雲夢澤上水氣氤氳的壯美，在曹操心中又別有天地。廓清宇內，人壽幾何？他曾經懷抱著何等的理想，現在很快就可以達到了。他感慨百姓生命的艱難，又深知人性的卑劣。幾十年過去，他已經從當年滿懷理想的青年變成了現在這樣殘酷冷血的梟雄，他仍是有擔當的，但他想不出更好的一種對世間有所擔當的辦法。他想，也許只能像以前的君主那樣，掃平天下的一切割據勢力，還天下百姓一個太平。想到這，胸中情緒激盪之下，使他不由得撫鬚吟道：

大地間，人為貴。
立君牧民，為之軌則。
車轍馬跡，經緯四極。
黜陟幽明，黎庶繁息。
於鑠賢聖，總統邦域。

旁邊的荀彧由衷讚道：「丞相軍務倥傯，時時不忘憂國憂民，真是我等臣下的表率。」

賈詡道：「這天下要是讓丞相這樣的賢聖來總統，黎民就可以無憂無慮，盡情繁衍生息了。」

夏侯惇倒是直截了當地談軍事：「丞相，劉備帶著幾十艘破船屯據夏口，我們正可揮師南下，一舉將他們擊滅。」

賈詡贊同道：「夏侯將軍所言甚是。」

曹操搖搖頭：「不必，孫權水軍正屯據柴桑，劉備去夏口，孫權不會無動於衷，我借孫權之手殺了劉備，不是更好嗎？」

夏侯惇道：「還是我們自己動手痛快。」

曹操笑了笑，沒有回答。賈詡道：「萬一孫權不殺劉備呢？」

「我昨日已經派出使者去東吳，要和孫權訂立盟約，一起消滅劉備。」曹操背著手，望著東吳方向。

荀彧道：「脣亡齒寒，只怕孫權不會中計。」

曹操笑道：「我以天子之命諭之，若不聽命，將移師進擊，諒他不敢不聽。」

賈詡道：「主公，臣以為主公這一著走錯了。」

曹操有些驚訝：「何以見得？」

賈詡道：「剛才荀文若說得對，脣亡齒寒，現主公屯兵江陵，戰將千員，檣櫓如林，孫權聞之，豈不驚懼？此刻聯合劉備猶恐不及，怎會自相殘殺。」

曹操搖頭道：「不然，當年孤征袁譚，袁譚逃往遼東，投奔公孫度。孤不費一詞，而遼東將袁氏兄弟首級送上。孫權之智，豈不如公孫度嗎？」

「彼一時，此一時也。」賈詡道，「當年袁氏在河北聲威太大，公孫度不敢收留，怕袁氏兄弟反客為主。現在孫權鋒頭正盛，劉備窮途末路，孫權豈會殺他。」

曹操手指城下：「君不必說了。孫權再強，方劉表在時，區區江夏一郡，也不能攻佔。而孤鞭撲一指，全州望風歸順。今孤擁有荊州全部水軍，加上我冀州鐵騎，順勢攻滅東吳，一匡天下，不亦美乎？」

賈詡見曹操頗有不悅，不敢再說。這時一個士卒上來報告：「啟稟丞相，益州牧劉璋聽說丞相攻佔荊州，特意派遣使者帶著厚禮，說希望能當面祝賀丞相，請丞相定奪。」

曹操哈哈大笑：「劉璋豎子，倒也乖巧，待孤擊滅東吳，再見他的使者不遲。你安排他到客館歇息便是了。」

荀彧勸道：「劉璋主動遣使致聘，主公不當冷落。」

曹操不理會：「孤所愛見者，唯天下豪傑耳。劉璋豎子何德何能？就算他親自來，孤亦不想見，何況區區一個使者。」

賈詡憑著城牆，望著長江，微微搖了搖頭。

孫劉結盟

第六章

樂聲響起，幾個舞女走到臺閣中央，長袖輕舒，旋轉起舞。周瑜出神地望著她們，一動不動，好像完全沉醉在樂曲中。魯肅則坐立不安，時時舉起酒爵放到唇邊，旋又放下，滿臉都是焦急之色。他望望諸葛亮，用目光向他求援。但諸葛亮搖搖頭，嘴角含笑，對魯肅的示意視而不見。

一　大喬的心緒

江東孫吳的都城京口，孫權坐在大殿上，兩旁列坐著東吳群臣。殿上氣氛非常沉悶。孫權道：「孤欲取荊州久矣，不想卻被曹操佔了先機，如今曹操已經據有荊州，屯兵江陵，諸君有什麼看法？」

殿上大將黃蓋道：「能有什麼想法，自然是發兵候望，防備他順流進攻我們。」

長史張昭道：「臣以為不如遣使祝賀。」

「遣使祝賀他難道就不來打我們了？」黃蓋想不通。

張昭道：「那時再作計較。」

黃蓋不滿道：「那時就後悔莫及了。」

一時座上議論紛紛，文臣基本上贊同張昭，武將基本上贊同黃蓋。孫權煩悶地說：「諸君不要吵了，失去荊州，我江東在曹操面前就是一絲不掛。」

座上群臣愕然，有的不由得嘴角露出笑意。孫權繼續道：「孤已經派子敬前去荊州見劉備，等他回來再作計議。孤累了，諸君也各自回家安歇。」

孫權怒氣滿面地退入內室，侍女上來，緊張地給他更衣。另一個侍女道：「主公，大喬夫人剛才派人送來了一封書啟。」

孫權頓時舒展了眉頭，急道：「在哪裏？快給我拿來。」

這位讓孫權如此上心的大喬夫人，就是孫權死去的哥哥孫策的妻子。她現在也不過二十五六歲年紀，自從丈夫死後，就很少出門，總是躲在孫策當年居住的別墅當中，以讀書彈琴自娛。孫權經常會派人或者親自給她送一些山珍海味和生活用品，但幾乎從未得到她的回謝。甚至她連面都不肯露。當然，她有資格不回謝，因為東吳的江山都是她丈夫孫策讓給孫權的，她還用得著對孫權的一點小饋贈表示感激嗎？雖然孫權不會想得這麼深，只是聽說向來冷傲的嫂嫂送來書啟，仍難免喜出望外。

書啟上對孫權屢次的饋贈表示感謝，並暗示如果他願意光臨她的別墅，她也歡迎。

孫權當即下令駕車，急趨到大喬的府邸。距離並不遠，很快就到了。見孫權突然駕臨，大喬府邸的僕人都很驚慌，孫權示意他們不要驚動大喬夫人，他讓一個親信僕人帶路，逕直來到大喬所住的院落。

一個從背影看神態輕盈的女子，一身素練，坐在庭院中彈琴。琴邊幾張白箋散落在地，上面隱隱書有墨跡。庭中黃葉飄零，金燦燦落了一地。孫權囑咐侍女不要發出聲響，自己輕腳步入。

那女子頭也不回，道：「將軍不該逕直進入內院，免得外人說閒話。」

孫權道：「剛才接到夫人的致謝書信，一點小小的禮物，夫人何必客氣。」

那女子仍不回頭：「妾身與將軍名為叔嫂，實為君臣，君送禮物，臣妾不能總是無動於衷的。」

「嫂嫂太見外了，在嫂嫂面前，我怎麼敢自稱為君？」孫權小心謹慎地回答。

大喬沒有再說什麼，轉過身來，露出一張芙蓉般的臉蛋，有紅有白，她輕啟朱唇，吩咐婢女奉茶。孫權捧著茶杯，眼睛發直地望著大喬的臉蛋，耳朵裏聽著大喬說話，但是腦子不知她說了些什麼。也不知道過了多久，他看見大喬站起來，道：「天色不早，將軍還是回去罷，妾身也到了去見太夫人的時間了。」說著逕直轉身向堂上走去。

這幾句話孫權聽懂了，他有些尷尬，只好站了起來，遠遠望見大喬剛才坐過的案前放著一張素箋，上面好像寫有字，於是快速地走過去，見上面寫著：

東臨碣石，以觀滄海。
水何澹澹，山島竦峙。
樹木叢生，百草豐茂。
秋風蕭瑟，洪波湧起。
日月之行，若出其中。
星漢燦爛，若出其里。
幸甚至哉，歌以詠志。

孫權大為驚訝，這驚訝又迅即轉為嫉妒和憤怒，他正想說什麼，突然一個侍者匆匆跑了進來。孫權大喝道：「誰叫你進來了？」

侍者嚇得撲通一聲跪下：「啟稟將軍，北邊使者剛剛到達，說送來大漢曹丞相的親筆書信，要求將軍立刻前去迎接。」

孫權一肚子怒火熊熊燃燒，大聲吼道：「知道了，準備車馬。」說著一拂袖，走出了庭院。

二 文武衝突

曹操的使者在大殿的西廂等著，孫權強忍心中怒氣，溫言對使者道：「使君一路勞苦，請坐。」

使者道：「敬順王命，豈敢說勞苦？將軍為漢室經營東南，使黎庶蒸蒸，莫不安居樂業，那才真叫勞苦啊！」

孫權見這使者不亢不卑，言辭典雅，心中頗有好感，怒氣頓時消了許多，笑道：「使君言辭如此敏捷，中原人才，果然濟濟啊。」又道：「聽說貴使帶來了曹丞相的書信？」

使者點頭，把書信呈給孫權。

孫權接過，看了幾行，心中一涼，該來的終於要來，雖是意料之中的事，現在親眼看到，仍有一陣無法言說的痛楚。他心不在焉地和使者寒暄了一會兒，命令左右把使者安排道驛館歇息，自己則悄悄吩咐隨從，召群臣到大殿會合，商量政事。

很快，群臣陸續到達，君主行禮完畢，孫權開門見山：「又召諸君來，是因為剛剛接到曹操送來的書信，信上說，希望能和孤聯合，一起擊滅劉備，共輔漢室。諸君以為如何？」

這是個難題。江東雖然自立一方，名義上還是漢朝的臣子，奉行的還是漢朝的正朔——建安。曹操以漢室的名義要孫權配合捕殺叛臣劉備，孫權是沒有理由拒絕的。江東大族，尤其是那些南遷避難的士大夫，仍舊把自己當成漢室的臣子。他們雖然在孫權麾下做事，但本身仍自以為官職屬漢室任命。比如張昭，實際上就是孫權的丞相，是顧命之臣，官名卻僅僅是將軍長史，在漢官的秩級中不過千石。然而，他們實際上也清楚，孫權絕不願意交出辛苦打下的江東六郡，絕不會真的把自己仍舊看成漢室的藩臣。在這種情況下，貿然發表意見說不定是惹禍上身。於是，他們多面面相覷，好一會兒，才響起一個聲音：「主公，臣以為這個建議可行，如果捕獲劉備，獻給朝廷，也算是大功一件。」

大家一看，原來是張昭。也只有他這種特殊地位的人，才敢直言不諱試探孫權的反應。有了他當墊背的，其他大臣也七嘴八舌地開始附和了。

孫權眉頭越鎖越緊，黃蓋不高興了，粗聲大嗓地說：「獻給朝廷，什麼朝廷？誰的朝廷？」

騎都尉虞翻道：「當今天子駐蹕許昌，朝廷自然是漢家的朝廷，黃將軍發出這等疑問，未免太不識大體了。」

黃蓋不理會他，只向孫權道：「臣不懂得什麼叫大體，臣自幼從軍，不知道什麼漢帝，只是跟隨孫討逆將軍四處征戰，知道每寸土地都是將士們鮮血所換，絕不能輕易送人。曹操此前統一河北，也歷盡艱辛，他同樣不可能把江山交還漢室。」

張昭怒道：「黃公覆，你，你自幼食漢土之毛，怎麼說出如此不忠不孝的話來？」

另一位文臣薛綜陰陽怪氣地說：「武夫世襲有家兵奉邑，生怕回歸漢室之後，特權喪失殆盡，難免心裏不大痛快。張長史也就擔待他些罷。」

東吳的武將的確和文臣不同，他們每有攻城野戰之功，都會被賜予奉邑，奉邑中所收租稅全部歸自己所得，死後才歸還國家。他們統領的軍隊，死後可以世襲給兒子統領，在東吳，他們的地位高於文臣。一旦歸順曹操，曹操絕不會讓他們保留這些利益，所以薛綜的話雖然難聽，但也不是毫無道理。

黃蓋大怒，瞪著薛綜道：「薛敬文，我黃蓋豈是貪圖榮華富貴之輩，我是全心為了主公。」又面向孫權，「主公，劉備一滅，我江東也不可能獨存，望主公明察。」

右邊的武將們相互望望，大部分表態道：「臣等覺得黃將軍所言甚是，望主公明察。」

薛綜有點惶恐，黃蓋一表明不歸順曹操為了孫權，就佔了制高點，自己再不辯解，必遭孫權疑忌，他趕忙叩頭道：「臣也忠心為了主公。臣擔心曹操勢大，又名正言順，如果現在歸順，主公或許能保有江東。倘若兵敗再降，只怕就悔之晚矣了。」

孫權知道，薛綜的話也不是沒道理。他左右看看，頹然倒在榻上：「你們退下罷，待孤好好想想。」

孫權退入內室，心中好不焦躁，越發思念魯肅，怪他怎麼還不回來。這時紗冠郎衛輕手輕腳地跪在門前，稟道：「主公，黃蓋將軍在外面求見。」

孫權吩咐召進，又趕忙扶正了一下自己的冠冕，又撣了撣衣襟，顯出一副很有精神的樣子。黃蓋匆匆進來，跪地施禮。孫權也從坐席上站起，道：「將軍免禮。」黃蓋抬起頭，鬚髮戟張地說：

「主公，我黃蓋並不在意自己的奉邑和家兵，只是不忍看見主公把父兄基業，拱手送人啊。」

孫權道：「孤知道將軍的心思，不過子布先生又何嘗不是為了孤和江東百姓，究竟以區區六郡之地抵抗曹兵，是以卵擊石啊。」

黃蓋道：「就算以卵擊石，也勝過束手就擒，一旦投降，就命懸人手，如果曹賊欲對太夫人和大喬夫人不利，主公豈非後悔莫及？」

孫權警覺地看了黃蓋一眼：「此話怎講？」

黃蓋道：「臣曾經聽說，曹操擊破袁氏，佔領冀州，袁氏宗族皆死，獨有袁紹的兒媳甄氏因為有國色得以保全，被曹丕納為妃嬪……」

這句話似乎說到痛處，孫權「霍」的起身，在屋內來回走動。黃蓋有點驚訝，他不知孫權的心意，話聲戛然而止。

孫權轉了幾圈，突然站住，定定地看著黃蓋，道：「將軍曾經護衛過孤的那位國色嫂嫂罷？」

黃蓋低頭道：「是的。那是建安五年的春天，臣隨孫討逆將軍巡視吳郡，途中突然被大隊叛軍攔截，將軍怕家眷有失，命我率小隊親兵護送大喬夫人返回京口，自己親自率軍反擊。」

孫權點頭：「聽說那次將軍晝夜兼程，身被數創，毫不氣餒，方才保得我嫂嫂的性命。」

黃蓋驕傲地說：「孫將軍的妻子，便等同孫將軍本人，黃蓋就算戰死，也不能讓她受到絲毫傷害。」

孫權意味深長地笑了笑：「嗯，嫂嫂也屢次提起將軍的神勇，十分感激。」他說到這裏，又似乎感覺不妥，補充道，「是在太夫人面前說的。」

黃蓋道：「那是臣的榮幸。」

孫權沉默了一會，道：「將軍說得對，若劉備一滅，一切都將無可挽回。孤已經派遣子敬前去荊州探聽虛實，現在情勢危急，孤等不及了，欲親自去柴桑一趟，將軍以為如何。」

黃蓋喜道：「主公若肯去，黃蓋願作護駕。」

劉備率領的船隊已經到達夏口，和劉琦會合，忙於修築防禦工事，架設強弩、滾石、拋石機等守衛器具。江夏的大部分郡縣令長也處在觀望之中，他們知道曹操已經進駐江陵，也許很快會順江東下。如果曹操獲勝，他們就全部投降曹操。以區區一江夏之地抵禦曹兵，無疑是以羊飼狼。但他們究竟都受劉表厚恩，不到十分無奈，也不忍即刻背棄劉琦。劉備也深知自己的處境危如累卵，自從讓諸葛亮和魯肅去江東遊說孫權之後，就天天登樓東望，期望盡快有好消息回來。

劉琦知道他的想法，安慰道：「叔叔放心，子敬帶了不少士卒，船到柴桑就是東吳的勢力範圍，不會有事的。」

「到了柴桑，離京口還遠。」劉備固執地說。

關羽也給他鼓氣：「大哥不必憂愁，襄陽水軍基本被我們帶走，曹操雖然佔有江陵，沒有船隻，無法立刻東下。」

張飛反駁道：「倘若他率騎兵沿江岸進擊夏口呢？」

「那，就只有硬拼了。」關羽有些底氣不足。

劉琦道：「夏口四面瀕水，以騎兵進擊夏口，亦何能為？只要他水兵不強，我們就可堅守。萬一不行，還可從江上撤退。」

劉備的眉頭舒展了一點：「也是。」

劉琦想了想，又歎氣道：「都是我後母和蔡瑁、蒯越等狗賊做的好事，辜負了我父親的囑託。」

劉備搖頭道：「君夫人未必知情。主要還是蒯越等人的陰謀。」

三　江陵倉實

雖然已經有心理準備，但江陵的武庫之高大，糧儲之豐厚，仍讓曹操喜出望外，歎為觀止。他仰望著高坡上修築的巨大武庫，問荊州牧安置在江陵的武庫令：「此武庫儲藏刀劍弓弩各有幾何？」

「啟稟丞相，鐵矛有三十萬支，卜字形鐵戟十五萬支，擘張弓七萬張，強弩四十萬張，連弩車五百乘，武鋼強弩車十乘……」

曹操感歎道：「劉表治理荊州二十來年，果真有些積蓄，若一意抵抗王師，我等若想佔領荊州，只怕也要多歷年所啊。」心裏對劉表更加鄙視起來，佔有如此富庶的荊州，當中原征戰不休時，百姓生產幾乎從未受到影響，他竟然如此不思進取，今天終於為我所擒。但轉而一想，也許劉表不願窮兵黷武，使百姓遭受兵戈之苦也未可知。如果是這樣，自己的這種志向，又有什麼值得稱道呢？曹操發覺自己的思想也是很矛盾的，一方面他不相信仁義道德，他看穿了人的卑劣性；一方面他又希望人能夠拋棄卑劣，走向仁義之途。他不相信天理，又厭惡一味的霸道。他想以三代的明君為楷模，又痛恨仁義的可愛而不可信。因為矛盾，所以痛苦。然而，撇去這些不談，掌握權力終究也是一件很愉快的事罷。就像古代那位魯國國君說的：「我沒有覺得當君王有什麼快樂，唯一的快樂就是當我說出話後，沒有人敢違抗我。」雖然這很虛偽，因為由權力產生的所有其他的快樂，實際上都是從無人敢違抗衍生出來的。

聽到曹操的話，他周圍的群臣紛紛吹捧道：「得人心者得天下，丞相順天應人，以仁義為矛戟，攻無不克。劉表雖有利劍利矢，又能怎樣，還不是驚懼而亡。」

曹操大笑。又是以仁義為矛戟，這些吹捧確實好笑。

碩大的糧倉修築深挖在江陵城南側的城牆下，地勢高聳，不遠處就是長江渡口，糧倉上方是七個連續排列的倉城，倉城上是重簷的屋頂，倉城正面有兩扇巨大的黑色倉門，門上方兩側牆上各有一個方形格窗，屋簷的每個筒瓦上都迴環鐫刻著「江陵倉當」四個碩大的篆字。

曹操的車隊一到，倉門馬上隆隆打開，幾個守倉吏恭謹地跪在車下，道：「下吏參見丞相。」

曹操點了點頭：「起來罷。」他執綏下車，沿著糧倉的臺階一級級走上去，巨大的糧倉和他渺小的身軀相比，十分醒目。走了幾十級，方才站到倉口，他探頭朝裏一望，初冬的陽光透過倉頂的氣窗射入倉內，愈發顯出一種深不可測的陰森。他踱進倉裏，和武庫不同的是，糧倉地面鋪設的是木板，走上去吱呀有聲。他知道當年洛陽的太倉也是這樣，地板比倉內的夯土地面一般要高出三四尺，以防止地底的濕氣沖上地面，使儲藏的糧食受潮，但不是所有的糧倉如此，只有儲量巨大的糧倉，才需要裝飾得如此講究。他回頭對守倉吏道：「此倉共儲存了多少糧食？」

守倉吏道：「啟稟丞相，每個倉都存儲了粟米五十萬石，七個倉總共三百五十萬石。」

曹操自言自語道：「三百五十萬石，足以讓三十萬大軍整整食用一年。」他又環視群臣，慨然道：「若讓劉備佔去，恐怕我等真要頓兵堅城之下，徒勞無功了。」

群臣紛紛讚道：「多虧丞相英明，放棄輜重，自率輕騎追擊劉備，才讓劉備的奸計無法得逞。」

「賴天之力，孤有何功。」曹操笑道，「立即傳令下去，讓原來襄陽的荊州舊部馬上來江陵見孤，共商破吳大計。」

賈詡小心翼翼道：「丞相不是說送書信給孫權，要他一起出兵邀擊劉備麼？難道真的改變主意，準備進攻孫權？」

曹操指著天道：「孤未料到碩大的荊州，竟然不發一矢就束手投降，更沒料到江陵還有如此巨大的武庫和糧倉，這些皆是上天饋贈給孤的，孤自當好好利用它來掃平江東。古語云：天予不取，反受其禍。孤有深懼焉！」

賈詡道：「那丞相準備何時出兵？」

「等後方大軍全部集結，就可泛舟東下。來人，拿筆墨來。」

身邊的侍從趕忙打開隨身攜帶的漆盒，取出筆墨獻上。曹操揮筆在紙上疾書，然後吩咐：「立刻將此書信送往江東，敦促孫權投降，前此送去的書信作廢。」

隨從捲起書信，放進錦囊，道：「臣遵命。」說罷蜷腰匆匆跑下樓梯。

四　柴桑激孫權

秋江上，天邊晚霞如火。

孫權的坐船正緩緩駛入柴桑的東吳水軍營寨，遙遙望見寨前停泊著一艘大船，兩個身材高大的人，正站在船頭，朝著孫權的坐船方向遙望。

兩船駛近，對面船上的男子叫道：「主公。」孫權認出那就是自己心中百般牽掛的股肱之臣魯肅，大為欣喜，叫道：「子敬。」繼而又奇怪地看著魯肅身後一個身高八尺的年輕人，「這位先生是……」

魯肅介紹：「主公，這位就是左將軍劉備的心腹軍師，姓諸葛，名亮，字孔明。」

諸葛亮也忙拱手行禮：「外臣諸葛亮，得見孫將軍，幸甚幸甚。」

柴桑是東吳最靠近荊州的水上重鎮，駐紮有五六十艘船，士卒數千人，是個安全地域。他們進了水寨，坐在江岸邊巨大的樓船之上，每個人面前的案几上都準備好了豐盛的食物，他們可以一邊飲酒，一邊同時俯瞰江水在銀色月光下的景色，傾聽江濤的陣陣聲響。

孫權首先舉爵對著諸葛亮，面露笑容：「孤早從令兄諸葛瑾先生那裏聽說過先生的大名，沒想到今日有緣見到，請盡此爵。」

諸葛亮雙手舉爵，微微笑了笑，道：「久聞孫將軍禮賢下士，家兄偶有來書，也一直稱譽將軍仁德，天下無雙。」

大家都知道是客套話。兩人一飲而盡，孫權將酒爵放在案几上，緩緩地說：「孤若能求得先生以為輔佐，那禮賢下士之名，就名副其實了。」

聽到這話，魯肅露出驚訝的神色，注目孫權。諸葛亮搖搖頭，笑道：「亮才智猥劣，得與不得，於將軍聲名何所增損！」

孫權並不死心：「據說左將軍曾三顧茅廬，方才請得先生出山，若非大材，何至於此？」他的話似問非問。

「豈敢，」諸葛亮道，「昔燕昭王以千金市駿馬之骨，並非因為駿馬之骨可供驅策疆場啊。」

孫權語塞，頓了一下，又笑道：「先生詞鋒機敏，孤敢問先生，為何有興致來我東吳？」

諸葛亮道：「就如子敬有興致去當陽，將軍有興致來柴桑。」

孫權拊掌大笑：「既然如此，孤也不繞圈子了。孤想問先生，左將軍新敗之後，現在還有多少兵馬？」

「還有兩萬。」

孫權歎了口氣：「哦，太少。」他低頭尋思了一刻，又問：「那麼先生估計曹操有多少人馬呢？」

諸葛亮輕描淡寫地說：「不過三十多萬。」

白衣小喬（電影《赤壁》劇照）

魯肅與諸葛亮在江邊（電影《赤壁》劇照）

江東臣子（電影《赤壁》劇照）

蔡瑁被誅（電影《赤壁》劇照）

孫權吸了口冷氣，道：「以一萬敵三十萬，先生覺得很有趣嗎？」

諸葛亮道：「不太有趣，所以我家主公才派亮來和將軍締結盟約。」

孫權道：「先生怎知孤一定會像左將軍那樣不識時務？」

諸葛亮笑道：「若將軍害怕，不如斬亮之首，再發兵西向，和曹操圍攻左將軍，定可取悅曹操，保住性命。」

孫權愕然，當即將手中酒爵扔下，走到樓船的欄杆邊，憑闌眺望。魯肅大驚：「孔明先生何出此言。我家主公擁有江東，爵為人君，何至於任人宰割？還不趕快向我家主公賠罪。」

諸葛亮轉過身子，對著孫權俯首道：「外臣知道忠言逆耳，望將軍寬恕。」

孫權道：「罷了，今天就到這裏，孤也累了。有事改日再商。」說著走入船艙。

魯肅責備諸葛亮道：「我事先告訴你只說曹兵不過十萬，你怎麼不聽。」諸葛亮看著魯肅，無可奈何地笑了笑。

第一次見面交談不歡而散，但孫權不會忘了自己來柴桑的目的。他是為了聯合劉備抗擊曹操而來的，不是為生悶氣而來的，所以雖然憤怒，也終究要和諸葛亮重新商談。第二天，他下令要視察水軍操練的情況，魯肅也不失時機地勸諫道：「主公，請看我江東健兒，士氣如此高漲，定可抵抗曹兵。」

孫權的腦子裏卻想著別的：「子敬，曹兵果真有三十萬那麼多嗎？」

魯肅搖頭道：「頂多十萬，昨日孔明先生見主公年輕氣盛，故意採用激將法而已。」

孫權多麼希望這是真的：「果真？」他驚喜道，隨即又有些蔫，「就算這次只有十萬，但他轄地廣闊，後續兵馬將源源不絕。」

魯肅道：「安有後續？只要這次將他擊破，他就必須退回北方，我東吳就可進佔據荊州。」

孫權點點頭，佔有了荊州，自己的地盤增大，兵力也就增多，又何怕曹操？於是道：「也有道理，那麼可召諸葛先生再來商議。」

諸葛亮也怕孫權一怒之下不再見他，所以一見面就表達歉意：「外臣諸葛亮，昨日言辭不遜，望將軍恕罪。」

孫權苦笑道：「算了，昨日孤一時氣急，還沒問先生，先生就勸孤投降。為何你家主公顛沛流離，卻還苦苦支撐呢？」

諸葛亮正色道：「昔日田横不過是齊國的一介匹夫，也知道堅守節操，寧死不投降高祖皇帝。何況我家主公乃帝室之冑，英才蓋世，倘若大事不成，只能怨天命，豈能因此向賊臣屈膝，羞辱祖宗。至於將軍年少，慣於養尊處優，投降之後，一定可以得到相應封賞，於將軍之志，想必也足夠了。」

孫權氣得滿臉通紅，手腳發抖，大聲道：「孤也是將門虎子，如今又總領六郡，難道還比不上你那無尺寸之地，到處逃亡的劉備？你聽著，孤絕不會將祖宗基業輕易送人。」

見孫權如此生氣，諸葛亮頗為快意，激將法獲得了初步成功，他淡淡笑道：「那樣最好。」

孫權哼了一聲，道：「孤反倒擔心你家主公新敗，兵馬所剩無幾，沒有資格和我東吳結盟。」

「不然。」孔明道，「我家主公雖然新敗，所喪失的都是徒卒，還剩兩萬多水兵。而曹操所領北方士卒，不善水戰，荊州士民雖然投降，也是形勢無奈，心中並不服從。我家主公久居荊州，深得百姓愛戴，只要將軍和我家主公合兵，必定可以擊破曹軍。曹操一敗，必然北還，則天下三分鼎足之勢成矣。望將軍明察。」

孫權覺得諸葛亮所說的確有理，突然聽見江上有人大叫：「什麼船隻，快停下。」他們將目光投射過去，只見一隻小船順流而下，被幾隻東吳兵船圍在中間。小船中走出一個戴紗冠、穿紗衣的男子，指手畫腳地說著什麼，他的聲音不大，聽不真切。圍著他的東吳士卒好像有些忌憚，架起木板跳到他船上，將他扶上碼頭。孫權吩咐隨從：「去，問問那是什麼人？」那男子穿著華麗，顯然是北方來的使者，孫權想。

很快，幾個兵士就擁著那個男子上來了。那男子見了孫權，並不認識，氣焰囂張地說：「我是曹丞相派遣的使者，特去東吳面見孫將軍，親自遞送丞相的親筆書信。」

魯肅道：「什麼曹丞相，我們將軍只接待天子的使者。」

孫權趕忙打斷他道：「曹丞相書信在哪裏？」

那使者道：「在下奉命，只有到京口見到孫將軍，才能面呈書信。」

旁邊一個士卒喝道：「這就是我們孫將軍，還不快快拜見。」

那使者道：「這是柴桑，不是京口。」

士卒道：「孫將軍昨日方到柴桑巡視，有什麼奇怪。」

那使者定定看了孫權一眼，躬身道：「若是孫將軍，在下失禮了。不過我奉丞相親命而來，只能長揖，怎可拜見。」

魯肅大怒，正要呵斥。孫權一抬手，止住他們，對那使者道：「孤正是孫權，丞相書信現在何處？」

那使者從腰間掏出一個包裹，又從包裹中掏出一個錦囊，從錦囊中掏出一個竹筒，躬身遞給孫權。孫權急切地從竹筒中抽出書信，展開一看，登時面如土色。

五　姐妹交惡

京口的孫策宮殿，他的遺孀大喬夫人正跪坐在案前練習隸書，另外一個年齡和面容和她相仿，正當韶華的美女則跪坐在她對面，這個美女是周瑜的妻子小喬。這姐妹兩個相對，卻似乎並不開心，互相默不開口，小喬臉上神情肅穆，眉峰攢聚，呆愣愣地望著姐姐大喬。

這時孫權神氣蕭索地走了進來，一個宦者高聲叫道：「主公駕到。」

小喬趕忙伏地道：「拜見主公。」

孫權見她在，有些意外，強笑道：「原來小喬夫人也在，免禮。」

大喬並不抬頭，依舊寫她的字，嘴裏淡淡道：「將軍不是去柴桑了嗎？怎麼這麼快就回來了？」但袖子則不由自主地壓住剛剛寫過的字。

孫權看著大喬，神色悲戚，道：「因為打聽到了好消息。」

大喬不解：「既然有好消息，將軍為何還愁眉苦臉？」

孫權道：「因為這個好消息，是專門給嫂嫂的。」

大喬好像感覺到了些什麼，臉上平時那種冷傲肅穆一掃耳光，顯得有些不自然：「將軍此話怎講。」

孫權不答，突然手指大喬：「嫂嫂，你的衣袖被墨汁弄髒了。」大喬下意識地挪開衣袖，又突然意識到了什麼，兩頰頓時緋紅，目光慌亂。

孫權假裝好奇地走到大喬面前，低頭看著几案上寫著字的書箋，吟道：「樹木叢生，百草豐茂。秋風蕭瑟，洪波湧起。日月之行，若出其中。星漢燦爛，若出其裏。」又仰首感歎道：「好詩，氣勢雄闊，是嫂嫂自己作的嗎？」

大喬面紅於頸，這是曹操北征烏桓途中所作的詩，顯示了這位梟雄浩瀚博大的胸襟，被人廣為傳誦，也流傳到了江東。連她一個婦人都能抄錄到，孫權怎會不知？顯然孫權是故意這麼說的。難道他發現了自己心中的隱秘麼？本來大喬並不怕被人發現，對她來說，生命在建安六年的夏夜就已經終止，她並不害怕什麼。但是，現在她為何又如此緊張，甚至羞澀。她自己也不明白。

大喬正在發窘，不知說什麼。好在一個侍者過來救了她，他在門外喊：「主公，太夫人召見，要主公立刻前去晉見。」

孫權狠狠地跺了一下腳，顯得頗為心煩，對著門外喊：「好，我馬上去。」轉而俯身對大喬道：「嫂嫂，希望以後還能有機會多向你請教詩賦。」又回頭對小喬道，「告辭了。」

小喬忙伏地道：「主公一路勞苦！」

孫權走出去，對侍從道：「我才下船，太夫人怎麼就知道我回來了？」

侍從惶恐道：「下臣不知。」孫權無奈道：「走罷。」

望著孫權背影隱沒，小喬立刻慌亂地對大喬道：「姐姐，我想主公已經猜到你的心思，他平常也喜好博覽，難道連曹叔叔寫的《步出夏門行》都沒讀過嗎？」

大喬無奈地歎了口氣：「猜到就猜到吧，難道我喜歡叔叔的詩，便是謀反嗎？」

「姐姐，」小喬假裝漫不經心道，「我就不明白了。曹叔叔雖和我家是世交，可是現在究竟成了敵國，姐姐又何必念念不忘？」

大喬將手中毛筆重重一摔，勃然怒道：「什麼敵國，叔叔難道不是大漢的丞相，主公難道不是大漢封的討虜將軍嗎？小時候叔叔經常來我們家，他對我們姐妹倆又是何等疼愛，現在卻成了敵人，豈不荒唐。就算是敵人，那也是孫家的敵人，不是我們喬家的敵人。」

小喬驚惶失措地四處張望，膽戰心驚地說：「姐姐，求你了，千萬別亂說話，隔牆有耳。我們進屋說去。」

在院子裏談不下去了，大喬雖然對生命的態度是無可無不可，但究竟也不想讓妹妹擔驚受怕。兩人上了一個隱秘的閣樓，繼續侃侃而談。小喬乾脆一針見血點破了大喬的心思：「姐姐，我知道你心裏想什麼，小時候我就知道，你喜歡曹叔叔，恨不得自己快快長大，能馬上嫁他……」

大喬哼了一聲，打斷了她：「不獨是我，你也喜歡。」

小喬臉色微紅：「你聽我說下去，你羨慕他的才華和他揮斥方遒的魅力，這些都沒有錯，可是只能怪命運，讓我們姐妹碰上戰亂，流寓皖城。而且你要承認，上天對我們姐妹也算眷顧，你嫁了主公的哥哥，我嫁了周郎。他們和曹叔叔一樣，也都是英雄，而且比起曹叔叔，更加年輕俊美。」

「好一個周郎，好一個年輕俊美！」大喬冷笑道，她看著小喬尷尬的臉色，繼續道，「孫策算什麼英雄，一個殺人不眨眼的魔王而已，我們家族的所有人，都死在那次亂兵之中。誰願嫁他？後來他死在了許貢府君的門客手裏，真是蒼天有眼，的的確確是報應不爽。」

小喬囁嚅地說：「可是，可是我聽說曹叔叔在兗州也曾殺了數十萬無辜百姓。」

大喬搖頭道：「叔叔何曾是這樣亂殺無辜的人，那都是一些亂臣賊子對他的誣衊。」

「唉，」小喬歎了口氣，「姐姐，我無法跟你爭辯，你的心已經亂啦。我知道你年輕守寡孤單，可是你不能因此都怪到死去的孫將軍身上。」

好像受到了莫大的侮辱，大喬尖聲道：「我沒想到，妹妹你變成了這樣的人。」她的眼睛潮濕了，回過頭不看小喬，說：「你走罷，以後不用來看我這個姐姐了。」

小喬也急了：「姐姐，你別活在夢中好不好？你快醒醒罷，我們在江東，我是水軍都督的妻子，你為前主公生了兒子，你還能怎麼樣？你不可能再回到從前。」

大喬沒有理她，逕自下樓。

六　母子相爭

孫權跪坐在吳太夫人跟前，吳太夫人揮手對左右道：「你們先出去。」

左右侍從答應一聲，齊齊出去。孫權道：「母親，兒子無能，父兄留下的基業，兒子恐怕真的無能為力了。」

吳太夫人臉上怒色一閃而過，道：「魯子敬呢，他有什麼建議？」

孫權道：「他勸兒子召回周瑜，和劉備聯合抗曹。」

吳太夫人點點頭：「權兒，我知道你一直不喜歡周瑜，認為他驕傲自負，又是你哥哥留下的心腹，不好控制。」

孫權忙道：「母親，臣從來沒有這個意思。」

吳太夫人道：「你是我生的，你想什麼，我能不知道？以我對周瑜為人的了解，他是絕對的忠臣孝子，既然你已經接替了你哥哥的位置，他照樣會忠於你。你又何必不放心呢？況且現在的東吳將領，都是你父兄當年的心腹，難道你都要罷黜不成。聽我的話，魯子敬說得對，立即召回周瑜，要保住我東吳江山，只能依靠周瑜。」

孫權道：「既然母親這麼說，臣立刻派使者去鄱陽，令他回京。」

吳太夫人道：「至於劉備那邊，據說他派了自己的軍師諸葛亮來請求結約？」

「正是。」孫權道，「臣去柴桑觀望虛實，沒想到曹操這麼快拿下江陵。諸葛亮倒是個辯士，魯肅勸臣帶他回京，或者可以打擊一下張昭等的氣焰。」

吳太夫人道：「可你大概是想，萬一仍是決定歸順，就可以斬了他獻給曹操罷？」

孫權額上汗出如漿：「臣豈敢……」

吳太夫人哼了一聲：「我是你母親，還猜不到你想什麼。這樣本也沒錯，做大事就不能有婦人之仁。但是，決斷要對，如果不對，就會南轅北轍。」

孫權唯唯稱是。他一向從骨子裏對這個母親懷有畏懼之心，他知道母親並不是什麼善男信女，有時甚至殘忍得令人髮指，當年誅殺世交王晟的宗族，就是她出的主意。為了達成目的，她有什麼幹不出來？想起這些，孫權畏懼之中又有些煩躁。孫家出身低微，本不講什麼儒家禮儀，但既然打下了江東六郡，成了主君，就得裝世家大族，就得裝以孝治國。孫權突然萌生了一個可怕的念頭，這個念頭讓他額上滲出了涔涔的汁水，他不知道自己為什麼會這樣想。

吳太夫人沉默地盯著他，孫權抬頭看了一下她的臉色，小心道：「母親的話，兒時刻牢記在心，如果沒有其他事，臣就先告退了。」

「且慢。聽說你一下船，就去見你嫂嫂了。」吳太夫人滿面嚴肅。

孫權額頭的汗水重新沁出。

吳太夫人道：「叔嫂名分，千萬不可輕忽。東吳六郡，美女如雲，難道還不夠你予取予求嗎？何必盯著嫂嫂，讓人恥笑。況且——你嫂嫂只怕也不是個簡單的人。」

孫權諾諾連聲：「臣豈敢，剛才只是路過嫂嫂居處，順便進去探望而已。」

吳太夫人乾笑了笑，道：「那樣最好。還有，曹操這封信你還沒給群臣看罷？」

孫權道：「母親的意思是？」

吳太夫人道：「不妨給他們看看。」

「母親是認為，通過此信可以判斷朝臣誰忠於我東吳？」

「出仕為官，豈有如此簡單？」吳太夫人搖搖頭，「武將們大概都會提議抗擊曹操，這倒不是因為他們更加忠心，而是因為投降曹操，他們會喪失現在的世襲利益。」

孫權道：「母親高見，張長史他們正是這樣指責黃蓋的。」

吳太夫人道：「嗯，但你也不要認為張長史等人就首鼠兩端，這幫儒生，或許心底還一直忠於漢室呢。他們受到曹操蠱惑，認為東吳歸順之後，漢朝又將復興。所以就算他們支持投降，也不說明他們就是奸臣，只是立場不同。」

孫權道：「那……母親的意思是？」

吳太夫人道：「容忍他們，如果邀天之幸，我東吳能夠擊破曹兵，他們會死心的。」

孫權道：「臣謹遵母親教誨。」

七　躊躇難定的孫權

待在夏口的劉備除了偶爾在庭院裏逗阿斗玩，就是唉聲歎氣，時時擔心著傳來曹操東下的消息。時間已經進入仲冬，夏口開始寒氣瀰漫，江邊的蘆葦都逐漸枯黃了，樹葉也差不多掉得精光。中午時分，院子裏倒是有些暖意，太陽和煦地直射院庭，甘夫人坐在一旁縫補衣服。過了一會兒，劉備心不在焉地問甘夫人：「你說，孔明既然在柴桑和孫權會晤，怎麼還不回來？」

甘夫人道：「妾身一個婦道人家，哪裏知道這些。你該找二叔、三叔、子龍他們商量去。」

劉備煩躁地說：「又能商量出個什麼屁來！」說著抓起阿斗玩的一個木馬，扔到牆上。阿斗「哇」的一聲大哭起來。

劉備惱怒道：「你再哭，看我不打死你。」說著抬手作勢欲打。甘夫人趕忙扔下縫補物事，跑過去抱起阿斗，哄道：「阿斗乖，阿斗不哭，以後長大了教訓你阿翁。」又回頭對劉備道，「玄德，妾身跟了你，受苦受累倒也罷了，可是你顛沛流離，年近半百，才留下這麼一根獨苗，還這樣不珍惜。可憐我那兩個女兒，一個已死，一個在當陽被曹兵抓去，迄今未聞下落……」說著淚水撲簌而下，想起趙雲把小女兒的首級帶回來給她的場景，當時真是晴天霹靂一般，以後每次想起那個鮮血淋漓的首級，都不由得肝腸寸斷。可憐那麼小的孩子，那麼青蔥的年紀，還沒有婚配，就這樣永遠離開了人世。她這個做母親的情何以堪？

看見老婆哭得傷心，劉備也很難過：「唉，都是我劉備對不起你們。」說著，起身大踏步出去，往渡口方向走去。

張飛正站在渡口眺望，看見劉備來了，道：「大哥，你也來了。」劉備道：「廢話，有什麼新消息嗎？」

張飛抓了一下頭，道：「我們派去的諜報到柴桑打聽，說是孫權已經坐船回了京口，把我們的孔明軍師也帶去了。」

劉備驚訝道：「這是什麼用意？」

張飛道：「小弟認為，孫權帶軍師回京，是想慢慢商議罷。大哥不要擔心，軍師那麼聰明，一定能應付得很好，不會有事的。」

劉備確實應該擔心。在柴桑的孫權接到曹操的書信之後，基本上可以用「魂飛魄散」四個字來形容。他並不是一個庸人，如果他想對諸葛亮不利，根本不會親自跑到柴桑去。江東是他的江東，只要有一絲希望，他也會決心抵禦曹操的進攻。但是如果實力相差過於懸殊，那抵抗又有什麼意義呢？也許投降還有一線活命的機會。他鬱鬱不樂地將諸葛亮帶回京口，立刻召見群臣，將曹操的書信攤在桌上，道：「孤前幾日去柴桑，想觀望荊州局勢，不意遇見曹操的使者，送來一封親筆書信。」

殿上群臣頓時低聲議論起來。孫權道：「來人，將這封書信告知諸位士大夫。」

一個侍從躬身從孫權案上捧起書信，高聲念道：「十月三日大漢丞相白：頃者奉辭伐罪，旌麾南指，劉琮束手。今治水軍八十三萬眾，方與將軍會獵於吳。若將軍有意，便克定時日，交使者回報；若將軍無暇或有貴恙，則孤將親率舟艫，順流東下，與將軍面晤……」

殿上群臣大驚。孫權斜眼看著群臣，知道會有這種反應。當時他剛拿到書信時，何嘗不是如此。

第一個站出來的仍舊是張昭，他好像為了證明當初他的見解是多麼正確似的，慷慨激昂地說：「曹操借天子之名，擁百萬之眾，征討四方，我們如果一意抵拒，從道義上說不過去。而且我們東吳可以借地利抵抗他的只有一個長江，如今曹操已經完全佔領了荊州，長江之險，已經和我們共有，又獲得劉表在江陵的軍實，艨艟鬥艦不下千艘，加上他自己從北方帶來的精騎，水陸俱下，我們還能怎麼樣呢？以臣的愚見，不如歸順。」

會稽太守顧雍附和道：「聽說主公不肯圍攻劉備，反而想跟他聯合抗曹。須知劉備因為被曹操所敗，不過想借我們東吳兵馬向曹操報仇罷了，主公千萬不要被劉備利用啊。」

在座文臣大多點頭。武將則輕聲議論：「唉，沒想到曹操有這麼多軍隊。」「要是二三十萬，我等也可奮力一搏了。」「看主公的意思罷，如果主公堅決要打，我們做臣子的就算血灑疆場，也無話可說。」

孫權聽在耳裏，更是心中憮然。當初武將還大多贊同抵抗，現在連他們也改變了主意，這仗還怎麼打？他看看魯肅，魯肅緘默不言，只是對他使眼色。

孫權會意，道：「孤出去片刻，回來再議。」說著起身走入後院。魯肅趕忙跟了上去。孫權立在一叢桂花樹下，幾個侍從跟著他，他揮手讓侍從們走開。一會兒，魯肅匆匆跑來，道：「主公，千萬不要因為聽了在座諸君的話就氣餒。孔明先生之前已經分析得很清楚了，曹兵遠征疲憊，又都是北方人，不善水戰，新收服的荊州水軍，還未心服口服，軍心不穩，只要將軍肯發數萬精兵，和劉備並力，定可擊破曹軍，成三家鼎足之勢。」

孫權連連歎氣：「當初孔明說曹兵三十萬，現在他書信上說有八十萬，這怎麼打？剛才堂上的情況，你也看到了，就算孤一人想戰，他們都不願戰，孤又能如何？」

魯肅道：「士窮乃見節義，堂上諸君都不足以共大事。而且，坦率地說，我等皆可以投降曹操，主公卻萬萬不能。」

孫權知道魯肅的意思，但仍舊問道：「為何？」

魯肅道：「肅和堂上諸君一旦投降，都可以封官拜爵，不一定比現在過得更壞。而主公則未免遭受曹操猜忌，就算不遭受猜忌，又能如何？劉琮新近投降，被曹操舉薦為青州牧，繼而為諫議大夫，毫無實權。主公若投降，不過與之等列，豈有像現在裂土一方、南面稱孤的快樂？」

孫權好像被針刺了一下似的，彈了起來，道：「子敬，君之所言，正與孤合，君確實是上天派來輔佐孤的啊。」

魯肅道：「臣知道主公仍擔憂曹兵太多。退一萬步說，就算主公最後兵敗，死也壯烈。當年韓信、彭越心懷猶豫，終於死於小人女子之手，主公難道不該引以為戒嗎？孔明先生上次也說了，劉備寧願戰死，也不投降曹操。主公統領六郡，豈能不如無寸土之資的劉備？」

孫權大為感慨，激動握拳道：「劉備雖然勇悍，孤也未必不如他。君去江口候望，等周瑜一到，立刻叫他來見孤。」

八 親刺虎 看曹公

曹操在江陵城中坐等後方的軍隊和糧草補給運到江陵，閒暇時接見荊州的士大夫論議，或者去城外射獵，不知不覺時節已經進入仲冬。城外的草仍舊像人那麼高，只是已經枯萎成黃色。曹操驅馬在草叢間遊走，幾隻野兔從他面前急竄而過，他張弓搭箭，一箭射出，將一隻野兔射倒在地。跟隨的將士們哪肯放過這個機會，一齊高呼萬歲。曹操越發得意，喝道：「撿起它。」自己繼續馳馬狂奔，追逐另一隻兔子。

然而意外的事突然發生了，一聲炸雷般的吼聲響過，草叢中突然躍出一隻斑斕猛虎，大概有兩三米長，遍體金黃，耀人眼目。曹操只覺眼前一光，頓時呆了。胯下的坐騎似乎也不知所措，呆呆站在那裏，直瞪瞪看著老虎，一聲不吭，只是兩腿不斷發抖。曹操大駭，使勁拉轠繩，想圈馬回跑，然而馬身體抖得幾乎站不穩，淅淅瀝瀝的尿液從它的兩條後腿之間嘩嘩流下。

老虎好整以暇地一步步走近，曹操感覺自己的血液似乎凝固了，狂呼道：「來人，來人！」終於那馬怪叫一聲，突然奮力發足，反身狂奔。老虎被馬的舉動嚇得呆了一呆，立刻醒悟，也縱身一躍，緊追上去。曹操恢復了部分理智，引滿弓弦，反身一箭射去，正射中猛虎左眼，猛虎哀嚎一聲，越發暴怒，只停了片刻，又繼續瘋狂撲來，曹操邊打馬奔馳邊不住地大呼：「來人——」可是由於剛才他自己的乘馬腳力太健，將隨從遠遠拉在後面。曹操沒有聽到任何回應，只有四圍的長草隨風聲起伏，不住地灌入他的耳朵。

這時猛虎已經堪堪追上，曹操的乘馬猛然前兩腿高揚，將曹操顛下地來。猛虎飛身撲向乘馬，曹操得閒在地下連連幾個翻滾，順勢拔出腰間環刀，猱身竄上，向猛虎背上斫去。

曹操的腰刀是讓工匠給他專門精心打製的百煉鋼刀，鋒利無匹，他一刀下去，似乎清晰聽到了老虎的脊椎骨折斷的聲音，猛虎發出一聲慘呼，但還未喪失戰鬥力，一個反撲，劈頭蓋臉向曹操身上罩去。曹操腦子裏電光石火般地迸出一個念頭：「沒想到我曹操會死得這麼滑稽。」但他仍下意識地挺刀指向猛虎喉頭，由於他寶刀鋒利，猛虎被自己的一撲之力，喉頭深深嵌入刀刃。曹操覺得手臂一沉，一片熱浪般的血霧籠罩了面龐。這時才聽見將士的驚呼：「丞相，丞相。」

曹操頹然爬了起來，發現十幾個將士正挽滿弓對準自己和老虎，見曹操從血霧中爬起來，他們趕忙收起弓矢。一個將軍跑過來扶起曹操。道：「丞相，我們剛剛趕到，想射箭又怕誤傷丞相，誰知丞相奮起神威，獨自將猛虎擊斃。」

曹操累得筋疲力盡，心頭狂跳，喘息著坐了好一會兒，才恢復威嚴，揮刀大笑道：「據說孫權那豎子勇猛，敢於騎馬射虎，孤雖年長他一倍，卻也不遜色於他。」這時坡上士卒也紛紛趕到，大聲呼喊：「丞相萬歲萬萬歲！」

他們回到江陵城內，曹操沐浴更衣，頒下命令，將今天打到的虎肉烹煮，賜予身邊近臣，同時在江陵城的北樓上設宴。

北樓面對的是低濕的原隰，原隰之外，是高低起伏的古墓墳塚，掩映在一片暮靄煙樹之中。

曹操冠帶一新，坐在北樓的最高處，文武百官齊聚在他左右。曹操遠眺那些墳塚，感慨道：「江陵臨近當年楚國的故都郢都，這城外墳塚之中，不知埋藏了多少當年的王侯將相，豪傑英雄。想起他們數百年前，也曾在這城池周圍馳馬遊獵，袒裼搏虎，叱吒風雲，真讓人覺得人生如夢。」

賈詡道：「丞相不必憂傷，人世變易，總是如此，若這些古人豪傑不死，又安有丞相和我等的今日。」

曹操點點頭：「是啊，生存七尺之形，死唯一棺之土。唯立德揚名，可以不朽。孤希望能趁有生之年，平一宇內，摧破凶逆，還我大漢的昇平天下。」他頓了一會，轉頭遙望東吳方向，手執鎮席的銅虎，在案上敲擊以為節拍，大聲吟道：「神龜雖壽，猶有竟時。騰蛇乘霧，終為土灰。老驥伏櫪，志在千里。烈士暮年，壯心不已。……幸甚至哉，歌以詠志。」吟罷，悲從中來，涕淚俱下。

群臣面面相覷，不知道曹操為何突然如此傷感，但是主君流淚，為人臣的，怎麼可以對之默然，於是在場諸人，或者是流淚助哀，或者是紛紛勸慰：「丞相年過五旬，猶能親手搏虎，誰人能敵？現今劉備已是苟延殘喘，唯有江東尚負隅頑抗，丞相這次將他們盡數摧滅，就可留名竹帛，比之山下這些古代的豪傑英雄，正所謂不遑多讓。」

曹植插嘴道：「父親不但功業蓋世，文章詩賦也足以留名千古。就如剛才這首詩，臣想孫權、劉備等人，皆未夢見。」

曹操點點頭，捋鬚道：「文章縱使可觀，致遠恐泥，豈可與平一宇內之功相比？你這孩子，到底還是氣量小了。」

曹植見父親神色轉為溫和，吐吐舌頭，笑道：「臣見識淺薄，慚愧。」

這時一紗冠使者急趨而來，道：「丞相，臣奉令出使東吳，在柴桑碰見孫權，當面將丞相書信遞給他了。」曹操有些驚訝：「哦，孫權不在京口，去柴桑意欲何為？」

使者道：「臣不知，只是聽說，劉備的軍師諸葛亮也在柴桑。」

賈詡立刻進言：「丞相，孫權親自去柴桑和諸葛亮會晤，只怕是締結聯盟，力圖抗拒丞相的王師。」

曹操不置可否，沉吟了一下，對使者道：「孫權看了孤的書信之後，有何反應？」

使者道：「臣見他當場臉色慘白，繼而命人送我出來，語氣聲調似乎不安。」

曹操捋鬚笑道：「嗯，想來他也知道，以區區六郡之地，抗拒王師，只是以卵擊石。你這次回來，他沒給你回信嗎？」

使者道：「沒有，不過送了丞相一份厚禮，言辭溫和，又說丞相所言之事，須要稟報太夫人，不敢擅自做主。」

曹操點頭道：「孝為人倫之首，歸順大事，稟報母親，確屬必要。」

賈詡道：「丞相，只怕沒有這麼簡單啊。或許他是拖延時日，準備調集兵馬守衛呢？丞相如果真想這次一勞永逸，不如立刻調兵東下，打他一個措手不及。若再遷延，將至深冬，那時江上風烈，寒冷異常，只怕行動不便。」

曹操道：「既然已派使者前去聘問，就應當給他們一點時間。荊州不也是這麼不費吹灰之力就拱手投降了麼？如果東吳能夠效法，就可以免去征戰，全活多少士卒的性命。」

「可是孫權不是劉琮，」賈詡道，「江東人才濟濟，也非荊州劉琮屬下那幫駑劣凡庸之輩可比啊。」

他這話一出，幾個荊州降將蔡瑁、蒯越等人頓時侷促不安，露出不悅的神色。曹操環視了眾臣一眼，道：「話雖這麼說，可是現在北方大軍還未集結，船隻也不夠，單憑江陵這點兵力，也不能輕易冒進，為之奈何。」

賈詡道：「丞相現有兵力征伐東吳可能確實不足，但劉備現在夏口，只怕還有一些殘兵，不如現在浮舟東下，先滅了他，一則掃平荊州全境，二則使東吳喪失聯盟之機，不亦可乎？」

曹操哈哈大笑：「劉備豎子，孤以前高看他了。當陽一役，他只帶著幾十騎逃跑。關羽水軍不過數千，能成什麼大事。說不定孫權首先將他滅了，何勞孤親自動手。況且出征最好一鼓作氣，等孤大軍全部集結再浮舟東下，沿途摧枯拉朽，擒滅劉備只是順手而為，何必特意出兵。」

賈詡還想說什麼，曹操止住他：「君不必說了，現在荊州江南四郡還未賓服，孤不如趁著這個時機，先將他們一一收服，也不算空度時日。」

九　舌戰群儒

諸葛亮自到東吳，就被孫權安排住在客舍裏，沒有再受到接見。客舍建在京口的半山腰，背依陡峭的岩石，前傍一望無際的長江。雖然天氣逐漸寒冷，但客舍周圍有溫泉環繞，菊花燦爛，林木深美，的確是個修養身心的好地方。然而，就算風景再好看十倍，對心情煎迫的諸葛亮來說，卻沒有任何意義。

以張昭為首的十來個東吳文臣早就聽說孫權和諸葛亮一起來了京口，他們對劉備並不看好，而且深信劉備想借東吳兵為自己報仇。更重要的是，從根本上來說，他們心中對孫氏家族並不怎麼看得起，遠在許昌的漢室那個傀儡皇帝，才是他們心目中的主君。依附孫家，只是暫時的權宜之計。因此，對諸葛亮前來欲破壞漢室一統的計畫，他們可謂深惡痛絕。這天，他們結伴來見諸葛亮，想對之進行羞辱，讓他灰溜溜滾出江東。

但是要趕走諸葛亮卻有很大的困難。雖然這些文臣們把自己當成漢室的忠臣，在言辭上卻不能直說，究竟他們現在尚屈身於孫權手下。如今曹操、孫權、劉備三方都號稱是為漢室平定天下，誰又相信？不如相信力量最大的一方。至少可以很快結束動盪的局面，恢復一統罷。這就是江東這些儒生文臣們的真實想法。

文臣們一進門，和諸葛亮雙方寒暄了一陣。張昭就直言不諱地說：「我等奉孫將軍命令，來拜見先生。先生不遠千里而來，應該有不少對天下有利的建議罷？」

諸葛亮並不上他的當，笑道：「對天下有利，這個說法太大了，但是在下這番來，至少對東吳有利倒是真的。難道長史君關心天下甚於東吳嗎？」

這句反問讓張昭很難回答，如果說「是」，那麼就是承認只關心天下，不關心東吳，若傳到孫權耳朵裏，只怕不管如何德高望重，也會性命不保。如果回答「不是」，那諸葛亮就可以侃侃而談他此行對東吳的利益。在諸葛亮這種以管仲、樂毅為楷模的人面前，你跟他談儒家的忠君是沒有用的。他只關心實際效益，而把劉備輔佐好，讓劉備奪取天下，這就是他關心的實際效益。

張昭倒也不傻，他腦子一轉，道：「我家主公時時關心天子安危，欲以全吳之兵，匡定天下，致君堯舜。對天下有利，就是對我東吳有利啊。」

諸葛亮心裏暗罵，這條老狐狸，嘴上還是笑答：「當今曹賊篡命，挾天子以令諸侯，兇焰正盛，孫將軍欲以全吳之兵，匡定天下，只怕力有未逮，所以在下的主公左將軍劉玄德派在下來和孫將軍結盟，想戮力一同匡定天下，這可是對東吳有利，對天下也有利的事啊。」

雙方都心懷鬼胎，謀取私利，偏偏不得不以天下百姓為說辭，當真束手束腳。於是張昭乾脆直言不諱：「劉備不過是織席販履出身，一生到處漂泊，先後依附呂布、袁紹、劉表，手下兵馬常不過一萬，最近新敗當陽，倉皇投奔劉琦，有什麼資格和我們主公結盟呢？」

諸葛亮聽張昭如此刻薄，心下有氣，但要駁他，還真不好直駁，只好虛與委蛇：「勝敗乃兵家常事，漢高祖當初起兵，不過數千，號為沛公，不過沛縣縣令耳，也曾屢次兵敗，然最終破強秦、斬項羽、滅彭越、誅英布，建立漢室，傳國至今。要是長史君生在那時，估計也會想，高祖不過一亭長出身，有什麼資格和項羽逐鹿天下？豈不讓後人笑話。」

座上諸人都知道諸葛亮在狡辯，張昭也不傻，追問道：「先生以高祖來比附劉備，以項羽來比附曹操，此皆不倫。高祖皇帝天縱之德，豈是劉備可比；項羽匹夫之勇，又怎敵得過精通兵法之曹操？」

諸葛亮道：「長史君此言差矣。高祖當年出身雖為布衣，也曾當過亭長，是秦朝小吏，我家主公才真是煢煢孑立，不階尺土，輾轉至今，雖大志暫時不立，威名卻傳布於天下，這不比高祖向日創業更為艱難嗎？項羽起兵反秦，不過身率八百江東子弟，兩三年之間，卻一度號令諸侯，宰割天下，號為霸王，曹操豈能與之相比？」

張昭無話可說，也確實沒辦法。碰上諸葛亮這種口才好的人，是沒法不頭疼的，這種人，如果在天下太平的時候，是儒生們著力攻擊的對象，是不折不扣的佞人。但是如今天下大亂，是他們出來上躥下跳的最佳時機了。張昭通過這幾句話就判斷出諸葛亮這個人性格剛硬，臉皮也厚，要通過羞辱他來達到趕走他的目的，是癡心妄想。他只能無奈地說：「先生有點強詞奪理，我還是認為高祖和劉備，是不好比較的。」

諸葛亮笑道：「亮認為沒什麼不可以比較的。」

既然話說到這個份上，似乎沒有什麼可以繼續辯論下去的了。沉默了片刻，會稽都尉虞翻繼續發難道：「諸葛先生，不管左將軍劉備多有才華，而今曹操兵屯百萬，戰將千員，平吞江夏，劉備卻想負隅頑抗，不是螳臂擋車嗎？」

諸葛亮道：「曹操收袁紹蟻聚之兵，劫劉表烏合之眾，即便百萬，亦不足懼，何況遠遠不到百萬。」

虞翻笑道：「曹兵如果誠如先生所言，不值一哂，左將軍又為何倉皇流竄，讓先生來我東吳借兵呢？先生大言不慚，實在可笑。」

孔明道：「豈不聞老子曰：將欲取之，必先與之，此用兵之道也。曹兵雖不足懼，究竟來勢兇猛，不能硬碰，只能暫時退守，等待良機。至於派我來東吳結盟，實是因為佩服孫將軍的勇略，欲與並力，共襄漢室。哪知諸位食東吳之祿，不思報效，反勸其主向國賊屈膝投降，實屬無恥，還有何面目笑話別人？或許君是想背棄江東，另圖富貴，這樣的話，亮就可以理解了。」

虞翻臉色慘白，諸葛亮說他想另圖富貴，雖然是誣陷。但說他想背棄江東，卻不能說錯。雖然他一向自認為是漢臣，就算他的主君孫權至今表面上也以漢臣自居，他絕談不上什麼背棄，但這樣的話卻是當前不好說的。他只能囁嚅地反駁：「在下一向忠於我家主公，怎麼會另圖富貴？」

諸葛亮步步緊逼：「那你為何要勸你主公投降曹操呢？」

虞翻下意識道：「並非投降曹操，乃是投降漢朝。我家主公不也是身佩漢朝的討虜將軍官印嗎？」額上卻已冒出汗珠。

旁邊的人見虞翻招架不住，趕忙救急。主記步騭插嘴道：「孔明先生，我家主公世代身佩漢朝印綬，至今仍為漢朝的討虜將軍，而劉備卻被皇帝陛下的詔書認定為叛臣，所以曹操才率兵追擊他於當陽。現在先生來到江東，是想效仿蘇秦、張儀，以三寸之舌遊說我家主公，拉我東吳下水嗎？」

諸葛亮道：「蘇秦、張儀皆豪傑也，亮一向敬慕。蘇秦身佩六國相印，張儀兩次相秦，都是大義凜然，不顧危難，匡扶人主，成就霸業。至於拉東吳下水，實在可笑，東吳和荊州，唇亡齒寒，若我家主公江夏失守，荊州全歸曹操，東吳還想獨享平安嗎？」

步騭感覺諸葛亮仍是在強詞奪理，而且偷換論題，沒有正面回答自己的質問，要羞辱諸葛亮，必須要針鋒相對。無奈諸葛亮並不肯跟你針鋒相對，真是一籌莫展。他撓撓頭皮，想怎麼應對，這時五官中郎將薛綜開口道：「孔明先生認為曹操何如人也？」

孔明道：「曹操，漢賊也，天下共知，又何必問？」

薛綜搖頭道：「先生怎麼知道曹操就是漢賊？況且當初天下大亂，漢失其鹿，全靠曹操蕩平中原，試想劉備現在擁有曹操的地位，難道會甘心把權力還給天子嗎？」

孔明心想，這豎子倒說得不錯，要是劉備擁有曹操現在的地位，自然也不肯把權力還給皇帝，肯定會自立為皇帝。自己出山輔佐劉備，也希望能幫助他奪取天下，位登至尊。自己才有機會封侯拜相，傳國後世。否則，自己何必這麼賣力。但這些想法嘴上是不能說的，於是他假裝大怒道：「薛敬文，你竟敢出此無君無父之言？人生天地之間，以忠孝為本，你既為漢臣，就當誓死捍衛漢室。曹操身為漢相，殺皇后，誅皇子，篡逆之心昭然若揭，你還為他說話。況且曹操自稱漢相曹參之後，世代漢臣，如今卻專權恣肆，欺凌君父，實乃漢室之亂臣，曹氏之賊子。我家主公乃漢室宗族，日日憂心社稷，他日若能擊滅曹賊，一匡天下，自然會歸政天子，豈會像曹賊這麼貪婪？」

其他大臣本來就忠心漢室，見諸葛亮大義凜然，好像真的義形於色，都心生羞慚，不好意思為薛綜辯解。

這時功曹嚴峻岔開話題道：「敢問孔明先生治何經典？」

諸葛亮知道嚴峻並無他意，但他一向自負才高，不喜歡專讀儒書，以解經為畢生事業，最討厭別人問他治何經典，所以乾脆借著氣勢大發狂言：「亮一向不聞呂尚、張良、陳平等人治何經典，而其人皆有經天緯地之才。只有平庸腐儒，無它才具，才不得不尋章摘句，舞文弄墨，在筆硯之間打發殘生。」

這句話卻激起了儒生們的眾怒，他們正想反駁，忽然黃蓋跑了進來，大聲道：「周公瑾將軍的坐船已到京口，孔明先生與其浪費時間和他們鬥嘴，不如前去和公瑾將軍共商退敵之策。」

十　《銅雀臺賦》戲周瑜

斜陽掛在天際，一艘大船緩緩駛進渡口，大船的桅杆上掛著一面斗大的旗幟，上面繡著一個大大的「周」字。簾幕一掀，一身儒服的周瑜從船艙裏走了出來，三十四歲的他，輪廓依然是那麼風神俊朗，只是面上多了些在外奔波的風霜。在江東，他的威信是顯而易見的，一見到他露面，岸上的士兵們都齊聲歡呼了起來。

周瑜屹立船頭，也向岸上的水兵們注目示意，面露微笑。魯肅、黃蓋和諸葛亮三人迎了上去。周瑜看見魯肅，緊走幾步，和魯肅擁抱，一手拍拍魯肅的後背，道：「子敬，我在鄱陽，無時無刻不想著和君連床夜話，共語平生啊。」

魯肅道：「公瑾，我何嘗不想君。只是大丈夫為了國家社稷，迫於王命，不得不經常漂泊在外。」

周瑜臉上再露微笑，又注目黃蓋：「公覆將軍，別來無恙。」

黃蓋興奮地說：「賤體尚佳，承蒙都督掛念。」

周瑜又轉眼看著諸葛亮，魯肅忙介紹道：「這位是左將軍劉玄德派來的使者。」

諸葛亮也向周瑜一揖，笑道：「下走不才，姓諸葛，名亮，字孔明。久聞江東周郎大名，今日得見，幸甚幸甚。」

周瑜客氣道：「豈敢豈敢。令兄諸葛瑾也是我至交，請上岸說話。」

他們來到岸邊，早有車馬停在道上，魯肅道：「公瑾先回家，和父母妻子會晤，肅回家治理膳食，晚上務請光臨，肅要為君接風洗塵。」

周瑜拉魯肅到一旁，低聲道：「我奉主公急令，晝夜兼程，趕到京師，當立刻拜見主公，豈可貪戀天倫。你告訴我，主公召我回京，到底何事？」

魯肅想了想，道：「如今天色已晚，不如現在馳奔寒舍暢談，明日一早拜見主公如何？」

周瑜看看孔明，大聲道：「也好，就依子敬。」周瑜、魯肅、孔明三人上了車，馳奔而去，黃蓋在後拱手告別。

雖然早就聽過周郎魅力過人，讓江東婦女傾倒，但實際看到的情況還是大出諸葛亮意料。周瑜在魯肅的引導下走進自家庭院，院內幾十名婢妾都不約而同停住了手上的勞作，直起腰來，驚喜地望著周瑜氣宇軒昂地踏過庭院，然後相對竊竊私語。

魯肅的這座宅子是孫權特賜的，庭院後面有座花園，假山樓臺掩映在冬日的灌木當中，園中有一座高臺，三面臨水，由一條曲曲折折的石橋和岸邊相接，臺上築有一座四阿屋頂的樓閣，上面圍著錦幔。這個後園的另一角有座水井，也有許多侍女圍在井欄邊洗菜，周瑜的到來，打斷了她們的工作，同樣引起一陣騷動。

周瑜笑著對魯肅道：「原來子敬早有預備啊！」

魯肅道：「當然，請公瑾先上臺閣，我吩咐下人開始烹煮，過不了多久，就可以上菜了。」

他們在臺閣上坐下，周瑜向南，魯肅向西，諸葛亮向東，他們面前的案几成曲尺形排列著，中間是塊方形空間，鋪著鮮豔的氍毹，大概是為歌舞樂伎演出用的。臺閣四周還有雕花的瑣窗，垂著厚厚的帷幕。雖是仲冬天氣，閣中卻溫暖如春。周瑜笑道：「子敬，你還真會享受啊。」

魯肅道：「都是主公賜予的，無法拒絕。」

「哦，主公對你真好，連我都有些妒忌了。」周瑜開玩笑地說，語氣中卻有一股掩飾不住的悵惘。他倒不是嫉妒魯肅，魯肅是他的好友，也是他推薦給孫權的，孫權信任魯肅，說明他薦人有眼光。但是孫權對魯肅的信任反而超越了自己，而且也沒有因為對魯肅信任就對自己表示友好，這讓他多少有點傷感。

他們言來語往，使得諸葛亮在一旁插不上話，只好百無聊賴地四顧。這時天色逐漸向暮，侍女上閣，點滿了臺閣內四角燦若銀星的油燈，酒菜瓜果也陸續端上來了，三人圍坐在一起，開始享受美味的酒食。

周瑜舉起酒爵道：「子敬，闊別許久，請飲此杯，一澥相思之苦。」

魯肅依言舉爵飲盡。周瑜又道：「主公此番召我進京，定有大事，子敬應該知道罷。」

魯肅道：「不瞞公瑾說，確有大事，日前主公接到曹操書信，恐嚇說，要主公立刻獻上江東投降，否則將親率八十三萬大軍，浮舟東下。孔明先生此番來東吳，也是為此。不知公瑾有何良策？」

周瑜不假思索：「八十三萬大軍進攻東吳，我們還能有何良策？當然只有歸順曹操，方能保全父母妻子性命。」

魯肅大驚：「公瑾何出此言？肅認識的公瑾，不當如此說話。」

周瑜懶散道：「那該如何說話？」

魯肅道：「當年肅和公瑾相識於東城，暢談天下大事，以為若覓得明主，當盡心侍奉，馳騁天下，封侯拜相，建不世之功勳，留名青史，功垂後葉。現在我們主公正是古今罕見的明主，今一事不順，便思投降曹操，早知如此，我等當初又何不逕直投奔曹操？」

周瑜望了諸葛亮一眼，笑道：「當時曹操在遠，東吳就近耳，早投晚投，又有何區別？」

魯肅還要說話，周瑜抬手止住他，笑道：「我一路風塵僕僕，子敬也不以歌舞招待，卻嘵嘵以國事煩人，豈非太迫？」

魯肅無奈道：「是君急於問我主公將君召回有何事的，好罷，我們先休憩一刻。來人，上樂。」

一隊盛裝的女子穿著長袖的舞裙，嫋嫋婷婷地走上臺閣。另有一隊樂女，懷抱琴瑟上來，跪坐在臺閣一旁。一會兒，樂聲響起，幾個舞女走到臺閣中央，長袖輕舒，旋轉起舞。周瑜出神地望著她們，一動不動，好像完全沉醉在樂曲中。魯肅則坐立不安，時時舉起酒爵放到唇邊，旋又放下，滿臉都是焦急之色。他望望諸葛亮，用目光向他求援。但諸葛亮搖搖頭，嘴角含笑，對魯肅的示意視而不見。

琴瑟和歌舞仍在不徐不亟地進行著。周瑜身體斜靠在榻上，兩目微閉，彈琴鼓瑟的樂女似乎心不在焉，手上雖然撥著琴弦，目光卻不時地偷偷瞟向周瑜。突然周瑜「咦」了一聲，彈坐了起來，指著彈琴的樂女道：「錯了。」

樂女撥弦的手指停了，臉上卻沒有絲毫慚愧之色，反而向著周瑜微笑。

魯肅忍不住了，他滿腦子是打仗的事，哪有心情像周瑜這樣悠閒聽琴，當即對周瑜道：「寒舍的侍女，不過會彈幾支小曲，以娛愚耳，比起尊夫人的琴聲，那是差得遠了，公瑾若真要聽，等會兒就可回家聽，何必讓這些人敗了興致。」又對那些樂女道，「你們下去罷。」

樂女雖然嘴巴不情願地回答「是」，身子卻沒動，滿懷希冀地望著周瑜，希望他能發話挽留。周瑜卻伸了一個懶腰，道：「也罷。子敬，咱們繼續飲酒。」

樂伎們只好無奈地起身，紛紛退下。

魯肅忍不住又道：「公瑾難道真的認為只能投降曹操嗎？須知江東六郡，主公三世歷經千辛萬苦方才取得，豈可拱手與人？」

周瑜道：「你哪知兵革一起，東吳上百萬生靈將遭塗炭。曹兵人馬多我十倍不止，抵抗只是白送性命。」

魯肅急道：「以東吳之險固，主公之英明，公瑾之英雄，曹操未必得志。公瑾豈可如此灰心？」他望了一眼諸葛亮，發現他在冷笑，詫異道：「江東和荊州唇齒相依，現形勢急迫，先生為何哂笑？」

諸葛亮道：「非是哂笑。只是突然想起一計，可以讓天下生靈免遭塗炭之災，而江東也可借此苟延殘喘。」

魯肅奇怪道：「先生有何良策，何不快快講來？」

諸葛亮笑道：「只怕公瑾將軍不肯。」

周瑜也有點好奇，道：「若能保全江東和百姓安危，我周瑜就算殺身而死，也在所不惜，又怎會不肯？」

諸葛亮道：「也不要將軍殺身，只是對將軍個人微有所損。」

周瑜越發奇怪：「此話怎講？」

諸葛亮道：「實在不好開口，恐怕將軍怪罪。」

周瑜道：「先生放心，只要對我東吳社稷百姓有利，我絕不怪罪。」

諸葛亮無奈道：「那就恕在下唐突了。將軍明日稟明你家主公，派一葉扁舟和一介之使，護送二人去江陵獻給曹操，曹操必定大喜退兵。」

周瑜道：「用哪二人，可退百萬之眾？」

諸葛亮道：「江東少此二人，如大木飄一葉，太倉減一粟耳。」

周瑜道：「請先生明示。」

諸葛亮道：「亮居隆中之時，聽說曹操曾在漳河岸邊修築一臺，名叫銅雀臺，極為壯麗，又廣選天下美女充牣其中。曹操早年和太尉喬玄交好，喬玄有二孫女流落江東，皆有國色，曹操以照顧故舊孫女為藉口，曾發誓道：有朝一日蕩平海內，當娶此二女，置之銅雀臺上，以娛晚年，雖死無憾。亮也知道，此二女早已分別嫁給了孫討逆將軍和公瑾將軍。但昔年范蠡獻所愛西施給吳王夫差，免去吳國大難。將軍忠君體國，豈可不加效仿。」

周瑜的臉上露出怒色，但強自按捺，追問道：「先生不是取笑罷，曹操既然和喬玄交好，則於二喬為大父輩，怎麼好意思又公開宣稱要娶她們？」

諸葛亮笑道：「曹操本好色之徒，向來不管名教倫理。收降張繡時，姦淫張繡之嫂；擊破袁紹後，也欲霸佔袁紹之媳。況且曹操雖和喬玄交好，實屬忘年之交，年齡比喬玄小得多，頂多算二喬的父執之輩罷。」

周瑜臉上怒色轉熾：「先生可有證據？」

「當然。」諸葛亮道，「曹操幼子曹植，才華橫溢，落筆成文，不加點竄。曹操建成銅雀臺後，曾經命令他作《銅雀臺賦》，賦中正說了曹操這個意思。」

周瑜道：「此賦先生能記得嗎？」

諸葛亮道：「我愛其文辭華美，曾竊記在心，至今猶未能忘。」

周瑜道：「煩請先生誦之。」

諸葛亮於是曼聲吟道：

從明後而嬉遊兮，登層臺以娛情。
見太府之廣開兮，觀聖德之所營。
建高門之嵯峨兮，浮雙闕乎太清。
立中天之華觀兮，連飛閣乎西城。
臨漳水之長流兮，有玉龍與金鳳。
攬二喬於東南兮，樂朝夕之與共。
俯皇都之宏麗兮，瞰雲霞之浮動。
欣群采之來萃兮，協飛熊之吉夢。
仰春風之和穆兮，聽百鳥之悲鳴。
天雲垣其既立兮，家願得乎雙逞。
揚仁化於宇宙兮，盡肅恭於上京。
惟桓文之為盛兮，豈足方乎聖明？
休矣！美矣！惠澤遠揚。
翼佐我皇家兮，寧彼四方。
同天地之規量兮，齊日月之輝光。
永貴尊而無極兮，等君壽於東皇。

御龍旗以遨遊兮，回鑾駕而周章。
恩化及乎四海兮，嘉物阜而民康。
願斯台之永固兮，樂終古而未央！

周瑜勃然大怒，大罵道：「曹賊欺我太甚。」

諸葛亮急忙站起，勸慰道：「亮就知道將軍不肯，所以開始不肯說，將軍非要亮說，亮無可奈何，只好答允。不過亮竊以為，將軍既然為國為民，忠心可昭日月，如今捨棄妻子即能保住東吳，又何吝焉？當年匈奴屢侵漢朝疆界，漢帝不惜以公主和親匈奴，以求安寧；范蠡為救越國，獻上所愛西施給吳王夫差，傳為佳話。將軍……」

周瑜舉手恨聲道：「先生不要再說了，我周瑜與老賊勢不兩立。」

諸葛亮道：「事須三思，免致後悔。」

周瑜道：「我承故去的孫討逆將軍重託，豈有屈身投降曹操之理？剛才所言，不過試探先生而已。我在鄱陽，日日未嘗忘卻荊州局勢，恨不能插翅飛回京口，勸說主公抗曹。現在主公終於召我回京，得遂所願，雖刀斧加頸，抗曹之志不滅。先生請助我一臂之力，共商破曹良策。」

魯肅大喜：「我就知道公瑾不會辜負我在主公面前的推薦。」

諸葛亮道：「若蒙不棄，自當效犬馬之勞。」

周瑜道：「來日面見主公，便議起兵。我先回去歇息了。」說著起身便走。

魯肅笑道：「現在路上宵禁，你怎麼回去。」

周瑜一想，確實如此，他懊喪地拍拍腦袋：「看來只有在你家待一晚了，我們好久不見，正好連床夜話。」

魯肅哈哈大笑：「你願意，拙荊還不願意呢。我帶諸葛先生來，早就向主公請來了符節，可以在宵禁時分行走。」說著遞給周瑜一枚上面刻有齒紋的竹板，也就是過往關卡的憑證。

周瑜一把奪過符節，大笑幾聲，也不說話，逕直走了。

十一　琴瑟相諧

小喬正在家裏無聊地彈琴，知道周瑜一下岸就被魯肅接走，心裏頗為氣惱，恨魯肅這人太迂腐，太不解風情。欲派人去魯肅家催促丈夫回來，又羞答答不好意思，只能百無聊賴地等著。苦惱夜一旦深了，路上宵禁，丈夫想回來也不成了。正在苦惱的時候，周瑜推開房門走了進來。他已經換好了新衣，風流倜儻。

小喬喜出望外，驚呼一聲，就奔上去緊緊擁抱著周瑜，兩條胳膊環住了他的脖頸，嘴裏連連叫道：「夫君，夫君……」

周瑜簡直招架不住妻子的熱情，和妻子很久不曾見面，他心裏也想念得緊，可以說是欲火中燒。在軍中雖也有在身邊隨時侍奉的婢女，可是究竟比不得自己妻子的國色天香。想把妻子帶到自己任職的鄱陽軍事駐地去，一則律令不允許，在外帶兵的將領，父母妻子家屬一般要留在京城當人質；一則鄱陽盜賊較多，物質貧乏，居處生活不大方便，所以只能乾熬。當然，雖然很想念妻子，但作為一個士大夫的榮譽和忠誠的信仰，仍使他一上岸就先考慮到國家大事，好像只有這樣才會為夫妻團聚更加增添快樂。

此刻，他也緊緊抱住小喬，說：「想死我了。」兩個人倚在門上，親吻了許久才鬆開來。

小喬喘了口氣，道：「聽說夫君一下岸就去了魯肅家飲酒，還以為就此把妾身全拋在九霄雲外了。」

周瑜歉意地笑道：「非敢忘卻夫人，實在軍情緊急，主公這次召我回京，有要事相商，子敬怕我在主公前說話不慎，故先請我去商議一下。」

小喬輕聲道：「將軍沒忘了妾身就好。」

她吩咐侍女，為周瑜準備洗沐的器具，親自侍候周瑜沐浴。在此期間，不時地吻著周瑜結實健壯的身體，有時弄得很癢，搞得周瑜忍不住求饒。之後，她點起一爐沉香，鋪開一卷春宮畫，要為他們即將進行的交歡做好準備了。

邊看春宮畫邊交歡，是周瑜的愛好。起初小喬很不好意思，然而慢慢就喜歡了，覺得這樣確實有一種攝人心魄的魅力。她斜眼看著周瑜，道：「夫君，我為你彈一曲罷，如果我彈錯了，任你處置；如果我沒錯，你就任我處置。」

這也是他們一向的習慣。周瑜笑道：「當然，今天彈什麼？」小喬道：「你想聽什麼？」

周瑜想了想，道：「剛才回來時，在門外聽見你彈的曲子，很新，沒有聽過。而且好像你還唱了兩句，我沒聽清。現在我就想聽它。」

小喬道：「這是我前幾天從姐姐那裏學來的，才學會不久。你要聽，我就彈給你聽。」說著，她撥弄琴弦，展喉低唱：

從明後而嬉遊兮，登層臺以娛情。
見太府之廣開兮，觀聖德之所營。
建高門之嵯峨兮，浮雙闕乎太清。
立中天之華觀兮，連飛閣乎西城。
臨漳水之長流兮，望園果之滋榮。
立雙臺於左右兮，有玉龍與金鳳。
俯皇都之宏麗兮，瞰雲霞之浮動。
欣群采之來萃兮，協飛熊之吉夢。

樂曲聲韻琤琮，但是歌詞讓周瑜大吃一驚，聽得前幾句，他就感覺很熟悉，很快他回過神來，這不就是諸葛亮剛才給他背誦的《銅雀臺賦》嗎？尤使他驚異的是，有四句和諸葛亮所唱的不同。他叫道：「停，你唱的是什麼曲子？誰寫的？」

「是姐姐抄寫的，說是中原某位文人的賦。她愛其文辭華美，就自己配了曲，我覺得很好聽，就學了來。」

周瑜急道：「『連飛閣乎西城』下面四句，你再唱一遍。」

「怎麼？有什麼不妥麼？」看見丈夫急切的眼神，小喬有點奇怪。

「先別管這些，你快唱。」周瑜催道。

小喬不敢違拗，重新唱道：

臨漳水之長流兮，望園果之滋榮。
立雙臺於左右兮，有玉龍與金鳳。

周瑜恍然大悟，感覺臉上發燒，恨罵道：「這個諸葛村夫，實在可恨。」

小喬道：「夫君，到底怎麼了？」

周瑜道：「告訴你也無妨，剛才在魯肅府中，有劉備的軍師諸葛亮在座，他給我背誦了你唱的這篇《銅雀臺賦》，說是曹操的兒子曹植寫的。但是其中四句被他篡改了，原先是『臨漳水之長流兮，望園果之滋榮。立雙臺於左右兮，有玉龍與金鳳。』被他改成了『臨漳水之長流兮，有玉龍與金鳳。攬二喬於東南兮，樂朝夕之與共。』他欺我無學，當真可恨。」

「哦，這樣。」小喬道，「我姐姐說，這是中原某文士的新作，新近才流傳到江東。夫君沒讀過，也不能說無學。妾身不解的是，他為什麼要改這四句。」

周瑜不置可否，又一把攬小喬入懷，撫摸她的頭髮，笑道：「你知道主公這次召我回京，是什麼事嗎？」

「我怎麼會知道？這些軍國大事，和我們女人有何關係。」

周瑜道：「你和你姐姐真是大不一樣。」

小喬道：「你很了解我姐姐嗎？」

周瑜道：「曾聽孫討逆將軍說過，你姐姐對他非常冷漠。他還說，只因你姐姐國色天香，又為他生了一個兒子，他因此不忍下手，否則早就將你姐姐殺了。」

小喬有些不悅：「怪不得我姐姐不喜歡他，他若有夫君一半溫柔，只怕我姐姐也不會那樣待他。」

周瑜道：「那也未必，你姐姐又不是你。」

小喬沉吟不答，忽又道：「夫君，如果我像我姐姐那樣，你會不會殺我？」

周瑜撫摸小喬的臉蛋，笑道：「只怕我也不忍下手。」

小喬嗔道：「那你就是也想下手囉？」

周瑜搖頭道：「我可不是孫討逆將軍。」

小喬曼聲道：「對，你是人見人愛的周郎，沒有女人會對你冷漠。」

周瑜笑道：「所以我沒必要對女人也動殺心。」

小喬把頭埋進周瑜懷裏，呢喃道：「不過我仍是很驕傲，此生能嫁給你為妻。」

周瑜道：「是嗎？當我們擊破皖城，你在殘垣斷壁中看到我的那一刻就開始驕傲了嗎？」

小喬肯定地點頭道：「是的，就是那一刻，我就喜歡上了你。」

周瑜把小喬攔腰抱起，放到床上：「你那時難道沒有覺得我其實是一個強盜，帶了那麼多兵到處殺人？」

小喬道：「我確實覺得你是一個強盜，但馬上想，被你這樣的強盜搶了去，死亦何恨。我猜，這世上不知有多少人會嫉妒我。」

周瑜歎道：「也同樣不知道有多少人會嫉妒我。」

小喬笑道：「誰會？」

周瑜道：「很多。」

小喬道：「我想他們不配。」

周瑜道：「嗯，也許他們很強大，但你夫君絕不怕他們，我會證明給他們看，他們不管有多大的權力，可是想搶我周瑜的妻子，仍是不配。」

十二　愛慕寡嫂

他們纏綿過了一夜，第二天一早，周瑜就去拜見孫權。孫權也知道周瑜已經回了京口，也召集了群臣，大家一起在殿上討論。周瑜穿著盛裝出現在大殿時，引起了眾人的騷動。雖然殿上的禮儀規定他們不能喧嘩，但孫權從他們的表情上仍可以看出，周瑜在東吳是何等的深得人心，何等的讓人敬慕。

孫權望著這個瀟灑風流的男子疾步走到自己面前，伏席道：「臣周瑜參見主公。」他也趕忙笑道：「公瑾不必多禮。從鄱陽而來，一路勞苦！」

「職責所在，豈敢稱勞。主公一向無恙？」周瑜道。

孫權道：「我還好，之所以急召君進京，實在有要事相商。此間的事，我想子敬已經告訴你了罷，不知君意如何？」

周瑜道：「臣聽說了。曹賊欺我江東無人，有臣在，就可以讓他看看，他想錯了。」

聽他這麼說，群臣倒是沒有什麼驚異，他們想周郎就是這樣的人。但是，那些主張歸順的文臣覺得有必要提醒一下周瑜，東吳的實力和曹操實力過於懸殊。而且，他們對周瑜自以為是，將他們視若無物的樣子頗為不滿。張昭首先哂笑道：「公瑾君未免太妄自尊大了，難道以主公的英雄才幹，不足以獨自消弭禍患嗎？」

周瑜冷笑道：「主公當然可以，但多了你們這幫軟弱儒生在此聒噪，只怕會拖主公後腿。」

張昭臉色通紅，孫權止住他：「張長史，不要爭了，且聽公瑾的意見。」

周瑜繼續道：「臣以為絕不可投降，江東開國至今，已歷三世，大好江山，豈能拱手送人？」

孫權道：「雖然如此，只是和曹操相比，我東吳不但寡不敵眾，而且他假借天子詔命，出師有名，為之奈何？」

周瑜道：「曹操雖託名漢相，實為漢賊，主公以神武之姿，兼仗父兄之烈，據有江東，地方數千里，兵精糧足，正當橫行天下，為漢家除殘去穢，何況曹操此番自來送死，我們豈可不熱烈歡迎？」

孫權道：「此話怎講？」

周瑜道：「曹操此來，多犯兵家之忌：今北土尚未完全平定，馬超、韓遂在西北窺伺，為曹操後患，此一忌也；北軍士兵不善水戰，曹操捨鞍馬和我東吳爭鋒，以彼之短攻我之長，此二忌也；現在已是深秋，天氣將寒，曹兵北來，軍馬草料不足，此三忌也；冬日江上寒風凜冽，北軍士兵水土不服，必生疫病，此四忌也。曹操犯此數忌，雖多必敗。主公擒獲曹操，正在今日，豈可投降。只要主公給臣精兵五萬，進駐夏口，臣一定為主公擊破曹兵。」

雖然一向不喜歡周瑜，但在這種危難之際，周瑜堅執抵抗的意見，孫權也不由得大喜：「老賊想廢漢自立已久，只是忌憚二袁、呂布、劉表和孤罷了，現在群雄皆死，唯孤尚存，孤與老賊勢不兩立。君言當擊，正合孤意，此乃天以君授孤也。」說著拔出佩劍，一劍斬斷案角，道，「諸君還有敢放言投降曹操者，與此案同。」

張昭等人面色慘白，不敢說話。周瑜道：「臣為主公決一死戰，就怕主公驚疑不定。」

孫權將佩劍遞給周瑜：「此劍賜你，孤拜你為水軍大都督，諸文臣武將有不聽君號令者，可以此劍斬之。」

廷議結束後，孫權覺得神清氣爽，似乎曹操敗退北方已經指日可待。他覺得應當把自己的決心告訴一個人，雖然礙於禮法，他不能隨便去見她，但是他真的忍不住了。於是他悄悄命令隨從駕車，帶著幾個親信來到大喬府邸。

守門的衛卒現在是孫權新近抽調過去的郎衛，地位很高，見孫權來，似乎也不驚訝，躬身施禮。孫權有些臉紅，好像被他們看穿了自己的心思，不過事到如今，也沒有辦法，也許終究這件事會如願的，那時全東吳的人要覺得詫異又能怎麼樣？他吩咐衛卒首領：「傳令下去，不要讓任何人知道我來了這裏。」

首領趕忙表忠心：「謹遵主公命令。」

孫權逕直走了進去。庭院中黃葉遍地，樹葉掉得差不多了，露出孤零零的枝條，一片淒清蕭瑟。他來到大喬的居室，遠遠望見大喬坐在窗前，望著窗外的大江，正在吟詩：

蒲生我池中，其葉何離離。
傍能行仁義，莫若妾自知。
眾口鑠黃金，使君生別離。
念君去我時，獨愁常苦悲。
想見君顏色，感結傷心脾。
念君常苦悲，夜夜不能寐。

孫權一時心中五味雜陳，最終忍不住打斷她：「嫂嫂在思念誰呢？竟然夜不能寐？」

大喬好像背上長了眼睛，知道是他來了，她並不回身，道：「是主公來了，主公最近軍務繁忙，怎麼有空還來。太夫人沒有告誡主公嗎？」

孫權道：「我想有些軍務可能嫂嫂也比較關心，為免嫂嫂懸念，覺得還是來告訴嫂嫂一聲為好。」

大喬道：「我一個柔弱女子，軍務和我有什麼關係？」

孫權道：「不然。軍務對嫂嫂非常重要。若非軍務，嫂嫂也不會嫁入我孫家。」好像說中了大喬的心事，她低下頭，茫然看著什麼。孫權望著她白皙脖頸上細細的絨毛，心裏有種異樣的感覺。他又聽見一陣吧嗒吧嗒的聲音，那是大喬的眼淚滴在她自己的裙裾上，豆大的眼淚。孫權很想過去攬她入懷，親她，安慰她，但是不敢，只能手足無措地道歉：「對不起，嫂嫂，我說錯話了。」

大喬不答，好一會兒才止住淚水，低聲道：「主公有何見教？」

孫權一顆心這才放下來，他急急忙忙，似乎是討好地說：「上次我說來告訴嫂嫂，曹操將率八十三萬大軍東下，征討東吳，我想嫂嫂一定會關心這事，所以來告訴嫂嫂。」

大喬身子抖了一下，回過頭來，直視著孫權。這張天仙般脫俗的臉上，淚痕猶在。她只是盯著孫權，一言不發。孫權愈發手足無措起來，不知道說什麼。這時大喬突然低呼道：「紹兒。」一個八歲左右的男孩從屏風後跑了出來，叫道：「母親，我寫字寫累了，想來看看你。」

大喬道：「快來拜見主公。」那男孩趕忙伏席道：「臣拜見主公。」

孫權道：「侄兒免禮。」他又面對大喬，「嫂嫂，我的話還沒說完呢。」

大喬抱著孫紹，淡淡地說：「主公繼續罷。」

孫權道：「朝中大臣都紛紛建議投降，我覺得也只有如此。」

大喬身子又抖了一下，道：「哦。」一聲音似乎有些激動。孫權的心似乎要沉到水井裏，他自己也感到自己的聲音有些憂傷：「可是昨日你的妹婿周瑜從鄱陽趕回京師，力言抵抗曹操，並說只要給他五萬精兵，定可擒獲曹操，獻於麾下。」

大喬把目光又投向窗外，不自然地說：「嗯，在周郎眼裏，東吳將士向來都是鋼筋鐵骨，能以一敵十。」

「嫂嫂很失望罷？」孫權忍不住道。大喬強笑道：「我失望什麼。」

孫權歎了一聲：「嫂嫂自己知道。」

大喬正色道：「主公想要我說什麼？我說也無妨，周郎雖是我妹婿，我卻不覺得他大言炎炎有什麼出色。除非他真有什麼具體的作戰方略。」

孫權道：「他既這麼自信，方略總會有的。」

大喬道：「主公應該問清楚，難道他看主公年輕，不屑告知嗎？」

孫權變了臉色：「他敢。」他走到欄杆旁，眺望遠方，喃喃道：「有時候我真希望我是哥哥，他是弟弟。就算我死在建安五年，也心滿意足。」

孫紹低聲對大喬說：「母親，建安五年，不是我父親被許貢那狗賊的門客害死的那一年嗎？」

大喬捂住他的嘴，搖搖頭，道：「不要胡說。」

孫權回頭看著孫紹，走了過來，摸摸他的頭皮，笑道：「侄兒很聰明。」又順勢在大喬手背上拂了一下。大喬又怒又驚，她沒想到孫權這麼大膽，尤其是在孫紹面前。孫權笑了笑，道：「你們母子慢慢享天倫之樂罷，也許我真該好好問問周郎。」

十三　君臣布腹心

當孫權去見大喬的時候，周瑜找來了魯肅、諸葛亮，興奮地一起商量下一步的行動舉措。但是，對周瑜的興奮，諸葛亮卻不以為然，周瑜很自信：「主公已經下了決心，特賜我寶劍，拜我為水軍大都督，總領抗曹軍隊。」

諸葛亮道：「只怕未必。」

周瑜道不解：「先生何出此言。」

諸葛亮道：「剛才聽都督所言，日間只向孫將軍表示了決心，而具體破敵謀略皆未涉及。孫將軍年少，雖然一時血氣憤湧，決心抗曹。但思緒平靜之後，想到眾寡懸殊，又會猶豫彷徨。」

周瑜「哦」了一聲，道：「先生所言也有道理，那麼該當如何？」

諸葛亮道：「都督應當再次求見孫將軍，細緻分析雙方兵力，告訴他不須畏懼曹軍的原因以及具體作戰方略，使他確然無疑，然後大事可成。」

「很好，那我即刻去見主公。先生且請和子敬在此飲酒，我去了盡快回來。」周瑜迫不及待，不把這件事解決，只怕是沒心情飲酒了。

說著他也不待魯肅、諸葛亮兩人答應，立刻跑了出去。諸葛亮猜得很對，孫權從大喬處回來，一想起大喬的冷淡，就滿腹煩惱。他不知道怎樣才能緩解自己對大喬的思念，一則大喬顯然對他不感興趣，她喜歡的人是曹操。對孫權來說，難以理解一個女人會對一個遠在中原的老男人能有什麼感情。是的，他知道曹操和喬家的關係，他們之間是世交。在曾經的很長一段時間，曹操都是喬家的常客。當小喬姐妹十來歲的時候，曹操還不到四十，也可以算得上有魅力，這種魅力對喬氏姐妹來說，有一定的吸引力。但是這些都過去很長時間了，他們現在還能有什麼聯繫嗎？當然，孫權不得不承認，像曹操這樣雄才大略的男人，對女人來說，有著致命的吸引力。而他自己，不過是一個靠著父兄的庇蔭獲得江東統治權的人，和曹操相比算得了什麼？除非他能打贏這場即將到來的大戰。可是這怎麼可能，以他小小的江東怎麼對抗龐大的中原。除此之外，他和大喬之間身分上的尷尬也讓他輾轉不寐，他的母親不會允許，除非他的母親即刻死了。可是，這又怎麼能，為人之子，怎麼能萌生這樣可怕的念頭。他正在案前沉思，郎衛報告周瑜求見。他忙叫道：「快請進來。」

周瑜一進來，孫權就道：「公瑾來得正好，孤正要派人去請你。」見孫權這麼熱切，周瑜有些感動，這個孺子，當年自己跟著他哥哥一起征戰的時候，他還是那麼小，可是現在已經成為他的主君了，他開始確實有些不習慣，可能正是因為自己無意中表露的一些驕傲做派，讓這個孺子對自己有所猜忌罷，希望這次仗打完後，他們君臣間能消弭一切嫌疑。他直截了當地說：「主公大概還在為曹操兵多的事疑慮罷？」

孫權喜道：「公瑾既然猜到孤的心思，肯定早有妙策。」

周瑜暗暗佩服諸葛亮的妙算，道：「臣特為此而來。」

孫權道：「快說。」

周瑜道：「主公因見曹操書信，說有大軍八十三萬，因此憂懼，其實曹操所言極為妄誕，不可相信。據臣分析，他率領的北方士卒，不過十五六萬，而且久戰疲憊；所得袁紹的兵馬，也不過七八萬，而且大多懷有二心；至於荊州水兵，剛剛受降，遠未達到能嫻熟控制的地步，更加不值一提。他以久疲之卒，御狐疑之眾，人數雖多，不足畏懼。只要主公肯給臣五萬兵馬，臣定為主公擒獲曹操。此言絕無虛妄。」

孫權大喜，又問了一些細節問題，周瑜一一對答如流，顯然是深思熟慮。孫權鬱結的心胸逐漸舒展開來，他拍拍周瑜的背脊：「公瑾此言，足以開我心胸，我現在無所疑慮了。」忽然想起張昭等人，歎道，「子布那些人，平時滔滔不絕，大敵一來，只會勸我投降，甚失我望。只有君和子敬，才真心為我考慮。君明日就檢點兵馬，擇期出發，我當繼續徵發士卒，為君後應。倘若君接戰不利，就振鐸回京，我將親率軍隊和曹賊一決雌雄。」

周瑜也頗為欣喜：「主公肯下決心，那就最好了。」

孫權握住周瑜的手道：「公瑾，自我長兄戰死，皆仗君為我鎮守邊地，撫循士卒，以致君終年不得回京和妻子團聚，這都是我的過錯啊。」

周瑜兩眼冒出淚花：「保家衛國，是臣的職責，主公何必自責。臣當年受孫討逆將軍厚恩，無以為報，臣視主公，如當時視孫討逆將軍一般，只要主公吩咐一句，臣肝腦塗地，在所不辭。」

孫權感覺自己兩眼也濕潤了，他一直擔心周瑜看他不起，不肯對他忠心耿耿，現在聽周瑜這麼一說，他感覺的確出於赤誠，他也不由得真情流露：「公瑾，雖然名義上我是君，你是臣，但實際上我一向是把你當兄長看待的。這次你回京，不過幾天，又必須遠出征戰，我甚為愧疚。你可把小喬夫人也帶至軍中，軍中勞苦，有夫人在旁照顧，可以聊為慰藉。」

說到這些話的時候，孫權的語氣都變了，不再稱周瑜為「君」，而是直稱「你」；自稱「我」，也不稱「孤」。從表面上看，這表述不夠禮貌，但顯然更親熱，不分彼此。周瑜伏地拜道：「多謝主公厚恩。天色不早，主公請盡早歇息，臣先告退了。」

周瑜辭別孫權，歡快地跑了出去。孫權看著他的背影，忽然覺得躊躇滿志，忍不住從架上抽出劍，揮劍起舞，彷彿他已經戰勝了曹操，他一連舞了數刻時間，猶自正酣，郎衛又來報訊：「啟稟主公，張長史來了，說要面見主公，陳述要事。」

孫權長嘯一聲，將劍擲到架上，大聲道：「請他進來。」

張昭進來的時候，孫權已經正襟危坐，一本正經地問道：「子布，君這麼晚來找孤，有何急事？」

張昭道：「主公，臣這幾天，一直在為曹兵壓境的事憂心忡忡啊。」

孫權冷笑一聲：「君所憂心的是怕孤仍負隅頑抗，不肯乖乖投降罷？孤知道君乃一代儒宗，名震天下，曹操身邊的人都對君讚頌有加，傳言只知東吳有張昭，不知有孫氏。如果孤率江東投降曹操，君的官職諒必絕不會是一個小小的將軍長史。」

張昭覺得自己受了侮辱，他本來就不是甘願投降曹操的人，如果說投降曹操是對漢室懷抱忠心，那倒不算冤枉他。但如果沒有漢室，投降曹操自然不如跟隨孫權，何況孫權當年是他堅決擁護上臺的。他當即怒道：「主公若想殺昭，就請立刻下令，將昭拉去斬首。昭寧願死於刀劍之下，也不能受主公這番侮辱。」

孫權也吃了一驚：「君……君不是一直勸我投降嗎？難道孤錯怪了君。」

張昭兩眼噙淚：「臣當年受孫討逆將軍厚愛，命臣登堂拜母，誓同生死，文武大事，盡皆委託給臣。孫討逆將軍臨死之前，不把臣託付給主公，而把主公託付給臣，是以臣日日思盡臣節，以報隆恩，以便臣死之後，得以忠臣之名流傳後世。臣前日觀曹兵勢大，又假託漢室天子之命，名正言順，是以勸主公歸順，亦不過權宜之計，難道會真的希望主公將江東拱手交給曹操嗎？」

孫權見頭髮斑白的張昭老淚縱橫，也有點心軟，俯身扶他：「子布，當初孤長兄剛死，眾臣惶恐，心懷不安，若非子布整飭僚屬，令各奉職，孤也不能穩坐此位。不過君近日所言，確實教孤不解啊。」

張昭泣道：「臣年過五旬，已知天命，官至長史，夫復何求？而主公富於春秋，來日方長，豈可不忍一時之忿，而任由周瑜等少年孺子，急進貪功以成己私？」

孫權道：「君為何說周瑜急進貪功以成己私？」

張昭道：「曹操奄有北方六州，如今荊州也已平定，有八十三萬之眾，而我東吳境內山越未平，豈能以一敵十。」

孫權道：「可是剛才周瑜為孤分析敵我兵力，認為曹兵不過二三十萬。」

張昭道：「他急於邀功，若照實說，又豈能說動主公出兵？況且就算曹兵不過二三十萬，將軍自思，我東吳最多能出多少兵馬？」

孫權沉吟道：「不過五萬。」

張昭道：「以五萬對二十萬，仍是寡不敵眾啊。」

孫權心內煩躁又起。張昭看看孫權的臉色，又道：「據說曹操東下，意在二喬，不知主公可曾聽聞？」

孫權心裏撲通直跳起來，好像被眼前的老臣猜中了自己的心事，嘴上卻輕描淡寫地說：「哦，那又怎樣？」

張昭道：「昔日范蠡將自己所愛西施獻給吳王，遂保越國社稷；越王勾踐十年生聚，終滅吳國。周瑜若真忠心主公，就當把小喬獻給曹操，以退曹兵，讓我東吳有十年生聚以報大仇的機會。而如今他只知勸主公出兵，讓主公冒不測之險，難道不是為了自己的私心嗎？」

孫權哼了一聲：「誠如君言，那大喬夫人是我亡兄遺孀，又當如何？」

張昭正色道：「主公不妨卑辭厚禮，為大喬夫人求免。實在不行，讓太夫人下令，賜大喬夫人自盡，不亦可乎？」

孫權大怒，重重地在案上一拍：「胡說八道，豈有此理。」他用力甚大，將案上的竹簡全部拍落在地，在殿門侍候的郎衛也被驚動了，一起跪在門邊問：「主公，有何吩咐？」

見孫權如此憤怒，張昭也不禁大驚失色，他不明白孫權為什麼會憑空發這麼大的氣，在他看來，一個女子，無論怎麼重要，總沒有家國社稷重要，如果能救家國社稷，犧牲一個女子，又算得了什麼？他正要惶恐謝罪，突然外面傳來一個聲音：「誰胡說八道了。」

孫權抬頭一看，竟然是自己的母親，吳太夫人，趕忙緊走幾步，跪倒在她面前：「母親怎麼來了，臣拜見母親。」

張昭也跪倒：「參見太夫人。」

吳太夫人走到中間席上跪坐，犀利的目光看著孫權：「以老婦看，張長史的意見很有幾分道理。」她沉吟了一下，又緩緩道，「不過，范蠡獻西施給吳王，也在越國戰敗之後，若周瑜此次不能退敵，我們再行此計不遲。」

十四 小喬的傷感

向孫權辭別後，周瑜興沖沖趕回自己的家，可是當他走進大堂，發現只有魯肅一人在，不禁有些失意，問道：「孔明先生呢？」

魯肅道：「他說酒醉頭疼，已經先回去了，我苦勸不住。不知公瑾剛才進宮，和主公談得怎樣？」

周瑜皺眉道：「果如孔明所說，主公正在憂慮，待我向他詳細分析完曹兵虛實之後，方才放心。」

魯肅驚訝道：「既然如此，公瑾為何不悅？」

周瑜道：「我在想，孔明竟然如此聰穎，能猜中主公心思，將來必為我東吳之患，是否應當將他除去。」

魯肅大驚，急忙擺手：「萬萬不可，當今大敵壓境，我們正應同心協力，豈可自相殘殺？」

周瑜歎道：「如此才士，真要殺他，我也不忍，只是社稷為重，他輔佐劉備，將來於我江東不利啊！」

魯肅道：「他的兄長諸葛瑾正在我東吳做官，不如讓他勸勸孔明，讓孔明也輔佐我們主公，不就行了嗎？」

周瑜點頭道：「嗯，既然如此，可以一試。」

兩人又聊了一會閒話，魯肅辭別回家。這時小喬才走出內室，吩咐婢女收拾殘湯剩羹。沐浴的時候，周瑜還在若有所思，小喬一邊給他擦洗身體，一邊問：「夫君一刻也不得閒，此刻還在想什麼呢？」

周瑜不答，好半天突然道：「主公今天說，允許把你帶到軍中侍候我，你看如何？」

小喬喜道：「真的？」接著又奇怪地說，「主公這是什麼用意？一般來說，將軍出征，家眷都留在京城為人質的。」

「是啊，」周瑜點頭道，「我常年在鄱陽守邊，那時形勢平淡，鬱悒無聊，想要你在身邊陪伴而不可得。如今軍情緊急，主公反而允許我帶你出征，實在不解。」

小喬道：「也許並無別的用意，只是主公覺得你才回京師，又要遠征，心裏過意不去罷。」

周瑜歎道：「其實不管如何，我對主公的一片忠心都至死不渝。」

小喬笑道：「那麼敢問，妾身在夫君眼裏比主公如何？」

周瑜也笑道：「兩種情感全不相同，胡可比也？」

小喬道：「據說春秋時候，越國大夫范蠡為了越王的社稷，把自己的愛人西施獻給吳王，所以妾身想，有時候人也免不了會遭遇兩種感情而不得不比的境地呢。」

周瑜含笑望著小喬：「卿卿，你說這個是什麼用意？」

小喬道：「沒什麼用意，只是浮想聯翩，偶爾會想到這個故事，難以索解。」

周瑜道：「嗯，夫君我老實告訴你罷，如果我是范蠡，我就會幫助越王一舉擊破吳兵，根本用不著獻上所愛。」

小喬道：「萬一寡不敵眾呢？」

周瑜道：「那我殺身以報君王，絕不會獻上所愛。」

小喬一愣，突然珠淚零落，雙手環抱住周瑜的脖子：「要是夫君死了，妾身也不能獨活。」

周瑜感到小喬的熱淚在自己肩頭蔓延，不知道怎麼安慰她才好，笑道：「這又是怎麼了？好好的哭了。」

小喬不答，哭得越發起勁。

赤壁對壘

第七章

對岸曹軍營寨開始陸續點燈，轉瞬間剛才還黑魆魆的江水對岸頓時燈火通明，沿著江岸一直延續向西，連綿不絕，一眼望不到邊。如果用長龍來形容也不確切，因為龍似乎沒有那麼長。

周瑜臉上的笑容當即凝固了，他沒想到曹操軍隊如此浩大，足足有三十萬人不止。若不是靠著長江天險，在陸地上和曹軍相逢，自己的這點兵力，一定像孤羊入狼群，不能倖免。

一　江陵封賞諸降將

江陵城議事廳內，炭火熊熊。曹操披著狐皮大氅，對坐在左右兩邊的一群謀士將軍道：「孤派劉巴率兵南下，長沙、桂陽、零陵、武陵四郡已經奉辭歸順，現在除了劉備和劉琦盤踞的江夏，荊州全州基本都重返大漢，孤身為大漢丞相，奉天子詔令，要給此次有功的將士一一封賞。」

身邊侍從遞過一封文書，曹操向文書深深一揖，鄭重拆開，道：「此乃天子詔命，諸君謹聽。」

文武官員都伸長了脖子，望著曹操。

曹操清了清嗓子，念道：「制詔荊州牧劉琮：」

劉琮趕忙出列，跪在地下。

曹操繼續念道：「昔楚有江、漢山川之險，後服先強，與秦爭衡，荊州則其故地。劉鎮南久用其民矣。身沒之後，諸子鼎峙，雖終難全，猶可引日。今荊州牧琮，心高志潔，智深慮廣，輕榮重義，薄利厚德，蔑萬里之業，忽三軍之眾，篤中正之體，敦令名之譽，上耀先君之遺塵，下圖不朽之餘祚。鮑永之棄并州，竇融之離五郡，未足以喻也。朕甚嘉焉，其拜琮為青州刺史，封武成侯。」

劉琮身邊的荊州舊臣個個發出驚訝的聲音。

曹操對劉琮道：「孤曾奏告皇帝陛下，讓公子繼續留任荊州牧，怎奈陛下不許，孤亦無能為力。好在青州地轄十一郡，也是大州，不至辱沒公子，望公子奉詔。」

劉琮惶恐跪下：「臣父親葬在荊州，荊州是臣故鄉，臣寧願以一平民身分留居襄陽，為父守塚，望丞相恩准。」

曹操道：「公子請起，此乃詔命。孤雖想幫你，恨力不及耳！何況公子的父親乃山陽高平人，論舊籍，公子的故鄉亦在青州，此次拜為青州刺史，不正是衣錦還鄉嗎？公子還有什麼不滿意的。」

劉琮見曹操臉色不好，只好應允：「多謝丞相。」

接下來，曹操又相繼宣布詔書：「拜蒯越為光祿勳，封樊亭侯。」「拜韓嵩為大鴻臚，封蓋亭侯……拜文聘為江夏太守，封關內侯……拜蔡瑁為章陵太守，封關內侯……」

大臣們個個奉詔謝恩，喜笑顏開。到蔡瑁時，曹操笑道：「蔡將軍，久聞君一家皆任職水師，這次征伐東吳，希望將軍出力。孤欲拜將軍為水師都督，不知將軍意下如何。」

蔡瑁趕忙跪下謝道：「蒙丞相看重，敢不盡力？」

曹操道：「很好。」又對著眾臣大聲道，「孤一月前曾讓人送信給孫權，要他投降，豈料今日迄無回音，且諜報告知，柴桑守衛日益嚴密。既然孫權意欲負隅頑抗，孤只有親率王師，進擊殲滅了。」

眾將軍紛紛附和。曹操議事罷，群臣紛紛出門，蒯越和蔡瑁在闕下相逢，蒯越一臉喜色：「蔡君，恭喜啊，被主公任命為水軍都督了。」蔡瑁淡然道：「豈敢和君相比。君被天子封為列侯，官拜光祿勳；而瑁僅為關內侯，官亦不過太守。」

蒯越笑道：「當日君若和我一樣早日下決心歸順丞相，依君的地位，至少應該和我等列。不過來日方長，君還有機會，只要這次奮力擊敗孫權，一定可以封為列侯。」

蔡瑁道：「多謝指教。」隨即吩咐御者，「出發。」他的馬車迅即馳去。蒯越見蔡瑁對自己愛理不理，不禁怒從心頭起，他想了想，又回到議事廳，要求面見曹操。

曹操很奇怪地問：「蒯異度不回家慶賀高升，反來見孤，有何見教啊。」

蒯越道：「臣有一事不明，為何主公任命蔡瑁為水軍都督。」

曹操道：「哦，有何不可？」

蒯越道：「蔡瑁以前一直同情劉備，只是在臣極力勸說之下，見大勢已去，才決心歸順丞相，丞相尊賢重士，天下聞名，但對他這樣胸有城府的人，還是要多加小心啊。」

曹操沉吟道：「嗯，孤自有主意。」

蔡瑁回到家不久，劉琮就進來了，大哭道：「都是岳父大人誤我，現在要遠離故土，去青州赴職。青州人生地疏，丞相不知安排了多少親信在側，安有自由？」他的臉上滿是淚水。

蔡瑁也極為懊惱，劉琮若去了青州，自己的女兒也必得跟著他去，他又何嘗願意父女遠離？但現在他只能安慰劉琮：「琮兒，千萬不要哭了，丞相對我們肯定心懷猜忌，現在要是悲哭，被人聽去的話，一定會惹來大禍。」

劉琮只好嗚嗚咽咽收住啼聲，道：「倒是便宜了蒯越那個狗賊，看他是何等的得意。」

蔡瑁道：「小人得志，我們也不可得罪他，免得被他在丞相跟前進讒言。」

二　戰爭總動員

江東開始迅速進入戰爭動員階段，各戶曹連日整理戶籍冊，清算青壯年男子人數，以便徵發。江東總人口大約在五十多萬，但是可用的青壯年男子不過六七萬，除了用於前線之外，還必須留一部分守護京城，後方有些郡縣的山越叛亂還未完全平息，也需要一部分軍隊駐紮監視，真正能撥給周瑜使用的不過三四萬人。黃蓋帶著幾個隨從策馬穿過市集的時候，就看見集市上紛紛擾擾，到處都是小吏穿梭，他們手裏捧著文書，急匆匆跑來跑去。他看見一個小吏站在市集盡頭的一戶人家門外，大聲道：「李二奴出來說話。」

一個蓬頭垢面的青年男子走了出來，拱手道：「小人拜見里君。」

那小吏原來是個里長，他遞給叫李二奴的青年男子一塊竹版：「要打仗了，剛剛下發的文書，你被徵發為舟兵，兩天之內須去縣廷報到，過期重重有罰。」

李二奴憨憨地一笑：「好啊，正愁這頓吃了沒下頓，這下可以去兵營吃官糧了。」

黃蓋想，原來有些人還是很願意當兵的。小吏胸前的布袋裏裝著一捆竹簡，他拍了拍那捆竹簡，道：「公事繁忙，我得去別家了，你好好準備一下。」

小吏急匆匆遠去，李二奴望著他的背影齜牙傻笑，突然一個年輕婦女從屋裏衝了出來，道：「你這該死的去營中吃飽了，老娘我和幾個小豬崽子怎麼辦？」

李二奴笑道：「等我斬首立功，賜爵分地，有的是福讓你們享。」

那婦女破口大罵：「什麼狗屁福，只怕你這天殺的很快死在江裏餵魚，免不了老娘再嫁一次。」

李二奴大怒：「老子還沒死，你就這樣詛咒老子，看來是巴不得老子死了，好去偷人。」說著衝了過去，揪住那婦女，三兩下按在地下，揮拳就打，嘴裏道，「看老子不打扁了你。」婦女邊兩手在李二奴臉上亂抓，嘴裏猶罵：「老娘怕你？你有本事就打死我們娘兒幾個。要是不敢下手，就是豬狗。」李二奴捶了幾拳，忽然幾個小孩也搖搖擺擺地從屋裏跑了出來，抱住李二奴的腰，想將李二奴扯開，邊扯邊哭：「不要嘛，不要打我媽媽嘛！」旁邊百姓看不過去了，也有來勸的，也有的只管議論：「窮人總是命苦，打仗不管輸贏，我等百姓，能有多大好處？」

另一個道：「據說曹操此番征討東吳，是想得到二喬夫人。」

「也不是沒可能，曹操攻下南陽，納了張繡的嬸嬸；攻下冀州，又為兒子搶了袁紹的兒媳……」

「所以說打來打去，我等都是為別人保護妻子兒女，自己的老婆說不定反要守寡。」

「哪有寡守，便宜了那些倖存的男子罷了。」

「唉，這是命啊。人不得認命嗎？」

有個百姓看見黃蓋駐馬在望著他們，趕忙止住那些百姓：「別說了，那邊有位官吏在看著我們呢，再說只怕惹禍上身。」

黃蓋望著那些百姓，心頭火起。大庭廣眾之下，竟敢議論軍國大事，這些難道是他們應該管的嗎？他們的任務就是給君上繳納賦稅，君上和他的官吏們則只管發號施令。你們要想發號施令，就得像我這樣不怕死，靠浴血奮戰去獲得爵位官職，在這裏像蒼蠅一樣嗡嗡亂叫有什麼用？戰亂的時候，你們躲在屋裏苟且貪生，等別人打下江山，穩定了時世，你們又恨不得也錦衣玉食，榮華富貴，不服從管束，還哀歎自己命苦，我看不是自己命苦，而是膽小怕死。怕死當然就只能像奴才一樣活著。他想起自己一生的經歷，不禁頗為自豪。他出身於零陵郡泉陵縣的一個沒落官吏家庭中，從小過著食不果腹的生活，後來跟隨孫堅打仗，攻城野戰，殺人無數，才升到今天的位置。當初他在死中求活的時候，這些百姓在幹什麼？大概躲在家中，像豬狗一樣在槽中拱食罷。現在竟來說風涼話，簡直太不要臉。

看見黃蓋臉色不悅，他身邊有位隨從趕忙獻殷勤：「將軍，這些百姓好像在議論政事，實屬不法，要不要全抓起來。」

黃蓋想了想，很快就要出征，何必橫生枝節，況且自己很忙，於是說：「算了。我們走罷。」說著催馬就走。

那些說話的百姓剛才看見黃蓋和他的士卒在自己這邊張望，嚇得臉色蒼白，以為這下難逃法網。卻不料他們遲疑了一下，逕直走了，真是大鬆了口氣。有一個人見過黃蓋，告訴眾人：「你知道這位是誰嗎？就是大名鼎鼎的零陵黃公覆黃將軍。」

百姓都吸了口氣，表示讚佩，其中一個道：「哦，黃將軍有什麼功績。」

「功績大著呢，自小就跟著咱們東吳的老孫將軍，身先士卒，蹈刃屠城，立下了赫赫戰功，官拜丹陽都尉，食奉邑如漢朝列侯。後來在小孫將軍麾下，也很受重用啊。」

另一個道：「你懂得還真不少，但關鍵的你沒提到。我聽說這位黃將軍最大的功績是在吳郡一戰中，為了保護大喬夫人的安全，身被數創，差點斃命。為此大喬夫人說服小孫將軍，要讓自己的兒子和黃蓋的女兒結親。」

「這件事也是有的。大喬夫人貌若天仙，可惜我等不能親見。」

「你也不瞧瞧你的德性，不三不四，就想看到天仙。」

「我等不要議論至尊，免招禍患。」

眾百姓點點頭，各自散去。

三　老將救美惹情絲

黃蓋回到家，妻子迎了上來，給他脫下外衣。黃蓋道：「我奉都督號令，明日就要整軍出發。」

知道丈夫一向是個悶聲不響的人，這樣的辭別也早司空見慣，所以黃妻的回答也很陳舊：「夫君在外辛苦，千萬珍重。」

黃蓋道：「我知道。」說罷再也無話，兩個人默然相對，黃妻突然想起一件事：「剛才大喬夫人送信來，要我去她宮裏一趟，帶著孩子。」

黃蓋有些驚訝，隨口道：「哦，是嗎。那去罷，我們兩家有婚約，也許她想看看女兒。」

「也許是罷。」黃妻道，「我最近也去過幾次，總覺得大喬夫人如今越來越陰鬱了，要不，你也去看看？」

黃蓋淡淡地說：「她從來便沒快樂過，又有什麼奇怪。」

黃妻歎了口氣：「孫討逆將軍已經死了七年，七年過去，她仍是那麼年輕美貌，青春守寡，心情不快，也容易理解。」

黃蓋不悅道：「你知道什麼——我的意思是，孫討逆將軍生前，她也從未笑過。」

見黃蓋突然發怒，黃妻非常奇怪，因為這是很少有的事。黃蓋打仗雖然勇猛，治軍也很嚴厲，殺人如麻，但在家裏卻一向溫恭和悅。她惶恐問道：「公覆，你怎麼了。」

黃蓋自知失態，掩飾道：「畢竟是前主公的遺孀，我等人臣，不要妄加評論。」

「哦。」黃妻理解了，以卑議尊，不是什麼好事，她點點頭，「我只是覺得她太可憐。」

黃蓋低下頭，專心致志地整理自己的竹簡圖書，沉默不語。過一會兒，黃妻又道：「公覆，你怎知道她從未笑過？」

黃蓋抬起頭，長歎了一聲，道：「我一直沒對你說過，當年我和主公遇到伏兵，我奉令護送她回京口，一路坎坷十幾天，她一直抑鬱不語。當時敵兵勢大，亂箭如雨，我雖然久經戰陣，也不由得心生恐懼，她卻神態恬然，對危險無動於衷。」

黃妻道：「這倒奇怪，世上難道還有不怕死的人，尤其像她這樣的美貌女子，上天生之不易，更當自我珍惜才是。」

見妻子急切切的樣子，黃蓋不由得笑了一笑：「上天生之容易與否，那是上天的事，你著急幹什麼？」

黃妻道：「像她那般千嬌百媚，我雖是女子，見之猶憐，何況男人。對了，市集上傳聞，聽說曹操此次起兵伐吳，其中一個目的就是為了二喬，不知是真是假？」

黃蓋突然站了起來，道：「休要聽他們胡說。就算是，我黃蓋誓死也不答應。」

黃妻愣了，覺得黃蓋今天的舉動殊為奇怪，道：「你作為東吳將領，保家衛國是你的職分，何必突然激動。」

黃蓋一時語塞，還好僕人進來解了他的圍，僕人稟報道：「老夫人，大喬夫人又派來使者，讓你攜帶女公子進宮，若黃將軍願意，也請一併前去。」

黃妻道：「好，我這就動身。」回頭喚黃蓋道，「公覆，既然大喬夫人邀請，你也陪我去罷。都是兒女親家，雖然地位有高低，也應當時時來往。」

黃蓋想了想，道：「也好。」

他們很快來到大喬的府邸，天氣已經很冷了。庭院裏樹枝光禿禿的，一片寂寞。大喬手裏捧著一個小炭盆，招呼黃蓋夫妻落座。

黃蓋、黃妻和他們的女兒跪倒：「拜見夫人。」大喬伏席回禮：「免禮，請起。」又吩咐，「來人，把紹兒帶來。」

孫紹蹦蹦跳跳地出來了，見了黃蓋的女兒，欣喜道：「你來了。快，我們去後院玩。」

大喬叮囑道：「不要欺負妹妹，好好玩耍。」

兩個孩子蹦蹦跳跳跑到後院去了。侍從給黃氏夫婦獻上清茶。寒暄了幾句，大喬問道：「據說黃將軍明日就要出征？」

黃蓋道：「正是，多謝夫人垂詢。」

大喬道：「將軍覺得此次出征，勝算幾何？」

黃蓋道：「勝負未敢逆料，但只要黃蓋有一條命在，就不能看著曹操入我東吳。」

大喬不答，呷了一口茶水，輕輕地說：「據外間傳聞，曹操此次出兵，是為了我們喬氏姐妹？」

黃蓋激動道：「原來夫人也聽說了，這都是百姓妄言，曹賊想篡漢自立已久，只是畏懼我家主公，倘若此番佔領東吳，就無所顧忌了，其他都是藉口。」

大喬點了點頭，道：「可是，我卻覺得曹操是個英雄。」

此言一出，黃妻大驚：「夫人，你……」黃蓋更是無比惶恐，多年來，他和這位大喬夫人共用一個天大的秘密。雖然這個秘密破壞了他心中對孫氏的忠誠觀念，但是他不惜忍受這個破壞，並因此覺得幸福。在戰場上，他感覺自己是個冷血的殺手，不知道為什麼面對大喬夫人的時候，所有的雄心壯志都一下子消弭於無形。這究竟是為什麼，他想不清楚。

正是不知道說什麼好的時候，這時後院傳來小孩哭聲，黃蓋當即吩咐妻子，「你去後院照看孩子們，我和夫人在此商談國家大計。」

黃妻看了黃蓋一眼，應道：「好。」又向大喬道，「夫人，失陪了。」

大喬點頭道：「你去罷。」黃妻慢騰騰走了。

黃蓋望著大喬，心情激動：「夫人。」大喬笑道：「將軍，你從心底裏評判，你認為曹操不是英雄嗎？如果曹操不是，那麼孫策又何嘗是，難道他就比曹操更加忠心漢室嗎？」

黃蓋站起來，不顧嫌疑，關緊門戶，又回來落座，低聲道：「夫人，老臣請夫人言語千萬謹慎，老臣知道夫人心中不樂，但事已至此，夫人又生下了孫氏血脈，何必自苦如此？」

大喬眼淚漣漣：「當初我就請求將軍讓我死在亂箭之下，將軍又何必捨命救我。」

黃蓋道：「老臣奉主公嚴令，豈可輕忽。況且夫人美貌絕代，上天生之不易，怎可輕生，辜負上天厚意。」

聽黃蓋這樣言語木訥的人說出這樣的話，大喬也不禁破涕為笑：「將軍又非上天，怎知其不易？」

黃蓋囁嚅道：「這是老臣第二次看見夫人笑了。」

大喬擦擦眼淚，輕輕地說：「也是我自從被孫策搶來之後，第二次笑。」她這句話一出口，發現黃蓋臉色激動，眼中溢出奇異的光彩，想說什麼，但迅即又眼光黯淡，歎了口氣，止住了。

大喬低聲道：「也罷，將軍是忠厚之人。雖然如此，還是多謝將軍當日捨身救助之恩。明日將軍就要遠征，我為將軍彈首曲子，以壯行色罷。」

黃蓋低首道：「豈敢豈敢。」

大喬不答，跪坐琴邊，手指揮動，琴聲如泉水一般汩汩流出，伴著琴聲，她嘴裏還唱著：「蒲生我池中，其葉何離離。傍能行仁義，莫若妾自知。眾口鑠黃金，使君生別離。念君去我時，獨愁常苦悲。想見君顏色，感結傷心脾。念君常苦悲，夜夜不能寐。」

黃蓋聽著曲子，暗暗品味唱詞，不由得癡了。

四　周瑜西征

冬日的陽光下，京口的江邊仍舊寒氣襲人。江東艦隊桅杆林立，等到岸邊三聲鼓響，所有水兵搖槳而上，向上游駛去。寬闊的長江水面，被片片桅杆的林海塞滿了，好像水中生長出來的森林。

周瑜站在主艦的艦橋上，眺望著遠方，那是他決心要留名青史的地方，他心中充滿了期待，毫無一絲畏懼之情。

與此同時，曹操也站在江陵城頭，檢閱著他的艦隊。賈詡道：「丞相真的要在明日出發東征嗎？」

曹操道：「孤的將士已經集結齊備，難道在江陵坐食糧草，無所事事？」

賈詡道：「冬日江上極為寒冷，我們從鄴城南征劉表之時還是夏天，攜帶冬衣不足，恐怕會生變故啊。」

曹操道：「那依你的看法如何？」

賈詡道：「丞相不如先坐鎮江陵，獎勵吏士，安撫百姓，使荊州士民對丞相心服口服，再擇春夏暖和的良時進兵，方可穩操勝券。」

曹操歎道：「文和君，非是孤不欲，乃不能也。如今韓遂、馬超盤踞關中，若孤坐鎮江陵，只怕他們趁機作亂。不如趁士氣高昂，一鼓作氣，將東吳剿滅，則韓遂、馬超等也只有束手稱臣了。」

賈詡道：「既然如此，那丞相就不妨一試罷。」

第二天早食後，所有軍隊全部集結完畢。曹操站在主艦艦橋上，滿意地看著自己的艦隊，下令道：「出發！」

整個江陵渡口頓時響起了巨大的歡呼聲：「丞相下令，出發啦！」

江陵城下，比東吳京口更多更廣的一片桅杆的森林突然搖動了起來，接著，整條寬闊的長江也迅即被船隻塞滿了，彷彿要截斷江流。這些船隻順著江流，呼嘯迅疾地向下游駛去，相比東吳的艦隊，這支水軍的速度快多了。

在夏口的劉備仍舊天天站在望樓上向東翹首眺望，等候東吳方面的消息。士卒們看見他，都不由得怯怯私語：「左將軍又來了。」「不知諸葛軍師此去東吳遊說是否成功。」「據說大獲成功，孫權已經派遣周瑜率兵西上，聯合抗曹。」「周瑜，就是那個天下聞名的美男子周郎嗎？這回可要找機會看看。」

關羽、張飛兩人對劉備的情緒非常擔心，因為近一個月來，劉備總是沉默寡言，連談笑的心情也絲毫沒有。當初他們在新野的時候，處境也不順利，劉備卻從不像今天這般憂愁。張飛平常雖然大大咧咧的，什麼都敢說，什麼都敢做，但見了劉備這個樣子，也無能為力。他暗暗慫恿關羽：「你去勸勸大哥，不要這麼擔心嘛。我，我是個老粗，勸來不管用，你天天捧著《春秋》，懂的道理多，去跟大哥好好說說。」

關羽掐開張飛拉扯自己的毛茸茸的手，道：「說個屁。我心中比大哥還急呢，誰來勸我。」

劉備正在眺望，突然一個士卒氣喘吁吁跑上來，叫到：「主公，據諜報，曹操的艦隊已經從江陵出發，順流東下，過不幾日就會到達夏口，請主公早作禦敵良策。」

這個消息如同晴空霹靂，劉備跺腳大叫道：「此天亡我也。」說著大叫一聲，跪在地上。

關羽、張飛仍在台下爭執不休，聽見劉備慘叫的聲音，趕忙跑了上去，雙雙扶起劉備，喚道：「大哥，你怎麼了？」劉備甩開他們的手，歎道：「二位兄弟，劉備無福，不能再連累你們了，你們走罷。」

兩個人七手八腳把劉備抬下望樓，張飛垂淚道：「大哥，別擔心，曹兵來了，大不了如你當日所說退往嶺南，投奔蒼梧太守吳巨嘛。」

關羽打斷他：「三弟別添亂了，那是騙魯肅的，豈能當真。」

張飛氣得大叫：「那就跟曹賊拚它個魚死網破。」

劉備兩眼發直：「我害了孔明先生……」

這時站在望樓上的候望卒忽然驚喜地大叫起來：「左將軍，左將軍，東邊來大船了，好像很多很多。」

劉備像蛤蟆一樣彈了起來，連聲道：「哪裏？哪裏？」候望卒答道：「距我營大概不到半個時辰的路程，請左將軍上來觀看。」

劉備瘋狂往望樓上跑，關羽、張飛緊緊跟在他身後。劉備站在望樓上，手搭涼棚遙望，只見黃昏的陽光下，一隊艦船從長江下游正溯江而上，檣櫓旌旗依稀可辨。

張飛也看到了，喜笑顏開：「太好了，太好了，終於等到了。」

劉備久陰的臉也舒展開來，但是關羽冷冷道：「若是青、徐臧霸麾下的水軍則當如何？」

臧霸原先是徐州牧陶謙麾下的大將，陶謙死後，追隨呂布，呂布被曹操擊破，於是投降曹操。曹操拜他為琅邪相，總督青、徐二州，但他一直不肯專心侍奉曹操，在自己的領地上保持相對的獨立性。曹操忙於征戰，對他也沒有過於約束。直到曹操擊破袁紹，臧霸才死心塌地追隨曹操，主動提出將自己的家屬送往鄴城當人質。臧霸手下有一支不大不小的水軍，如果曹操派他從東面夾擊夏口，也不是沒可能的。

劉備想到這層，心中重新又起恐懼，沉默了一會兒，他下令道：「你們趕快去吩咐士卒做好準備，封鎖東邊江面，同時派邏卒乘小船過去詢問。」

五　周劉初會

這支水軍正是周瑜的艦隊，他站在艦橋上望著遠處江夏的城樓，以及渡口上緩緩豎起的江上屏障，笑道：「劉備果真不凡，原以為他只擅長陸戰，水寨布置卻也井井有條。」

他身旁的黃蓋也望著江夏渡口，渡口的水營寨門正在緩緩關閉，有不少士卒爬上城樓，密密麻麻的，黃蓋道：「那他為何防備我們？」

周瑜道：「恐怕懷疑我們是臧霸的水軍，殊不知我們東吳水軍強大，臧霸的水軍豈敢在長江上送死。派人去送信，就說江東水軍大都督周瑜親率水軍到達，我們就在對岸駐紮罷。」

周瑜的艦隊越駛越近，劉備遙遙看見周瑜坐船上的「周」字，臉上充滿了喜色，道：「二弟、三弟，你們看，果真是周郎的軍隊。」

關羽、張飛也笑道：「現在大哥可以放心了。」

劉備猶自伸長脖子，道：「看，他們拋錨了，在對岸紮下了營寨。」

周瑜和黃蓋等人正在船營中興致勃勃地看著士兵們忙碌地下寨，有人報告：「夏口的左將軍劉玄德派人前來犒勞大都督。」

周瑜道：「召進來。」

劉備手下的文臣糜竺走了進來，對周瑜深施一禮：「下走糜竺，奉左將軍命令，特帶來牛酒為大都督勞軍。大都督駐紮水寨，設施簡陋，夏口城中頗有精舍，左將軍希望大都督能率將士前往居住。」

周瑜道：「使者免禮。本督奉孫討虜將軍命令，親率大軍迎擊曹賊，責任重大，不敢擅離軍營一步。左將軍的好意，本督心領了。」

糜竺道：「大都督身負重責，的確如此。不過孫、劉兩家既然結成聯盟，雙方主帥應該會面商討一下軍情才是。」

周瑜馬上接口道：「如果左將軍肯枉駕光臨我們營寨，我們當然非常歡迎。來人，送客。」

糜竺只好怏怏出去。他走後，眾將對周瑜道：「聽說糜竺是劉備的小舅子，都督為何對他如此無禮。」

周瑜笑道：「劉備久負盛名，本督須得殺殺他的威風。」他想了一下，又道，「我剛才觀夏口營寨，發現劉備治軍嚴整，是個勁敵，將來對我東吳不利，不如引誘他來，就此殺之，襲奪其軍，裹挾西進，迎擊曹操，諸君以為如何？」

黃蓋馬上叫道：「萬萬不可。我們主公之所以下決心抗曹，就因為看見劉備還在，劉備若死在我們手裏，關羽、張飛怎會善罷甘休，只怕立刻會去投降曹操，與我們為仇，都督萬勿魯莽。」其他將軍也紛紛贊同黃蓋。周瑜大笑道：「諸君勿驚，剛才戲言而已。劉備雖然驍勇，我周瑜卻不把他放在心上，諒他跑不出我的掌心，不必急著殺他。」

黃蓋道：「都督說得是，一切等滅了曹賊再說。」

劉備興奮地在屋裏兜圈，有人報：「糜竺先生回來了，」劉備急忙說：「趕快讓他進來。」糜竺面色沮喪地走進來，道：「周郎甚是無禮，要將軍親自去見他。他不過是孫權屬下一位水軍都督，而將軍和孫權身分相當，豈有自降身分反去拜他之禮。」

關羽撚鬚冷笑道：「這個牧豎，當真輕薄。大哥，他初來地形不熟，不如我們夤夜率軍襲擊他們的營寨，斬下他的首級警告東吳。」

張飛搖頭道：「二哥這個計策我看不好，殺了周瑜，一下子收不了場，就得繼續打下去，等到曹兵一來，豈非坐收漁翁之利。不可，萬萬不可。」

劉備一揮手，沉吟道：「也好，大丈夫可與守經，不可與權，明日我親自去便了。另外，不知諸葛軍師是不是來了，我得去看看。」

第二天一早，劉備派出信使，告知自己將親自前去拜見周瑜。中午時分，劉備等人乘坐的小船駛入周瑜營寨。周瑜沒想到劉備果然會親自登門，趕忙站在營門口迎接，由衷道：「左將軍親步玉趾，光臨敝寨，瑜等深感榮幸。」

劉備道：「都是一家人，何必客氣。」

兩人走進水寨，分別坐定，侍者奉茶而上。劉備喝了一口水，道：「久聞江東周郎是個將才，今日一見，名不虛傳，水寨布置井井有條啊。」

周瑜笑道：「彼此彼此。」旁邊諸將都哈哈大笑，劉備道：「大敵當前，備也就不虛與委蛇了，不知都督這次來，帶了多少兵馬？我想還有後續兵馬未到罷？」

周瑜道：「左將軍真是行家裏手。還有兩隊兵馬未到，令軍師諸葛孔明就在後續兵馬當中。」

劉備道：「哦，那總共幾何？」

周瑜伸出三個手指。

劉備脫口而出：「三十萬？不……」

周瑜笑道：「斬曹賊首級，豈需二十萬，三萬足矣。」

劉備嗒然若喪：「啊，才三萬，未免太少。」他皺皺眉頭，重複道：「太少了。」

周瑜冷笑道：「瑜以為足夠了，左將軍但作壁上觀，看瑜親斬曹賊首級。」

劉備心不在焉：「哦，那就看都督的了……對了，子敬先生在否，備想見見他。」

周瑜道：「他也在後續軍中，和孔明先生一起，這兩天應該會到。」

劉備道：「哦，那都督下一步怎麼打算？」

周瑜道：「願先聞左將軍高見。」

劉備道：「備是北方人，不懂水戰，還請都督示下。」

周瑜道：「那就恕在下無禮了。在下認為，我們兩家休整一天，立刻開拔，溯江西上，邀擊曹兵，打他一個措手不及。左將軍意下如何？」

劉備道：「曹兵順江，我軍逆江，要邀擊他們，是否有一定難度？不如就在夏口以逸待勞，守株待兔。」

周瑜搖頭道：「兵法說，善戰者，必將士卒置之死地，離家鄉越遠越好。曹操從江陵發兵，舳艫蔽天東下，志得意滿，極為驕狂。我們要打擊他們的囂張氣焰，就不能守株待兔。」

劉備想了想，道：「也好，水戰都督是行家，那麼——各方職責如何分擔？」

周瑜道：「我東吳軍隊為先鋒，你們殿後。」

六　戰前誓師

十二月的長江上，寒風凜冽，曹操的坐船用錦幔圍得密不透風，還算溫暖。他正在船艙裏和諸位謀士閒談，忽然蔡瑁求見，曹操命令：「召進來。」

蔡瑁拜見完畢，道：「丞相，據各部曲司馬報告，軍中發生疾疫，已經死了好幾個兄弟。」

曹操「哦」了一聲，道：「你擅長治理水軍，這情況你們以前也曾遇到過罷？」

蔡瑁道：「很少。這次發生疾疫的士卒都是北方人，恐怕是因為水土不服所致。我們荊州水卒飲用長江之水，已經習慣了。」

曹操沉吟了一會：「若說水土不服，孤也是北方人，怎麼完好無損？」

蔡瑁道：「想是丞相乃上天所佑，故而無事。」他心想，你養尊處優，躲在如此溫暖的艙中，天天好酒好肉地吃喝，凡事又都有人侍候，怎會得病？那些士卒衣不夠暖，又只能喝生水，當然會水土不服了。你這麼問，豈不是太無聊了嗎。但這些話只能在心裏想，嘴上還只能揀好聽的說。

曹操又指著身邊謀士道：「他們又為何沒事。」

蔡瑁道：「能被丞相重用，都非凡人，想必也是上天眷顧的。」心想，這些人雖不如你過得這麼舒服，身邊卻也不缺僕人侍候，自然也不會得病。

曹操哈哈大笑：「豈有此理。我看都是士卒自己不注重飲食潔淨所致，傳孤號令，以後汲用江水，必須煮沸才可飲，將已經生病的士卒全部隔離。」

蔡瑁道：「遵命。」說著出去了，曹操的命令的確說中了要害，可是時值冬月，又在江上漂流，二十幾萬大軍都要喝沸水，哪裏去找那麼多柴火。荊州水兵喝慣了長江冷水，倒也無妨，北方人那是絕對不會習慣的。

曹操看著蔡瑁出去，似乎自言自語地說：「蔡將軍臉上為何總是快快不樂？」

一旁的蒯越趕忙進讒言：「臣以為蔡瑁恐怕有不臣之心。」

曹操看著他：「哦，此話怎講？」

蒯越道：「他雖然備受丞相重用，卻老恨自己受封爵位太低，僅僅是個關內侯，幻想重新割據一方，什麼水土不服，都是藉口，危言聳聽。恐怕是想沮軍疑眾，罪當腰斬啊。」

旁邊一名叫劉馥的謀士道：「臣認為蔡將軍主動獻上荊州，非敢沮軍，他說水土不服也是可能的。當年郭奉孝自知來南方必然因水土不服而死，最後也正如其言啊。」

郭奉孝曾是曹操手下最負盛名的謀臣，名嘉，字奉孝。跟隨曹操十一年，出了不少奇謀，在幫助曹操統一中原的大業上立下了不朽功勳。但是在去年染病身亡，享年僅三十八歲，讓曹操大為悲痛。這人在生前曾斷言自己不服南方水土，到南方必死，但仍然勸曹操南征，自己拼死也會跟從，讓曹操非常感動。蒯越知道郭嘉的事蹟，為討好曹操，稱讚道：「郭奉孝雖知水土不服必死，猶自勸丞相南下，此所謂公而忘身者也，豈如蔡瑁這般自私自利？動輒以水土不服為藉口，勸丞相不要東征。」

劉馥道：「蔡君不過是擔心士卒死亡太多而已，何言自私，又怎麼會反對丞相東征。」

曹操抬手道：「不必說了，且看將來。」

剛到夏口的周瑜聽到劉備說曹操已經率艦隊東下的消息，知道大戰在即，現在的任務就是要鼓舞士氣，讓東吳士兵對曹操同仇敵愾。他深知碰到弱敵的時候用嚴厲軍法約束部伍可以奏效，但是一旦碰到強敵就不管用。因為自己倘若戰敗，敵方就會接管軍隊，自己也就沒能力懲罰士卒。用財帛獎勵士卒的方法也捉襟見肘，因為敵我實力差距太大，就算士卒想獲取獎賞也會考慮是否有命去花。而唯一有用的辦法就是宣傳，他要極力醜化曹操，把曹操麾下的士兵都醜化為無惡不作的魔鬼，一旦他們打下東吳，就會大肆燒殺搶掠。這樣，為了保護自己家人的安全，自私的士卒們才會人自為戰，戰爭才有獲勝的可能。他站在艦橋上大聲道：「各位江東的兄弟們。」

喧嚷的士卒們全部安靜下來。

周瑜繼續道：「四年前，曹兵攻陷袁紹的大本營鄴城，曹操的兒子搶了袁紹的兒媳為妻，天下禮儀冠帶之族都視為悖亂人倫，無恥已極。曹兵更在冀州燒殺搶掠，無數冀州百姓的生命遭到踐踏，無數百姓的妻子女兒遭到凌辱。這次他率賊兵侵略我們荊州和東吳，據說又想搶走我們前主公孫討逆將軍的夫人大喬，以及我周瑜本人的妻子小喬，曹賊對自己的兵士說，除了二喬之外，其他的江南美女，誰先搶到歸誰。諸位兄弟想想，你們的妻子女兒願意遭到曹軍的蹂躪嗎？」

士兵們齊聲答道：「不願！」

周瑜繼續吼道：「你們不願，我周瑜也不是懦夫，我也要拼命保護我們的妻子女兒。現在，我就要率領你們繼續西上，邀擊曹操，在離我們東吳越遠的地方擊潰曹兵，我們的家鄉，我們的妻子女兒就越安全。」

士卒們又是一陣群情激奮的聲音。

周瑜大聲道：「那好，起航！」

他宣布起航的聲音被傳令候望卒一層層傳送，整個艦隊又開始緩緩啟動，向上游而去。樓船像浮在江面的蝗蟲一樣密密麻麻，前面是掛著青色旗幟的東吳艦隊，後面緊跟掛著黃色旗幟的劉備荊州艦隊。留守夏口的水兵不斷向船上的士卒招手告別：「擊破曹兵，賞錢賜爵，過好日子。」「千萬注意自家安全。」「放心，一定斬獲首級，立功凱旋。」

在艦隊的行進過程中，周瑜下令以伍為單位，把自己的講話精神一遍一遍地在士卒中宣傳，一定要讓每個士卒掌握自己的談話精神，以便在即將到來的戰鬥中真正做到人自為戰，擊潰曹軍。於是，艦隊中的各個部曲掀起了學習周瑜講話精神的狂潮。

七 曹營內訌

雖然船艙用錦幔重重圍住，曹操仍覺得手腳冰涼，他在船艙裏搓著雙手，道：「南方冬天果然寒冷，比北地有過之而無不及。」

蔡瑁道：「丞相，長江上就是如此，這還算是晴天，要是碰上下雪，寒風凜冽，那才是難以忍受。」

這時一位侍從面露喜色，掀簾進來，道：「丞相，我們快到巴丘了，好壯觀的洞庭湖啊。」

曹操笑道：「好，孤出去看看。」

他穿上裘皮大氅，在群臣的陪同下走出船艙，只見甲板的左面是一片浩渺無際的煙波，朝陽照在水面上，泛出粼粼的光澤，不時有白色的水鳥從水面掠過。曹操站在船舷邊，望著眼前的如詩如畫的美景，不由地感歎道：「沒想到長沙僻郡，竟然景色如斯，真如天上仙境一般啊。」

旁邊的謀士們都連連點頭：「景色雖好，百姓卻困苦不堪，還得靠丞相廓清宇內，解黎民於倒懸啊。」

曹操含笑微微點頭，這時聽見臨船船艙裏傳來呻吟聲和吵鬧聲：「哎喲，肚子疼啊，受不了了。」接著，從茅草覆蓋的船篷裏突然跌跌撞撞跑出一個士卒，撩起褲子就蹲在船舷上，屁股對著曹操的坐船，噴出像水一樣的大便。在寒風的勁颳下，有幾滴糞便還飄過來，濺在曹操身邊一位女侍的衣裙上，星星點點。

那女侍臉色尷尬，沮喪地望著曹操，滿臉苦色。曹操大怒：「這是怎麼回事？」身邊的衛卒見他發怒，趕忙對這那拉屎的士卒大喝道：「那豎子，大膽，還不快滾下船艙。」那士卒抬起頭，看見曹操的船，嚇得面如土色，也顧不得拉上褲子，趴在船幫上就向曹操叩頭求饒，江上寒冷的空氣很快將他濕漉漉的屁股凍結了薄薄的一層冰淩，他的腹瀉猶未止住，還在自告奮勇地噴薄出稀薄的大便。曹操忽然有些憐憫，正要揮手叫這生病士卒退下，免他無罪。誰知這時他身邊一個侍衛忍不住了，或者想討好曹操，張弓搭箭射去，一箭正中那士卒額頭，那士卒慘叫一聲，撲通栽下水中。

身邊謀士看到，無不嗟歎。曹操也不好責罵自己的衛卒，畢竟是這衛卒是愛護自己，他肚子裏的怒氣一時無從發洩，大喝道：「蔡瑁，怎麼回事？你怎麼約束的水軍？」

蔡瑁趕忙跪下：「丞相，臣前日稟報過了，軍中發生疾疫，而且人數越來越多，無法嚴格隔離。現在有些士卒腹瀉不止，性命堪憂，臣命軍中醫工精心治療，雖然略有效果，一時卻也無法痊癒。」

蒯越道：「雖然如此，你也不能讓水卒在船舷排泄，污穢滿目，甚至在丞相面前也毫無顧忌，實在是大大的不敬。」

蔡瑁對曹操道：「粗鄙士卒，不知忌諱，望丞相海涵，況且那士卒剛才也不知道丞相坐船就在跟前。」說著望了一眼被江水捲走的屍體，眼圈紅了。

蒯越道：「那士卒被丞相左右射斃，完全是咎由自取，難道你有什麼不滿嗎？」

蔡瑁道：「此人驚擾丞相，罪當萬死。臣怎敢不滿……蒯異度，我和君素無恩怨，在荊州就一直是同僚，如今俱投降丞相，為何苦苦相逼。」

蒯越冷笑道：「什麼叫投降丞相，丞相乃天命所歸，我等臣僕應當叫歸順才對。」

曹操見蒯越有點過分，揮手止住蒯越，對蔡瑁道：「蔡將軍，孤不怪你，快去詳細調查一下患病人數，在巴丘讓他們下船駐紮養病。不要漏掉一個，以免疫病繼續蔓延。」

蔡瑁道：「多謝丞相，臣遵命。」

跟在周瑜艦隊後面的是劉備率領的舟兵，他此刻心中七上八下，對諸葛亮道：「軍師，如果這次我們打不贏怎麼辦？」

諸葛亮道：「打不贏就只有死，主公還想怎樣？」

劉備沒想到他回答得這麼乾脆俐落，不禁愕然。張飛倒笑了，道：「原來軍師毫無信心啊。」

關羽冷笑道：「軍師不過也是凡人，難道比我們多一個心不成。」

諸葛亮不理會關羽，對劉備道：「主公放心，周郎把老婆都帶到船上了，他總不會是親自坐船來給曹操獻老婆的罷。江東水軍善戰，當年黃祖水軍號稱長江精銳，卻敗在江東手裏。曹操現在所率的襄陽荊州水軍由蔡瑁指揮，蔡瑁治軍能力連黃祖也遠遠不及，加上又受曹操猜忌，怎能抵抗周瑜？我們只要考慮戰後怎麼瓜分荊州的土地就是了。」

劉備受了慰藉，喜道：「如果真是這樣，那就太好了。軍師可曾和他談過如何瓜分荊州？」

孔明道：「很簡單，我們要荊州的江南四郡，至於江北靠近曹操的宛、葉數縣，讓東吳去對付好了。」

周瑜雖然躊躇滿志，但也並無必勝把握。他把妻子小喬帶到軍中，就已經打定主意，萬一戰敗，和妻子共死，絕不讓曹操的意圖得逞。小喬不大習慣船上的生活，江上的顛簸也讓她屢屢想嘔吐，她依偎著周瑜，抱怨道：「沒想到江上這麼冷。」

「我希望更冷一些，越冷越好。」周瑜的回答讓小喬很意外。

她不解地問：「為何。」

周瑜摟緊她，笑道：「曹兵都是北方人，不耐水濕，會比我們更怕冷，這樣我們擊破他們就更有把握。」

小喬道：「哦，原來如此。夫君，有件事妾身還是想不明白，雖然主公准許夫君帶妾身出征，但妾身聽說，打仗是不能讓女人在軍中的，以免影響士氣，夫君怎麼不忌諱這些？」

周瑜道：「一則我不想違逆主公的好意，二則我周瑜確實從來不信這個邪。況且這次機會難得，不讓我的美人親眼看看曹賊怎麼死，不是太可惜了嗎。」

小喬笑道：「我看夫君你是真把曹賊當成情敵了，你是不是心裏也認為，曹賊還確實算個英雄？」

周瑜笑道：「恐怕你姐姐是這麼認為。」

小喬有些尷尬：「你——怎麼知道我姐姐的看法。」

周瑜輕拍小喬，安撫道：「別擔心，她的想法怎麼樣，那是孫氏家事，我管不著。孫討逆將軍生前曾對我抱怨，後悔當時沒把大喬給我，小喬留給他自己。」

小喬臉紅了：「為什麼，難道孫討逆將軍覺得妾身更好看。」

周瑜揶揄道：「那倒不是，你們姐妹倆都天姿國色，難分彼此。孫將軍是覺得，你那位姐姐心思完全不在他身上，而在另一個人身上。」

小喬道：「誰？」

周瑜笑道：「夫人心裏知道罷！」

小喬臉色又紅了，道：「夫君別取笑了……那都是因為孫討逆將軍不解風情，如果他像夫君這般溫文爾雅，哪位冷傲的女子不會為之融化呢？」

八　勇猛當數甘興霸

曹操的船隊到了長沙郡的巴丘縣江邊，當地官吏早已得到曹操的艦隊即將路過的文書，日日派候望卒候望，得到確切消息後，不顧江邊寒冷，親自列隊，帶上了牛馬車輛在江邊迎接。

艦隊在巴丘江岸停下，小小的巴丘縣從來沒有停過這麼大的艦隊，每條船都大開艙門，患病士卒相互提攜，紛紛下船。曹操環視著沒有患病的士卒，發現很多士卒在寒風中簌簌發抖，他想了想，對身邊的人道：「傳我命令，患病的士卒將被褥以及多餘衣物全部留下，不許帶走。」

蔡瑁急忙勸諫：「丞相，這個命令不妥啊。」

曹操道：「為何不妥，他們不能打仗，當然要把被褥衣物留給能打仗的士卒禦寒。」

蔡瑁急得跪下了：「丞相，他們都是受寒生病的士卒，急需衣物禦寒，如果奪走他們的衣物，他們只有凍死一途，這樣做的話，將有傷丞相的愛士之心。另外，這些患病士卒的被褥難免不潔，只怕會將病傳染給其他身體完好的士卒啊。望丞相三思！」

曹操道：「話雖然說得有理，怎奈我船上士卒還有很多人衣物欠缺，孤全仰仗他們斬首立功。那些不能打仗的，要衣物幹什麼？被褥不潔，清洗後烘乾就可。你且退下，不要再說了。」

蔡瑁叩頭咚咚有聲：「丞相，不能這樣啊，丞相如果想收復天下，就應當以百姓生命為念，才能獲取民心，請丞相三思啊！」

曹操有些惱怒，沒想到蔡瑁如此不識相。什麼民心，民心值幾個錢，是能吃還是能穿？他呵斥道：「蔡瑁，你敢沮軍疑眾嗎？還不快快給我退下。」

蒯越幸災樂禍地看著蔡瑁，心裏暗笑。賈詡則暗暗誇讚蔡瑁的忠厚，他知道曹操現在的心態驕狂一定到了極致，聽不得一點反對的意見，像蔡瑁這樣固執，前景恐怕不妙，於是趕忙上前拉起蔡瑁，勸道：「蔡將軍，丞相也是以大局為重，並非不愛恤士卒，快快給丞相賠完罪下去罷。」

蔡瑁涕泗橫流，望著賈詡懇切的臉，眼光中還有一絲悲憫，他知道賈詡是為自己好，只好快快地向曹操賠罪，出去了。他走到船舷上，這時岸邊那些病卒已經號呼連天，死死攥著僅有禦寒的衣物，但是軍令如山，他們最後不得不鬆開手指，將被褥交了出去，抖抖索索地勉強小跑，在當地縣吏的帶領下，去巴丘縣歇息。蔡瑁深知巴丘小縣，絕對供應不起這麼多病人的衣食，只怕此番一去，會凍死大半。裏面還有一部分是他的荊州士卒，他感到一陣揪心的疼痛。

黑暗的江面上，東吳和荊州的樓船個個燈火通明，好像散落在江面上的繁星，而且不住地向西緩緩移動。江上怒號的朔風，讓人愈發覺得這舟中的溫暖。

主艦上，周瑜仍在召集眾將開會，艦隊離開夏口，已經走了一天，他深知，前面隨時可能遭遇曹操的艦隊。「曹操絕料不到我們敢於溯江迎擊，爾等要嚴厲整飭部卒，隨時做好準備，一旦遭遇，立刻攻擊，第一場一定要贏，殺殺曹賊的銳氣。」周瑜諄諄囑咐道。

他的將領們自然也是摩拳擦掌，打贏了這仗，回去可以加官晉爵。實在打不贏，投降也不遲。當然，作為降將，現在的一切榮華富貴都可能沒有了。所以，還是希望盡可能的打贏。

周瑜命令手下的猛將甘寧：「甘興霸，也許今晚就會碰上曹軍。君要率領自己的部曲嚴加候望，一旦發現曹軍，就親自率隊作先鋒攻擊。拿出君錦帆渡江的豪氣來，如果打贏這仗，將是首功，對我軍士氣大有鼓舞，君職責重大，能勝任否？」

甘寧乃是江洋大盜出身，平生熱愛的就是打打殺殺，常常率人在江上搶劫過往商船，將搶來的綢緞當成船帆，非常招搖，號稱「錦帆賊」。後來投靠劉表，只被任命為邾縣長，他覺得沒有得到重用，繼而改投東吳，把邾縣當成禮品獻給了孫權。他由盜賊改行當兵，就是盼望趁著年輕，多立戰功，如能多斬幾顆首級，就等於為家族多爭得一份財富，這比在江上搶劫划算多了，當然風險也大多了。好在他一貫喜歡冒險，聽到周瑜讓他打前鋒，喜不自勝，大聲道：「我甘寧雖不敢吹噓為萬人之敵，但在江上，還不曾怕過誰。請都督放心，不發現曹軍則已，如若發現，必親手斬下一敵將的首級獻於都督帳下。」

周瑜哈哈大笑：「興霸君，主公經常稱讚君有賁、育之勇，果然不假。不過，本督以為，為將以善指揮士卒為上，萬不可親冒白刃，效匹夫之勇。」

甘寧想，到時我親冒白刃與否，你也看不見，答應你又何妨，於是回答：「謹遵都督命令。」

周瑜又道：「韓當、蔣欽聽令。」

兩將立刻出列施禮：「末將在。」

周瑜道：「你們二人在左右夾輔甘將軍，以免有失。」

兩將應道：「是。」

曹操的艦隊確實離周瑜的艦隊已經不遠，但是他們仗著自己順風下駛，船隻又高大，一點也沒有警惕。而這時，東吳艦隊中一輛候望樓船的船頂上，候望卒發現了黑魆魆的曹操船隊，火速報告道：「前面江上似乎有艦隊。」

甲板上守候的士卒馬上跑進船艙報告前鋒將軍甘寧：「甘將軍，候望卒發現了敵人艦隊。」

甘寧大喜：「來得好，立刻披上甲冑，拿好武器，跟我上。」

在曹軍前鋒船的船艙裏，一群北方士卒還沒有睡覺。由於這次征戰準備不足，士卒籍貫又多來自北方，船艙內，這些北方士卒抵抗不住寒冷，正在閒談。雖然一路乘勝而來，他們顯得非常威風，但在曹操的龐大軍隊中，也不過如滄海一粟，不管如何，史書上絕不會留下他們的名字，在不得不記載的任何文件，他們頂多是以甲乙丙丁等天干來記載的。

士卒甲道：「這江南水上真他媽的冷死人，再挺下去只怕也要病了。」

士卒乙：「那些投降的荊州蠻子倒是不太怕冷，不如我們去問他們討些衣服。」

士卒丙搖搖頭：「他們都穿在自己身上，怎麼肯給？」

士卒甲開罵了：「媽的，不給就搶，反正我們不能白白凍死。」

士卒丙有些畏怯：「老兄，軍中私自鬥毆，觸犯軍令可是死罪。」

士卒甲語塞，但是嘴上不甘心地罵道：「老子辛辛苦苦地跑到東吳來打仗，連衣服都穿不暖。倒是那些荊州蠻子如魚得水。」

士卒乙見士卒甲憤憤不平的樣子，出主意道：「不要亂嚷嚷，要是被上司聽見，我們就慘了。我看啊，還是讓曹純將軍的虎豹騎帶頭，那是主公的精銳，就算觸犯軍法，主公只怕也捨不得處置。」

士兵丙忙附和：「這個意見不錯，我看虎豹騎他們也冷得受不了，我們跟隨丞相一直打下荊州，荊州水兵只配當我們的僕從，憑什麼他們反而穿得暖暖和和的。」

士兵甲恨恨道：「那又怎麼樣，別忘了，蔡瑁一個降將，主公還讓他當水軍都督呢。」

士兵丁：「那是主公撫慰他罷了。你看他什麼事不要請示曹純將軍？」

士兵乙：「虎豹騎都在別的船上，聯絡不通。我看這事到了駐地再說罷。」

士兵丙：「那倒也是，先睡罷，說不定過幾日到了夏口，劉備投降，獻上衣物絲綿，還有美女，我們就可以到夏口城中好好樂樂了。」

他們聊到興起，對前途充滿了憧憬，忍不住都發出快樂的笑聲。在笑聲中，他們逐漸進入了夢鄉。而此時，危險正在悄然臨近。

在甲板上，曹軍的候望士卒正裹著厚厚的衣服在打瞌睡，睡夢中本能感覺到周圍有些不對，他瞇縫著睡意朦朧的眼睛一看，自己坐船上已經跳上了幾十個提著短刀的東吳士卒，在自己坐船的前面江面上，更是陡然出現了上百隻小船。他大吃一驚，剛想叫喊，一柄短戟呼的一聲飛來，正中咽喉，他當即死在望樓上。

擲出短戟的正是甘寧，他大叫一聲：「給我殺！」大隊東吳士卒迅疾跳上曹操的先鋒艦隊，見人就殺。船上響起的哀號聲，在寒風中尤其慘厲。

九　周瑜的驚悚

在後面船隊中的曹操聽見了哀號聲，從夢中驚醒，大聲道：「來人，什麼聲音？」

一個侍從跌跌撞撞地跑進來，道：「啟稟主公，碰到東吳艦隊，正在進攻我們的前鋒。」

曹操驚道：「豈有此理，難道他們竟敢溯江迎擊，快去打探到底來了多少兵馬，是不是江上的水賊。」

侍從連聲答應跑出去了。「立即召集群臣來見孤。」曹操隨即對身邊的侍從頒下了第二道命令。

這時天已經亮了，朝陽正在曹軍的前方冉冉升起，江面上風平浪靜，甘寧指揮的東吳先鋒軍隊在一陣屠殺之後，發現曹兵後繼艦船紛紛趕到，開始撤退。曹兵艦船繼續迫近，東吳兵一陣箭雨，將他們射了回去。

蔡瑁、張允匆匆跑進曹操的坐船。曹操一見他們，勃然大怒：「東吳軍竟敢溯江而上，迎擊我軍，他們兵少，卻被他偷襲成功，你們作為水軍將領，是怎麼帶兵的？」

蔡瑁叩頭謝罪：「是臣疏忽，本以為仰仗丞相天威，東吳不敢挑戰，哪知他們怙惡不悛，竟敢如此猖狂。」

曹操憤怒不解：「軍令如山，爾等該當何罪。來人，推出去斬了。」

幾個甲士從船艙外跳進，來拖蔡瑁、張允。蔡瑁、張允大驚，大聲號叫：「丞相，丞相，請饒命，容臣戴罪立功啊！」

劉馥在旁，忙低聲諫道：「丞相，剛才不過小有挫折，奈何先斬自己大將。況且如今丞相麾下的水軍全為荊州兵馬，一向得到蔡瑁家族的撫循，如果斬了蔡瑁，只怕會引起兵變啊，望丞相三思。」

賈詡也道：「劉君言之有理，望丞相三思。」

曹操想了想，道：「也罷，姑且饒爾等一命，許爾等戴罪立功，若下次再敗，兩罪並罰。」

蔡瑁、張允叩頭道：「謝丞相。」

蔡瑁又道：「不過臣有一言，不知當講與否。」

曹操怒氣未消道：「你還有什麼話說。」

蔡瑁道：「臣以為北方士卒不善水戰，雖然手握武器，卻經不起船隻顛簸，只能任由吳兵宰割。而荊州水兵又疏於操練，如今應當先立水寨，讓北方士卒在中，荊州水兵在外，每日操練，方可大用。不然下次接戰，我軍照樣不敵，雖斬我等之首，也不能擊破東吳，望丞相俯允。」

曹操恨聲道：「既然如此，那我們就在這裏下寨好了。此處岸邊叫什麼名字？」

蔡瑁道：「北面江岸名喚烏林，南面江岸名喚赤壁。」

「哦，為何叫此二名。」曹操饒有興趣。

蔡瑁道：「請丞相親移玉趾，到艙外一看便知。」

曹操走出船艙，縱目四望，只見船的左面是一片蓊蓊鬱鬱的森林，長著烏黑濃密的針葉，雖在寒冬猶自不凋。右邊則是一面血紅色的山崖，像一列巨大的血紅色屏風。山崖下是一片空曠的沙灘，沙子如霜似雪，襯著山崖之色，紅者愈顯其紅，白者愈顯其白。這不是一副靜止的畫面，遙遙可以望見有數不清的戰船正往崖下有秩序地集結。

曹操道：「哦，怪不得。」他頓了一下，又緩緩道，「周瑜大概想在此阻截我軍，他們的船隻已經佔據了赤壁，我們就後退一點，到烏林下紮寨。這片樹林茂密，正好可以幫我們阻擋朔風，讓士卒免受風寒。」

傳令卒馬上傳達命令：「丞相下令，艦隊齊齊到北岸烏林駐紮。」

周瑜聽說甘寧初次偷襲成功，共斬殺對方士卒首級數百個，焚毀對方船隻十幾艘，大為振奮。但也看出曹操兵力果然充足，檣櫓遮天蔽日，不好對付。他下令在赤壁紮下營寨，列陣阻擋曹軍進一步東下。命令一下，營寨的士卒們匆匆忙忙構建水上工事，錘子、鑿子聲不絕於耳。赤壁崖下的正中位置停著周瑜的坐船，船上開始舉行慶功大會。

周瑜舉爵讚道：「甘興霸果然驍勇，我已經命令郵卒立刻馳奔京師向主公報喜，君獲得頭功，來日主公定有重賞。來，請盡此杯。」

甘寧接過酒爵一飲而盡，謝道：「多謝都督犒賞，末將一定再接再厲，為主公效命。都督慧眼不凡，曹操士卒果然不懂水戰，在船上搖搖晃晃，不需我們動刀，只要多踏幾下船板，他們就會栽到江中餵魚。」甘寧一邊說，一邊裝出搖晃的動作，在座諸將一起哈哈大笑。

這時有士卒來報：「諸葛先生求見都督，說來賀喜。」

周瑜大笑道：「快請進來，讓他親眼見識一下我東吳的猛將。」

一會兒，諸葛亮走入，躬身道：「亮聽說都督前鋒打敗曹軍船隊，特來賀喜。左將軍本來想親自來賀，只恨軍務在身，不敢擅離軍隊，只好派亮單獨來了。」

周瑜道：「孔明先生，你來得正好。現在我們和曹軍隔江相持，先生有何破敵良策？」

諸葛亮笑道：「有都督在，亮何必白費力氣。都督你來看。」說著諸葛亮走到樓船邊緣，指著隔岸的曹軍營寨。

周瑜舉爵走到諸葛亮身邊，向對岸觀看，但是除了江岸的暮色和曹軍艦船的輪廓，什麼也看不見。周瑜疑惑地看著諸葛亮，諸葛亮道：「現在看不清，天馬上就全黑了，請都督點上燈，邊飲酒邊看。」

很快，夜色逐漸侵襲了船艙，周瑜下令點上油燈，將船艙中照得燈火通明，同時下令，將環掛在船艙四周的帷幔掀起。他的樓船非常高大，可以俯視面前陰沉沉的江面。這時江上的風已經停歇了，寒氣照舊襲人，只是缺了風聲的鼓舞，不那麼砭人肌膚。周瑜和諸將繼續興高采烈地飲酒，酒正酣時，周瑜望著對岸，眼睛突然直了。他望見對岸曹軍營寨開始陸續點燈，轉瞬間剛才還黑魆魆的江水對岸頓時燈火通明，沿著江岸一直延續向西，連綿不絕，一眼望不到邊。如果用長龍來形容也不確切，因為龍似乎沒有那麼長。

周瑜臉上的笑容當即凝固了，他沒想到曹操軍隊如此浩大，足足有三十萬人不止。若不是靠著長江天險，在陸地上和曹軍相逢，自己的這點兵力，一定像孤羊入狼群，不能倖免。他默然不語，好半晌，才對坐在身側的諸葛亮說：「先生是想告訴我，曹兵勢大，我們雖然小勝，並不足驕傲。唉，先生是對的。」

諸葛亮道：「豈敢豈敢。都督久歷戰陣，若在水上，曹操麾下將領無一是都督對手。不過曹兵確實太多，要徹底擊破他們，只怕還得另想良策啊。」

周瑜陰沉著臉，若有所思，他身邊的諸將也都直眼望著長江對岸，面如死灰，剛才的興奮都拋到九霄雲外了。

諸葛亮道：「還有一事需要都督注意，曹操在對岸下營，只怕是為了訓練水軍。他有後方廣闊的地盤，可以源源不斷輸送軍糧和武器，他能耗得起，我們耗不起。如果等到春暖花開，他們水軍訓練得差不多了，士卒對江上氣候也適應了，我們將會全軍覆沒。所以為今之計，一定要速戰速決。」

周瑜心裏已經有些慌亂，嘴上倒還硬：「訓練水軍，哪有這麼容易。我自帶兵以來，在水上從未遇過對手，經常是以少勝多。我不相信曹操能訓練出什麼出色水軍，和我東吳抗衡。」

諸葛亮道：「曹操手下掌管水軍的將領蔡瑁、張允，都是荊州降將，他們訓練水軍的能力雖然不如都督，但是只要訓練到能以三敵一，我們就難以倖免。換句話說，曹操損失了他這三十萬兵馬不要緊，他後方有的是人，而我們卻經不起多少消耗。」

周瑜不答話，默默看著對岸發呆。這場慶功宴會因為諸葛亮的到來不歡而散，周瑜知道諸葛亮的話並非危言聳聽。他不顧隨從勸阻，決定去親自打探一下。

蔣幹中計

第八章

從樓船上方樓梯上冉冉走下一位女子，身著素色綿袍，衣襟處繡著精緻的梔子花圖案，舉止輕盈，尤其是容顏絕色，使她步下樓梯的姿態宛如仙女下凡。蔣幹是個男人，對漂亮女子有著尋常男子一樣的好色之心，他只望了那女子一眼，心就劇烈地跳動起來，眼睛也不知道往哪兒擱。

一 自告奮勇的蔣幹

一隻樓船趁著夜色倏忽駛向烏林方向，離岸邊不遠，周瑜命令拋錨，自己登上望樓，窺視曹營，發現水軍營寨雖然只是粗具規模，卻也井井有條，他心裏明白，諸葛亮所言非虛，蔡瑁、張允還算懂得水軍。「必須先除掉這二人，才可擊破曹兵。」他心裏暗想。

他正思慮的時候，曹營也發現了周瑜樓船，趕忙擊鼓示警，很快水寨門大開，從中飛駛出十幾條艨艟鬥艦，向周瑜樓船撲來。周瑜忙令：「起錨。」

樓船上士卒一起搖動槳櫓，好在赤壁在烏林的下游方向，順江行駛非常迅疾，曹兵追趕不及，只好中途而歸。

曹操聽見東吳軍隊偷窺營寨，也不以為意：「他們軍力遠不如我們，就算偷窺，又能怎樣？待到春暖花開，就有他們好看的了。」

這時一個帳下身長八尺、面容俊秀的中年幕僚應聲道：「丞相是想兵不血刃獲取東吳，還是想以武力服之而後快呢？」

曹操瞥了這個儒生一眼，感覺有些面生，他心裏想，廢話，要是能兵不血刃征服東吳，當然千願萬願。這不正好說明我能以德服人嗎，不是更可以讓天下人心悅誠服嗎？不過嘴上倒還客氣：

「上天有好生之德，若能以德服之，兵不血刃，當然更好。君是我帳下的謀士嗎？怪孤眼拙，竟然不認識，請君恕罪。」

那儒生道：「毛遂當年不自薦，連賢明的平原君也不知道他是誰。不怪丞相，怪臣無能罷了。臣姓蔣名幹，字子翼，乃九江郡人，和周瑜是同州桑梓，自幼也有些交情。臣才智駑劣，自蒙擢拔於帳下效命以來，未有尺寸之功報效丞相，甚為慚愧。此番願憑三寸不爛之舌，去對岸說服周瑜率兵來降。」

曹操大喜：「子翼君謙虛了。若真能說服周瑜投降，孤一定在皇帝陛下面前保舉君為列侯，封萬戶。」

蔣幹道：「丞相放心，臣到赤壁，定要成功。」

曹操道：「需要置辦何物？」

蔣幹道：「只消一個童子隨從，一僕駕舟，其餘不用。」

很快，蔣幹率領一個童子，飛舟朝赤壁駛去，遠遠撐著一面旗幟，表明自己是使者，不是士卒。東吳巡邏士卒看見使者徽幟，沒有射箭，逕直將他迎到岸上，並派人火速報告周瑜。

周瑜這時正和將士在一起苦苦思考對敵的辦法，突然士卒來報：「曹營有船來到，被我們截住，船上一個中年儒生，自云名叫蔣幹，乃是都督的故人，要求拜見都督。」

周瑜莞爾一笑：「蔣幹，這豈了原來投奔曹操了，我們久不見面，此刻曹操派他來，一定是充當說客。」他略一沉吟，腦中萌生了一個想法，如果蔣幹還像以前相處的時候那麼迂腐，這個計策說不定管用。而且不管怎樣，死活也得試一試，說不定就成功了呢。於是他下令大開寨門，隆重迎接，並親自盛裝來到渡口。

蔣幹身後跟隨一個小童，器宇軒昂地走了過來。周瑜趕忙緊走幾步，熱情地握住他的手道：「子翼兄，自少年一別，十幾年不見，別來無恙乎？」

蔣幹見周瑜對自己這麼熱情，剛開始還少許有點忐忑的心放下了：「無恙，只是生活困窘，遠不如公瑾兄這樣手握重兵，馳騁天下的威風啊。」

周瑜笑道：「豈敢，瑜不過是受孫將軍驅使，身不由己，子翼兄不臣王侯，與清風明月為伴，偃仰嘯歌，這才是真正的瀟灑啊。」

蔣幹臉色尷尬，乾笑兩聲，道：「哪裏哪裏，不瞞公瑾兄，幹如今在曹公帳下做事，仕途坎坷，所以越發敬佩故人啊。」

周瑜假裝愕然：「哦，子翼兄當年一直恬淡寡欲，有箕山之志，沒想到到底還如瑜等，不能免俗啊。兄既從曹公處來，難道是為曹公做說客嗎？」

蔣幹趕忙否認：「哪裏哪裏。我和公瑾兄久別想念，特來敘舊而已，兄奈何疑我為說客？」

周瑜笑道：「我雖不及師曠之聰，聞弦歌而知雅意。」

蔣幹佯怒道：「足下待故人如此，便請告退。」說著假裝轉身要走。

周瑜趕忙追上他：「只因身在軍中，未免無端緊張，子翼兄莫怪，且請進營寨一敘。」說著挽住蔣幹的胳膊，一起步入大帳。

這時樓船船艙裏已經擺好宴席，周瑜帶著蔣幹步入，諸將皆甲冑整齊，英姿颯爽地排列兩旁。周瑜對諸將道：「此乃我同窗契友蔣子翼也。雖然從江北到此，卻不是曹賊說客。君等勿疑。」又解下佩劍給太史慈，道：「君可佩我寶劍當監酒官，今日宴飲，但敘朋友交情，不許談軍事，否則君可當場斬之。」

太史慈道：「末將遵命。」接過劍佩在腰間。眾將開始觥籌交錯，勸蔣幹飲酒。蔣幹望著太史慈，心想，勸降這種事本來也不好當著大庭廣眾施行，所以周瑜是多此一舉，但是否這從一方面暗示了周瑜的態度呢。也就是說，他根本就不想讓我提到勸降的事，他絕不會投降。想到這，他有些憂慮。但一轉念，或許周瑜知道我的來意，但怕我在大庭廣眾之下說這種隱秘之事，一旦傳出去，就算想投降也做不到。誰能確保諸將中沒有孫權安插的親信？周瑜啊周瑜，你也太小看我蔣幹了，我蔣幹雖然忠厚，但忠厚絕不等於愚蠢，我會在大庭廣眾之間勸降嗎？想到這，蔣幹又很快高興起來。

飲了幾杯，周瑜豪興大發，道：「子翼，且來參觀我的軍士。」說著拉起蔣幹的手往帳外走，蔣幹身不由己地跟著周瑜。

帳外軍士皆全副武裝，持戈執戟傲然屹立。周瑜對蔣幹道：「我之軍士，頗雄壯否？」這些士卒雖然矮小，倒也精幹，不過比起曹操的北方士卒，似乎要羸弱一些。他們或許搖船的功夫還不錯罷，要是在陸地上，肯定只是曹兵的屠殺對象，蔣幹心裏這麼想，嘴上卻不能不讚：「真熊虎之士也。」

周瑜愈發得意，又拉著蔣幹走到帳後一望，糧草堆積如山，周瑜道：「我之糧草，頗足備否？」

蔣幹心裏簡直要笑出聲來，這點糧草算得了什麼。曹丞相光在江陵倉繳獲的糧草，儲量就達三百五十萬石，足以讓三十萬大軍整整食用一年。東吳想抵抗曹操，簡直是以卵擊石，待會兒私下裏把這層意思向周瑜好好說說，應該可以說服他投降。但是面對諸將的面，他也只能唯唯連聲：「兵精糧足，名不虛傳，名不虛傳。」

周瑜大笑道：「想我周瑜和子翼同窗讀書時，不曾望有今日。」

蔣幹繼續吹捧：「以吾兄高才，實不為過。」

周瑜抓住蔣幹的手：「大丈夫出世，遇知己之主，外託君臣之義，內結骨肉之恩。言必行，計必從，假使蘇秦、張儀、陸賈、酈生復出，口似懸河，舌如利刃，安能動我心哉？」說罷朗聲大笑。

蔣幹望著周瑜得意的嘴臉，心想，如果說服得你投降，那我就是大功一件，可以封列侯，紆金拖紫。而你不過是個降將，未必能封到列侯，那時你就要拍我馬屁了。想到這裏，不禁高興起來，也附和周瑜，朗聲大笑。

周瑜又抓住他的手道：「來，我們回帳再飲，這次還要讓你見一個人。」說著對身邊隨從道：「快去把夫人請來。」

二　美色撩人蔣幹暈

兩個人進了帳篷，很快從樓船上方樓梯上冉冉走下一位女子，身著素色綿袍，衣襟處繡著精緻

戰聲喧闐（電影《赤壁》劇照）

草船借劍（電影《赤壁》劇照）

諸葛亮與黃蓋（電影《赤壁》劇照）

火攻曹營（電影《赤壁》劇照）

的梔子花圖案，舉止輕盈，尤其是容顏絕色，使她步下樓梯的姿態宛如仙女下凡。蔣幹是個男人，對漂亮女子有著尋常男子一樣的好色之心，他只望了那女子一眼，心就劇烈地跳動起來，眼睛也不知道往哪兒擱。他已經猜到這是周瑜的妻子，周瑜的。他的心像一塊石頭，掉進了深深的水潭一般，不由得暗歎：周瑜啊周瑜，也許很快你就沒我爵位高，地位高，但我這輩子卻不可能有你這樣的豔福，就算你現在馬上死了，也算是值得了。

周瑜哈哈大笑道：「子翼兄，這位便是賤內喬氏。古人云，朋友訂交，須登堂拜母，入室見婦，吾母已亡，我婦卻正好在軍中，可以效法古人了。」

蔣幹傻了，腦子裏空蕩蕩的，只知道下意識地說：「好好，吾兄有了妻室，我現在才知道，才知道。」眼睛也不敢看小喬。

小喬倒很遵循禮節，舉起酒爵，對著蔣幹斂衽盈盈一拜：「妾身喬氏，拜見子翼兄，請盡一爵。」

蔣幹臉色通紅，這時一個侍者舉著漆盤到蔣幹跟前，漆盤中有酒一杯。蔣幹趕忙取過酒爵，對小喬道：「多謝嫂嫂，幹不勝榮幸。」說著仰脖將酒一飲而盡，他的手指有些發抖。

一爵飲盡，大家一起落座，繼續啖肉飲酒。周瑜佯醉道：「子翼，賤內姿色如何？」

蔣幹發自肺腑地感歎道：「此女只應天上有，人間能得幾回看，公瑾兄，你可真是豔福不淺啊！」

周瑜看出蔣幹語氣中的嫉妒，心裏暗笑，這個呆子，當年一起同窗念書的時候，就因為生性呆，老被人捉弄，現在人到中年，呆氣一如既往。不過這時他也不得不謙虛一下，笑道：「哪裏哪裏。她的姐姐大喬，那才真是國色天香，舉世無雙啊。」

蔣幹有點微醺，連連搖頭：「天下竟還有比尊夫人更美的女子，我蔣幹可是萬萬不信。」他借著酒醉，搖頭晃腦，眼睛不時地偷瞟小喬。

周瑜道：「子翼兄，我知道你肯定會不信，也罷，等擊破曹操，我親自帶你去京口，如果有幸能讓大喬夫人賜見一面，你便知道我絕非虛言了。」

蔣幹眼睛灼灼放光，好像能看到仙女一面就可以滿足而死的樣子。周瑜瞥了他一眼，又歎道：「她是孫討逆將軍的遺孀，豔麗無匹。」

座上的諸將面面相覷，一臉同情的神色。

三　吳太夫人病入膏肓

京口。孫權正和群臣在殿上商議軍事，他們急切盼望前線的消息，可是一點消息都沒有傳來。

張昭安慰他道：「主公擔憂也無用，不如先把手邊的事做好，倘若周瑜和曹操開戰，我們必須立刻發兵進攻合肥，讓曹操首尾難顧。」

孫權又歎了口氣道：「話雖如此，怎奈太夫人最近身體有恙，孤若率兵出征，如何放心得下。」

顧雍讚道：「主公真是孝子，不過臣以為，國之大事，在祀與戎，使宗廟社稷不墮，才是大孝，主公還是集中精力準備軍事才是啊。」

孫權點點頭，默然不言，堂上一片沉悶。正在這時，他盼望的好消息終於來了，一個內侍匆匆進來，遞上一封書信，說是郵卒剛送到的捷報。

孫權大喜，拆開書信，信上告知江東士卒和曹兵初遇，甘寧為先鋒，斬首先登，擊破曹軍的先鋒，挫了曹軍的銳氣。現在兩軍分別駐紮烏林和赤壁相持。

「周郎，周郎在赤壁遭遇曹軍，首戰開捷。」孫權揚起書信，聲音有些顫抖。

堂上登時一片歡呼：「萬歲！萬歲！」氣氛一下子變得熱鬧起來了。

張昭道：「好消息，主公趕快去告訴太夫人，她聽到佳音，病情定會好轉。」

吳太夫人滿臉沉痾之色，躺在床上有氣無力，在周瑜出兵後不久，她就開始臥床不起了。她有時懷疑，是不是這仗一定會打輸，上天眷顧她，不想讓她親眼見到孫家覆滅。要是這樣，她就算死了，又怎麼放得下兒孫？她腦中經常浮現兒孫們被曹操的士卒押到刑場，一個一個砍下腦袋的樣子，就像他們當年砍下王晟一家的腦袋一樣，老少無遺。想到這些，就愈發輾轉不安。她想起王晟當年痛苦絕望的眼神，就彷佛看見了自己。在那場屠殺後，王晟就瘋了，好幾年後才死在馬廄裏。如果上天要讓曹操屠殺他們孫氏，那一定是報應。

大喬和孫權的夫人潘氏倒是每日晨昏定省地在身邊侍候，但吳太夫人能看見大喬對自己的冷漠神情。同是作為女人，她不大能理解大喬的想法。她知道大喬心不在他們孫家，雖然這個女人已經為孫家生了一個兒子。從大喬的眼中，她似乎能時時看見對孫家的鄙視和厭惡。吳太夫人自己也是江東世家的女兒，當年孫堅向她家求婚，他們家也根本看不起孫堅這個流氓出身的將領，闔家商議是謝絕。但是又怕孫堅惱羞成怒，揮兵殺了他們全家。這在亂世中，是完全可能的。不管天下太平的時候吳氏家族是多麼趾高氣揚，但亂世中手頭沒有兵，就像羔羊，只能任人宰割。普通百姓死得像螻蟻，世家大族也好不了哪裏去。自從黃巾之亂以來，中原士大夫遭到族滅的不知凡幾。吳太夫人聽說了家族的苦惱，毫不猶豫地請求嫁給了孫堅。起初她也不過是抱著獻身的精神，後來就真的喜歡上了孫堅，她為他生了一堆兒女。她景仰丈夫是個英雄，她自豪兒子也是英雄，比那些文弱的士大夫強很多。她覺得大喬嫁給了她兒子，也應該為她的兒子自豪，她的兒子又英俊又能幹，年紀輕輕就打下了如此廣闊的家業，哪一點配不上她大喬？可是大喬竟然沒有絲毫高興，她憎恨大喬這種自以為是的做派，當她發覺孫權也喜歡上了這個女人之後，尤其憤怒。倫理問題是一個方面，最重要的是，她還看見了這個自以為是的女人對孫權的輕蔑。這個女人有什麼了不起，難道自己兩個英武的兒子會配不上她？好在如果不行，還可以將之消滅。消滅，就是這樣！他們孫家有刀，看不順眼的就可以除掉。吳太夫人在孫家這麼多年，已經習慣了孫家的思維方式和行事習慣。任何不肯服從的，都必須死。驕傲是附著於肉體的，沒有肉體，驕傲也就不存在了。皮之不存，毛將焉附？

她正盯著帷幕發著呆，孫權悄聲進來了，跪在她床前的青蒲上，施禮道：「拜見母親、嫂嫂。」

吳太夫人轉過頭來，兩眼失神地看著孫權，道：「前線……可有……消息？」

孫權道：「臣正為此而來，好消息，剛剛接到郵傳文書，周瑜等在赤壁遭遇曹操艦船，甘寧率先鋒隊和曹兵發生激戰，斬曹軍水軍都督蔡瑁之弟蔡璜，大獲全勝。現在周瑜在赤壁下寨，和曹操軍隊隔岸對峙。」

吳太大人蠟黃的臉上露出一絲喜色，道：「很好，我早知道周瑜一定能贏。你說是嗎？」說著吃力地轉過花白的腦袋，面對床前的大喬，露出徵詢之色。

大喬沒想到她會徵詢自己的看法，心中一驚，趕忙斂衽道：「祝賀太夫人選人得當，臣妾深為拜服。」

吳太大人喘了口氣，道：「倒不是老婦我英明，而是你故去的丈夫能幹，周郎當年肯投我東吳，也都因為對你丈夫服氣。」

孫權臉上露出不悅的神色。大喬不知她話中的用意，默然不語，吳太夫人望望她，意味深長地說：「你回自己宮裏去罷，人多反而嘈雜。」

大喬道：「那臣妾明早再來探視。」

吳太夫人喃喃地說：「也許用不著了——去罷。」

大喬望著吳太夫人臉色，愣了一下，又拜了拜，拉起孫紹：「兒子，跟媽媽回去，明早再來看望奶奶。」

吳太夫人道：「把紹兒留下，你先自己回去。」

大喬有點奇怪和猶疑，吳太夫人道：「我想多看看孫兒，捨不得嗎？」孫紹倒很乖巧，見母親尷尬，趕忙道：「母親你先回去，我再陪奶奶玩會兒，就會回去的。」

大喬笑道：「豈敢捨不得？那臣妾先告退了。」摸摸孫紹的頭頂，道：「好好安靜待著，不要惹奶奶生氣。」

孫紹道：「母親放心，孩兒不會的。」

大喬道：「那就最好。」又向著孫權：「主公，臣妾先告退了。」說著輕輕走了出去。孫權目光不由自主地跟著她，目送她出門，嘴裏道：「嫂嫂慢走。」

吳太夫人望著孫權，眼裏射出一絲陰鷙的光芒。孫權回頭看見母親的神色，嚇了一跳，他不知說什麼好，只能心不在焉地勸慰：「母親多多安歇，就會痊癒的。」

吳太夫人哼了一聲：「聽天由命罷，對了，你不是說一旦周瑜和曹操相持，你就要親率兵攻打合肥，以為呼應嗎，現在準備得如何了？」

孫權道：「會稽郡內山越剛剛平定，徵調的士卒正奔赴京師，大概一旬之內才能聚集三萬兵馬。」

吳太夫人道：「有三萬兵馬，不少了。當年你哥哥繼承你父親的兵馬不過一千多，卻打下了江東六郡，你可不能輸給你兄長。」

孫權道：「臣豈敢和阿兄相比，無論哪方面，臣都不能望阿兄項背。」

吳太夫人道：「那也未必，你兄長雖然驍勇，卻輕佻果躁，是以死於匹夫之手。你性情沉穩，絕不會犯這個錯誤，但是，你卻沒有你兄長闊略大度，否則我就算馬上瞑目，也會含笑九泉的。」說著擠出一點笑容。

孫權突然有些感動，淚水流了出來：「是，臣一定以阿兄為榜樣，時時警策自己。」

吳太夫人笑道：「傻孩子，別哭，也許我還要幫你一次。」又轉頭喃喃道，「最後一次。」說到最後，聲音幾乎細不可聞。

孫權道：「母親多多休養，一定會痊癒的。」

吳太夫人道：「自古無不死之人，我比你父親多活了幾十年，該知足了。」

孫權泣道：「母親。」吳太夫人趕他：「回去罷，如果有好消息，再來告訴我，我真的有點累了。」

孫權道：「那母親保重。」又對自己的妻子潘氏及孩子道：「你們好好侍候母親，千萬謹慎小心。」

潘氏道：「主公放心，臣妾知道。」

孫權退出內室，走到堂上，擦乾眼淚。他看見宮人忙忙碌碌地灑掃，問道：「你們忙著打掃這間房屋，給誰居住？」

一個宮人道：「太夫人吩咐，讓大喬夫人的公子住到宮裏。」

孫權有些：「他不是一向跟自己母親居住的嗎？」

宮人道：「臣妾不知。」

孫權抬起頭想了想，突然跑到殿下，低聲喝道：「快快給孤準備車馬，去大喬夫人的北宮。」

四　賜死大喬

大喬離開吳太夫人的宮殿，回到自己的住處，下了車，走進殿中，侍女們合上宮門。她走進庭院，冬日的庭院非常荒涼，她面對瑣窗，望著窗外的太湖發呆，太湖照樣閃著粼粼的波光，但那光色看上去極為寒冷。半晌，大喬低聲吟道：「想見君顏色，感結傷心脾。念君常苦悲，夜夜不能寐。唉！看來終是命運欠佳，不能再見到阿瞞叔叔了。」

這時，她不知道自己的宮門前駛來了幾輛軒車，幾個甲士在一個帶著黑紗冠的名叫張健的內侍率領下，匆匆跳下車。守衛大喬宮殿的侍衛詢問他們的來意，張健亮出節信，道：「奉太夫人命令，立刻面見大喬夫人，有要事，不得阻攔。」

侍衛道：「驗過節信再說。」說著將張健手上的節信接過，細細端詳。另一個侍衛見張健等來意不善，趕忙跑進院內，去向大喬報信。

侍衛驗過節信，放張健等進門，走到中庭，有幾個侍女急急跟在他們身後，苦苦勸阻：「我們已經派人去稟報夫人了，請等會再進罷。」

張健厲聲道：「奉太夫人手諭，片刻不敢拖延。」腳步絲毫不停。這時侍衛已經跑到大喬的住處，大聲道：「啟稟夫人，外面有十幾個甲士要面見夫人，說是奉了太夫人的命令。」

大喬仍在沉思，聽見報告，臉色陡變，她咬住嘴唇，旋即變得平靜，慘然笑道：「讓他們進來罷，早知會有這麼一日。」室門砰的一聲被推開，甲士們衝了進來，領頭的內侍張健從懷裏掏出一塊木牘，大聲道：「奉太夫人命令，請喬夫人跪領。」

大喬回首看著張健，冷笑道：「張健，你好大的膽子，就算賜我自盡，難道就可以不顧上下尊卑，排闥而進了嗎？」

張健吃了一驚，奇怪大喬怎麼知道自己的來意。雖然奉吳太夫人命令，有恃無恐，但究竟大喬為主，他為奴，在大喬的呵斥下，他囂張的面孔不由自主地收斂了，低頭道：「臣等奉命，急切之中忘了禮節，請夫人見諒。」

大喬道：「罷了。念命令罷。」

張健道：「太夫人命令，請夫人聆聽：昔褒姒解頤，宗周旋滅；夏姬耀色，陳國以亡。今君丈夫早歿，而姿容尚新；覆宗之虞，殊非妄度。苟全社稷，必戒來憂。其賜君鴆酒，所遺子息紹，吾將妥為安置，勿念。」

大喬點頭笑道：「要死，也得等我換件衣服，請諸君稍待。」

張健道：「臣奉令辦事，夫人萬勿讓臣等為難。」

大喬道：「難道我一個弱女子，還會逃跑不成。如果能跑，又何待今日？」

張健道：「好吧，臣在此謹候。」說完，他還直坐在門檻上，心想：不怕你飛上天去。

這時孫權的車馬已經疾馳入大喬宮中，他顧不得車馬是否停穩，瘋狂跳下，往堂上奔去。門衛都是孫權調派的，趕忙上前一齊駕恐地跪伏：「拜見主公。」

孫權什麼也不看，只顧往裏跑。他跌跌撞撞跑到後堂，看見大喬一身素淡衣飾，正捧著酒爵，放到唇邊。孫權狂呼道：「不要，放下酒爵。」但是，不知道是遲了還是別的什麼原因，大喬眼睛直愣愣地看著他，翻轉酒爵，微微向後仰著脖子，將那爵毒酒盡數倒進了自己的肚子。

孫權感覺自己膝蓋一軟，耳朵裏嗡嗡亂叫，好像飛進了千百隻蜜蜂，差點沒栽倒在地，他深深吸了一口氣，強忍著站穩身軀，淒聲大呼：「快，快舀井水來。快舀井水來——」

坐在門檻上的張健看見了孫權，趕忙緊走幾步，撲倒在孫權腳下，道：「拜見主公，臣奉太夫人命令，賜死喬夫人，望主公勿插手此事。」

孫權感覺內心的火焰忽忽地躥上了喉嚨，似乎要從鼻孔裏噴出來。他什麼也沒想，右手本能地拔劍出鞘，揮起一劍就對張健當頭斬了下去，他感覺自己的劍碰到了一個堅硬的東西，但是仍然將這個東西斬開了，他似乎能聽見骨屑飛濺的樣子，能聽見骨頭裂開的聲響。與此同時，他聽見面前有一聲淒厲的慘呼，朦朧中一個肥胖的肉體蜷曲在他面前的地上抽搐。旋即，他看見十幾個甲士齊刷刷地跪在自己面前，不住地求饒。他喘了一口氣，將沾滿紅色的劍舉起來，嘶聲吼道：「你們還不趕快去找井水。」

「快，去舀井水灌夫人飲下催吐，夫人若死，我要爾等全部殉葬。」他發出了第二聲慘呼。

甲士們猛然醒悟，瘋狂跑了出去。

井水很快取來了，孫權給大喬強行灌下井水，冬天井水冰涼，大喬呼的一聲，吐了孫權一身，盡是黑黑的酒汁。孫權渾然不覺，只是凝神看著懷中的大喬。

侍從們站在堂上，遠遠望著孫權抱著自己的嫂子，垂著頭，默然不語。

大喬吐完，臉上汗滴漸漸隱沒，痛苦的表情也逐漸消失。孫權重重舒了口氣，他吩咐侍女：

「好好侍奉夫人，不管什麼人來，沒有我的命令都不許進。倘若夫人有事，我一定要你們的命。」

侍女們惶恐應道：「是。」

孫權將大喬抱到床上，蓋好被褥，凝視著她。大喬剛吐完，昏迷不醒，俏麗的臉龐毫無血色，愈增其可憐。孫權凝視了好一會兒，才緩緩踱到堂上，對張健帶來的甲士道：「這裏的事，不許走漏半點風聲。太夫人要問，就說事情辦妥。她若問起張健，就說他回去的時候在路上摔了一跤，暴斃而亡。若敢走漏半點風聲，我要你們的腦袋。」

幾乎不假思索，甲士紛紛應道：「謹遵主公吩咐。」

五　蔣幹逸興說甄妃

當京口發生的這些變故的時候，遠在赤壁的周瑜還正和蔣幹在酒筵上敘舊。酒力使平常不拘小節的周瑜更加放浪形骸，他直截了當地對蔣幹說：「據說曹操率兵東下，除了想吞併我家主公的疆土之外，還想奪走孫討逆將軍的夫人和賤內，是也不是。」

蔣幹搖頭道：「公瑾兄多慮了。曹公銅雀臺上美女如雲，雖無一能及嫂夫人的姿色，但也都是千嬌百媚，怎麼會幹這種事呢？公瑾兄從何處聽來的傳聞。」

周瑜哈哈笑道：「嘗聞曹植《銅雀臺賦》云：『攬二喬於東南兮，樂朝夕之與共。』據說正是寫中了曹操的志向，豈有妄乎？」他雖然聽妻子唱過《銅雀臺賦》，知道並沒有諸葛亮在他面前背誦的這兩句。但又怕小喬唱的本子是有人故意竄改過的，所以提出來試探蔣幹。

蔣幹道：「吾兄大錯了。此兩句賦的確寫中了曹公的志向，不過其中的二喬乃是銅雀臺東西兩座虹橋，並非指孫討逆夫人和嫂夫人兩個啊。具體詞句也和吾兄所念的不同，不知是何人妄自竄改，故意製造事端。」

周瑜這才確認自己是實實在在受了諸葛亮的騙，道：「哦，也許是我錯了……哈哈，喝酒喝酒。」為了掩飾自己的尷尬，他又問：「那曹操擊破冀州之後，曹丕不是也搶了袁紹的兒媳甄氏為妻嗎？這總不會有假罷？」

蔣幹道：「這個……那也是袁紹妻子劉氏主動獻給曹丕的，不能說搶啊。」

周瑜指著蔣幹大笑：「豈有此理，豈有此理。」蔣幹也知道自己的辯解比較牽強，只好陪著大笑。周瑜又道：「據說甄氏國色天香，又兼才藝，比之賤內如何啊？」

這話又勾起了蔣幹的感慨，他歎道：「各有千秋，各有千秋。不瞞公瑾說，幹在鄴城時，也曾有幸被五官中郎將邀請去府中宴飲，宴飲當中，五官中郎將命甄氏出來拜見賓客。幹有幸偷窺了一眼，驚為天人啊，若不是今天見到嫂夫人，還以為甄氏就是這世上最美的女子呢。」

五官中郎將也就是曹操的兒子曹丕，聽說他的妻子甄氏也不及小喬，周瑜自然有些得意，又笑道：「據說那甄氏除了容顏絕美之外，還廣有才藝，敢問子翼兄，她有怎樣的才藝啊？」

蔣幹道：「那次她當場給我們彈琴唱曲，曲子是她自己編的，歌詞也是她本人填的，還不算廣有才藝嗎？她的詞曲俱佳，真是餘音繞樑，三日不絕啊。幹現在想起來還不禁神魂飛越呢！」

周瑜也有些好奇：「哦，怎樣的歌詞，吾兄還記得罷。」

蔣幹笑道：「想當日和兄同窗苦讀時，別的不敢和兄相比，唯有記性有一日之長，怎會不記得？」

周瑜道：「那就煩請兄默誦一遍如何。」

蔣幹於是將酒一飲而盡，朗聲吟道：

蒲生我池中，其葉何離離。
傍能行仁義，莫若妾自知。
眾口鑠黃金，使君生別離。
念君去我時，獨愁常苦悲。
想見君顏色，感結傷心脾。
念君常苦悲，夜夜不能寐。

周瑜撫掌讚道：「果然好詞。」

坐在一旁的黃蓋雖喝得有些暈乎乎的，但聽到這首歌詞，恍然覺得有些不對，不覺喃喃道：「這詞似乎有點耳熟，好像在哪兒聽過。」

周瑜道：「聽子翼吟誦甄氏詞曲，的確非同凡俗。瑜今天也有一歌，欲在子翼前獻醜。」

蔣幹酒已半酣，不由拍手道：「好，久聞吾兄善琴曲，江東有云：『曲有誤，周郎顧。』今日有幸一聆殊為有幸。」

周瑜對小喬道：「你為我鼓琴，我起舞和之。」

小喬道：「敬聞夫君之命。」

蔣幹想，周瑜大概是對甄氏的才華不服氣罷，且看這夫妻二人的歌舞到底如何。

周瑜大聲道：「來人，天色已晚，點燈。」

侍從趕忙點上紅燭，共有幾十支之多，船艙裏立刻變得紅彤彤的，每個人臉色也紅彤彤的，感覺十分溫暖。

幾個侍者又抬過一架琴，放在小喬跟前。小喬深深吸了口氣：「諸君，妾身獻醜了。」說著纖手輕撥，一串琤琮的琴聲立刻在船艙中迴盪。周瑜拔出寶劍，走到船艙正中，迴旋起舞，嘴裏大聲唱道：「丈夫處世兮立功名，立功名兮慰平生。慰平生兮吾將醉，吾將醉兮發狂鳴！」

曲罷歌絕，滿座諸將和侍從們都尖呼起來，非常激動。蔣幹覺得周瑜唱的歌雖然氣勢不凡，但文采比甄氏的差得遠了，辭藻也很貧乏，用上句結尾的詞語作下句的開頭，這樣的寫法很少，約略相似的大概只有楚霸王項羽的《垓下歌》，歌詞是：力拔山兮氣蓋世，時不利兮騅不逝。騅不逝兮可奈何，虞兮虞兮奈若何？但人家的歌詞字字是血，哪像你周瑜徒具豪邁。再說你周瑜哪點能跟楚霸王比呢？人家雖然英雄失意，但畢竟也曾宰割天下，分裂山河。你一個小小的東吳水軍都督，率領三萬水兵來到赤壁送死，悲則悲矣，卻無半點壯麗之感，只怕你這個漂亮妻子，將來也會成為曹丞相的妾侍罷。想到這裏，蔣幹又有些高興，自己雖然沒有這麼美麗的妻子，可是有也未必是好事。匹夫無罪，懷璧其罪。人家若要奪你的妻子，必須要把你殺了才行，這可著實有些悲慘。他雖想得高興，陡然又為周瑜不忍起來，究竟是自己的少年夥伴，看到他死也談不上快樂啊！

周瑜見蔣幹神色忽喜忽悲，不知道他想什麼。這個呆子，他的呆是有名的，當年一起念書的時候，他也是這樣一會兒高興一會兒不高興，現在還是一點都沒變。他高興什麼？憂傷什麼？

看見周瑜投來的徵詢目光，蔣幹也不能不懂事，趕忙鼓掌讚道：「唉，我剛才醉了，不過不是酒醉，而是心醉。吾兄真是文武雙全，剛才歌舞詞曲俱美，直駕甄氏而上之，嫂夫人琴也奏得極佳，讓我如癡如醉，吾兄當真是豔福不淺啊！」一面借醉，將眼睛又狠狠看了一眼小喬。

周瑜還劍入鞘，道：「子翼兄見笑了……據說曹操少子曹植也看中了甄氏，卻被曹丕搶了先，因此心中一直鬱鬱，是也不是？」

蔣幹趕忙搖手：「人主家事，事涉隱秘，臣下不敢與聞，公瑾兄還是說別的罷。」

周瑜哈哈大笑：「看來子翼沒有真醉，是裝醉啊。不行，今天故人重逢，定要一醉方休。」說著命人持過一個大酒爵，給蔣幹勸酒：「子翼兄，若念及我們故友兩人之間的情誼，就請飲盡此杯。」

蔣幹推辭道：「實在飲不下了。」他的酒量怎麼能及周瑜，而且這次來訪是帶著使命的，還想找機會遊說周瑜呢，哪裏便敢喝得爛醉。

周瑜執意不回，道：「兄剛才裝醉，還未罰酒，這回肯定又是裝醉。」

蔣幹求懇道：「這回實在不是裝醉，是真醉了。」

周瑜道：「那就說說曹丕兄弟爭奪甄氏的秘事來聽聽如何。」

蔣幹秉性憨厚，想想這些事在鄴城的文人之間，也算不得什麼真正的秘聞，甚至是佳事韻事，談論起來反而是頗雅致的，於是道：「其實也沒什麼，曹公一向愛少子曹植文采，欲立他為嗣，所以經常讓他隨侍左右，這次也帶他來了軍中。曹植愛慕甄氏，也是有的。其實何止是他，就連曹公本人，又何嘗不以未先搶到甄氏為恨，他曾滿懷嫉妒地說，那次擊滅袁氏，仗是為曹丕打的。食色性也，美人誰會不愛，幹猜測大喬夫人守寡，也會有不少人覬覦罷？哈哈哈。」

他話音一落，黃蓋陡然站了起來，怒道：「大膽，放肆！大喬夫人是我家主母，你這豎子，竟敢隨口胡說。」同時手按劍柄，就欲上前。

蔣幹見這老將滿面怒氣，威風凜凜，酒嚇醒了一半，正待解釋，周瑜一擺手，攔住黃蓋，笑道：「子翼兄這回可真是醉了，黃將軍何必跟醉漢一般見識，何況子翼兄還是我的好友！」

主將出面打圓場，黃蓋也不能不給面子，只好憤憤不平地坐回故席，其他諸將都奇怪地看著黃蓋，不明白他為何如此敏感。

周瑜向蔣幹解釋道：「你這番話可得罪黃將軍了，黃將軍和大喬夫人是姻親，可不能隨口胡說啊。」

蔣幹趕忙道歉，又責備周瑜道：「我本不想說這些，你偏逼我。」

周瑜笑道：「我只讓你說曹丕兄弟和甄氏，誰讓你借題發揮了。」

六　吳太夫人一怒而亡

在京口的孫權，一面準備著徵召士卒出兵合肥，一面天天進宮去探望病中的母親。這天他剛走進前庭，就看見孫紹在院子裏和自己兒子孫亮玩耍，見了孫權，孫紹忙伏地施禮道：「主公。」孫亮見過父親之後，蹦蹦跳跳地又跑到後院去了。孫紹卻不走，仍是恭敬地站在孫權跟前。這孩子倒是乖巧。孫權想，他笑著摸摸孫紹的腦袋，道：「在這裏居住，習慣嗎？」

孫紹道：「母親告訴我，不習慣的事一定要強迫自己習慣。」

孫權對他的回答有些意外：「哦，看來還是不習慣了。如果真的不習慣，我就去稟告太夫人，讓你回去陪伴母親如何？」

孫紹低頭咬著嘴唇：「那樣奶奶會愈發討厭母親的。」

說他乖巧，畢竟又是小孩子，心裏藏不住事，想說什麼就脫口而出了。孫權安慰他：「別擔心，是我請求的，不關你母親什麼事，不怕。」

孫紹望著孫權的臉，重重點了點頭。孫權發現他長得愈發像自己的哥哥孫策，暗想，大喬是厭惡自己哥哥的，而她的兒子又這麼像哥哥，她心裏會是怎樣一種滋味呢？他站在那裏，呆了半晌，滿腦子都是大喬的臉龐，好一會兒，才回過神來，他對孫紹說：「你在這玩，我去見太夫人了。」

說完孫權離開，向殿中走去，他走上最後一級臺階，突然聽見後面孫紹叫道：「叔叔，還是不要說了，我在這裏很習慣。」

孫權回頭看著孫紹，半晌，笑了一下，又走進去了。

吳太夫人的臉色比昨日更加疲憊，孫權依舊跪在她床前的青蒲席上，將腦袋湊近吳太夫人的床，低聲問候道：「母親，今天感覺如何？」

吳太夫人睜開眼，看見是孫權，冷哼了一聲，道：「總還得拖幾天才死。」

孫權心中一陣發緊，他感覺母親的目光已經穿透了他的內心，他做的事，母親都知道。但他不知道怎麼辦，只能下意識地叫道：「母親。」

吳太夫人道：「不是嗎，這幾日凶兆頻仍，就連我的貼身侍者張健前幾天也莫名其妙地一跤摔死了，至今連屍骨都未見到。」

孫權忙道：「這個臣也聽說了，是臣吩咐即刻掩埋，不要驚擾母親的。」

吳太夫人看著孫權，慘笑道：「我要死了，管不了你，可是，我真的放心不下。」

孫權知道她的意思，不知怎麼回答才好，乾脆默然不言。

吳太夫人眼睛盯著屋樑，道：「她的心從來就不在我們孫家，你又何必。何況，名分所在，豈可輕忽。我孫氏依靠江東世族輔佐，才有今天。那些世族儒生極講禮儀，你如果真那麼做，一定會讓世族失望，失去他們的輔佐，江東基業將毀於一旦……」

望著吳太夫人上下翻動喋喋不休的嘴巴，孫權也不知怎的，突然暴怒起來：「什麼世族，什麼失望，難道我父親孫堅，我兄長孫策當年是以討好世族起家的嗎？難道他們不是殺人如麻，靠著無數人的鮮血才在江東站穩了腳跟嗎？這世上有誰在乎什麼禮儀，只要用鐵和血，就可以斬別人的首級，搶別人的財產和女人，甚至平一宇內。什麼名分？他搶去的女人，我也可以繼續搶來。只要我是東吳的主公，否則，我寧願獻給曹操……」

吳太夫人圓睜雙目，看著孫權大發雷霆，伸出枯瘦的手臂指著他：「你……你這……不肖……」突然大呼一聲，吐出一口鮮血，花白的腦袋頓時歪倒在一邊。

究竟是自己的母親，孫權雖然暴怒，見母親暈倒，也嚇了一跳，他俯身抱住母親，用右手手指放到母親鼻子前，發現她已經沒有氣了，剛才的一口血已經耗盡了她的生命。孫權回想起自小偎依在母親身邊婉轉撒嬌的場景，淚如泉湧，那時母子間感情是多麼的深厚啊，為什麼人一長大，連這樣深厚的母子之情也難以保持呢。孫權想不明白，他只是暗暗飲泣，過了好一會兒，他才對著旁邊歙歙發抖的兩個侍女嘶叫道：「來人，快去傳告，太夫人薨逝了。」

七　蔣幹盜書

赤壁。周瑜招待蔣幹的宴會終於散了，這場宴會從中午一直延續到下午，不知道喝了多少酒，吃了多少肉。蔣幹雖然酒喝得不算多，但肉吃得不少，所以一個勁地打嗝，特別難受。周瑜道：「我還沒醉，你們，扶夫人自己去歇息，今夜我高興，要和子翼兄痛飲至曙。」

小喬勸道：「今天喝了一天，夫君不要再喝了，早點歇息罷。」

周瑜笑道：「我沒醉。你們快扶夫人回去。」

座上諸將見狀，也一起勸諫道：「都督早日安歇，不要再飲了，醉傷了身體，怎麼對得起主公的囑託？」

周瑜只好說：「也好，你們走吧，我久不與子翼同榻，今夜定要抵足而眠。」又朝小喬揮手：「你還待著幹什麼，自己上樓去睡。」

小喬無奈，只好在侍女的簇擁下登樓而去。周瑜拉住蔣幹的手，走到旁邊一個小艙裏。這艙中靠窗放著一張大床，床上堆著幾卷竹書。床邊擺著一架琴，剛才小喬彈的或許就是這架。船艙的另一面擺著一張大書案，案上也是亂糟糟的，橫七豎八堆滿了竹簡和木牘。蔣幹心想，東吳真窮，這麼多文書，沒有一卷是絹帛的，曹公所在的鄴城，宮中文書多用絹帛，就憑這些，東吳也遠不是曹公的對手，何必硬撐。待會兒夜談勸說他時，這個也可以當作例子。

但是接下來的事讓蔣幹很沮喪，周瑜雖然拉著他共榻而睡，兩人沒說幾句閒話，周瑜就頭一歪，突然發出了鼾聲，離他自己話音剛落不到眨眼的功夫，速度之快讓蔣幹感到駭然。蔣幹也覺得奇怪，這豎子當年和我同窗時，也經常瞌睡，那時從不見其打鼾，現在竟然鼾聲如雷。也許這豎子年紀大了，被美色淘空了身體，外強中乾。蔣幹有點失意，看來只有明天再進行遊說了。他又打了一個嗝，感覺酒氣衝了上來，頭暈乎乎的，也在周瑜的腳邊一躺，但是真躺下來，腦子裏又像轉風車似的，怎麼也睡不著。乾脆閉著眼睛養神，耳朵裏聽著船艙外的濤聲，周瑜的鼾聲忽然也沒有了，這讓蔣幹覺得很舒心，不知不覺，他也漸漸進入了夢鄉。

也不知睡到什麼時候，忽然聽到周瑜大叫一聲：「我還沒醉，你們，扶夫人自己去歇息，今夜我高興，要和子翼兄痛飲至曙。」

蔣幹嚇得差點從床上跳起來，他擦擦額頭上的汗珠，暗罵道，這豎子真是喝醉了，發的什麼瘋。也不知明天什麼時候能夠酒醒，讓我找到機會遊說。又想到曹操還在江對岸苦等他消息，不覺有些懊惱。也睡不著，乾脆披衣起床。幸好油燈尚未吹滅，船艙在江水的拍擊下燭影幢幢。江上真冷，蔣幹裹緊綿衣，坐到案前，隨意翻看案上竹簡木牘，無非是些軍中約束文書，讀來也索然寡味。忽然發現竹簡叢中似乎有一幅絹帛，蔣幹覺得有些奇怪，揀出這幅絹帛。絹帛捲成一團，上面有木質檢押的標誌。他展開一看，不禁大吃一驚。只見絹帛上寫著：

東吳水軍周都督左右：下走嘗思，為牧守者，當以百姓安危為重，以一姓利益為輕，故當曹兵壓境之際，力勸荊州牧歸順曹賊，以紓兵禍。不料曹賊視我荊州士民為奴僕，隆冬祁寒，脅之東進，士卒缺衣少食，多罹疾病，而曹賊於巴丘盡驅之下船，奪之衣物，略無顧恤，每一念及，心腸酷裂。欲投明主，恨無良機。故都督大兵一到，下走即思率荊州之眾投奔。今天誘其衷，曹軍不慣南方風寒，要疾者日眾，但得其便，即傾麾下之眾反戈，斬曹賊之首，獻於麾下。幸勿見疑，先此敬覆。荊州水軍將軍蔡瑁手書。

蔣幹感覺自己的臉都嚇白了，要是讓周瑜知道他偷看了這麼重要的書信，知道了這麼驚人的陰謀，自己哪裏還有命在？他的心咚咚直跳，跳得他自己都能聽見，這讓他覺得惶恐，生怕這聲音驚醒了周瑜。既然周瑜和蔡瑁勾結，蔡瑁立誓為周瑜斬曹公首級，那周瑜怎會肯投降曹公？自己不知內情，來此遊說，豈非自尋死路。好在天憐曹公，讓自己知道這個秘密，一定要將這封書信帶回，讓曹公早有防備。但是怎麼才能離開這裏呢？他急速搜索四周，想找尋一條逃跑之路。

很快，他就知道這是徒勞，這是周瑜的指揮艦，防守嚴密，想從這逃走，實在是癡心妄想。那麼把書信捲起來放回原處罷，只要周瑜不發現它被動過，看在是故人的面上，他應該不會殺自己。況且兩國交兵，不斷來使，周瑜何必那麼幹呢？只是回到江北之後，見到曹公，口說無憑，最好還是有蔡瑁這封親筆書信作為證據。他想到這裏，心頭又一陣恐懼，要是周瑜使反間計該當如何？不行，這封書信一定要帶走。只是實在不知道，用什麼方法才可以帶走。他一邊想，一邊額頭汗滴，連冬天的寒冷都忘得一乾二淨。只聽見艙外廳中沙漏滴水的聲響，讓他感到極端煎熬。

這時周瑜猛然翻了個聲，口內嘟嘟囔囔道：「子翼……教你數日之內，看曹賊首級……帶你去東吳看美人。」油燈的光亮照在他的額頭上，顯得亮晶晶的。

蔣幹像一隻驚弓之鳥，但看周瑜馬上又寂然無聲，猜到他在說夢話。他知道周瑜有一個習慣，當年同窗抵足而眠的時候，就愛說夢話，十幾年過去了，這個習慣看來一點沒改。而且他知道周瑜說夢話時其實睡得最沉，打雷都吵不醒。於是俯身在周瑜耳邊，低聲問道：「為何這等有把握？」

周瑜不答，再次翻身，鼾聲如虎。蔣幹遺憾地坐回床上，不敢動作，感覺寸陰若歲，苦思脫身之策。他邊思對策，邊無聊地翻看床側的幾卷竹書，卻原來是《養生方》、《房中術》之類的方術書，雖然處於緊張之中，這些發現也不禁讓蔣幹差點笑出聲來。這豎子有這麼美貌的老婆，確實要學學方術，不然縱欲過度，只怕年命不永。他把竹書放回原處，究竟這是主人的私密，讓外人知道只怕惱羞成怒。另外一個匣子裏裝的卻不是竹書，而是一疊符節，皆只有右半，符上寫著半邊

「百」字。蔣幹知道這是出入關津的憑證，和曹營所用符節並無大異。他離開江北時，雖然奉命出使，也要出示曹操發出的這種符節才能離開渡口。蔣幹心裏愈發緊張，想拿一支符節藏在懷裏，又怕後果不測，他腦子裏一會兒想盜書逃跑，一會兒想明日按計劃遊說周瑜，兩種想法交互鬥爭，簡直坐立不安。

正在焦躁之際，突然聽見外面有大聲呼叫的聲音：「不好了，著火了！」接著就聽見腳步急促，有人來回奔跑，再接著有人在外面對答：

「發生什麼事了？」

「啊，是甘將軍，稟告甘將軍，第六部第三隊位置發生騷亂，有幾艘船被火燒著了。我想進去稟告周都督，衛卒不讓我進去，怕影響都督休息。」

「都督昨晚酒醉，這點小事，何必驚擾都督，我去處理就行了。」

「遵命，將軍。」

蔣幹腦子裏電光一閃，覺得這也許是個機會，趕忙赤腳跳下床，跑到艙外，假裝睡眼惺忪地叫道：「什麼事，怎麼這麼吵？」他極力把聲音放大，顯得很驚惶。

甘寧正在有條不紊地指揮士卒，看見蔣幹，施禮道：「是子翼先生，沒有什麼事，只是士卒用火不慎，燒了一條小船。先生還是回去睡罷，不要驚擾了都督。」

這條船是周瑜的指揮艦，建築得非常高大，從艙中可以隱約望見不遠處火光沖天，真是好一場大火。蔣幹故意大聲道：「天哪！如此大火，怎麼能不叫醒都督？甘將軍，要是你處理不當，都督醒後怪你，只怕難逃罪責啊！」

好像被蔣幹說動了，甘寧當即面露憂色：「先生說得有理，末將也只是怕打擾都督休息，如果真的這樣，請先生幫我叫醒都督罷？」

蔣幹不等他反悔，趕忙答應，一溜煙跑進艙中，使勁推醒周瑜。周瑜好像習慣了這種警惕的軍營生活，突然翻身坐了起來，一把抓住蔣幹的前胸，另一手從枕下抽出一柄匕首，抵住蔣幹的咽喉，喝道：「誰？」

蔣幹嚇了一跳，叫道：「公瑾兄，是我！」

周瑜睜大眼睛：「哦，是子翼。」他放下匕首，拍拍自己腦袋，「我喝醉了，昨晚邀請子翼同床夜話也忘了。咦，你剛才搖我幹什麼？」

蔣幹道：「難道公瑾兄也這樣對待自己夫人。你的船隊發生大火了，甘寧將軍要我叫你起來，趕緊去處理這事。」

聽到船隊發生大火，周瑜立刻蹦了起來，像一隻受驚的兔子一樣竄了出去。

接下來，蔣幹迷茫地看著從人慌亂地給周瑜穿上綿衣和鞋子，他只來得及對蔣幹說：「子翼，你自己睡，等我回來再跟你敘舊。」然後在隨從的簇擁下，一溜煙跑得無影無蹤。那些晝夜保護他的衛卒，也隨著他的離去而走得一個不剩。

蔣幹火速跑回屋，飛快地從床上匣子裏摸出一枚符節，又從案上找出那卷蔡瑁的書信，往懷裏一塞，跑到艙外，騎上馬就往渡口奔去，然後向守衛渡口的衛卒亮出符節，順利地搖船離開了渡口，往江北飛馳。在舟中，他望見東吳軍營中的那叢沖天火光已經慢慢暗淡了下去。天色雖然還是黑，但東邊已經露出了一抹亮色。江岸水汀枯黃的草，也已經呈現出衰瑟的輪廓。赤壁真如其名，暗紅色地矗立在江邊，好似一張血盆大口。回首北面的烏林，黑沉沉的，好像還在睡夢之中。蔣幹睏極，仰天打了一個呵欠，心裏卻覺得十分輕鬆。

八 荊州士卒遭虐待

劉備的軍營駐紮在周瑜軍營的東側，他的兵馬不足兩萬，還留了一萬在夏口，以備不虞。周瑜軍營中的火光，早已被候望的士卒報告進去了。劉備大驚，以為曹軍突襲東吳軍營已經得手，急忙喚起諸葛亮、關羽、張飛，商量對策。腦中已經做好了逃亡的準備。很顯然，久經戰陣的周瑜如果兵敗的話，他這區區一萬多水兵只能成為曹軍的砧上魚肉，任其宰割。

望著西邊沿岸沖天的火光，劉備強自鎮定，對諸葛亮道：「軍師，是不是曹軍偷襲周瑜營寨，我們該怎麼應對？」

張飛已自按捺不住了，對身邊的士卒吼道：「快去喚醒各營士卒，準備打仗。」

諸葛亮趕忙攔住他：「且慢，三將軍，不要自己亂了自己的陣腳，先探聽清楚虛實再說。」

張飛焦躁道：「軍師，燃起這麼大的火，肯定是曹操突襲，還探聽什麼？」

劉備著急地望著諸葛亮，諸葛亮道：「不然，周瑜足智多謀，非等閒可比。我們暫時不可輕舉妄動，以免被他們恥笑。」

張飛點點頭：「和曹操初遇，他就打了勝仗，想來也不會這麼沒用，讓曹操偷襲了營寨去。」

他們登上軍中最高的樓船，向周瑜軍營方向探視，確實是燃起了幾艘船。諸葛亮看了一會兒，果斷地對劉備說：「主公，絕對不是曹操偷襲營寨，而是周瑜軍營中故意縱火，連失火都不是。」

劉備望著他，滿懷狐疑：「何以見得？」

諸葛亮道：「主公，若是曹操突襲，著火點不應該那麼狹窄，周瑜軍營那麼多船，只在中間燃起那麼幾艘，其情可疑。而且軍營其他營寨絲毫不見慌亂，只有鼓譟的聲音，似乎是看熱鬧，這於理不合。」

張飛附和道：「軍師說得是，很是可疑。」

諸葛亮繼續說：「昨日下午不是聽諜報說嗎，周瑜有個同窗名叫蔣幹的來到東吳軍營，我猜測，可能是曹操派來遊說周瑜投降的。但我知道，周瑜絕不可能投降，上次他旗開得勝的時候，我跟他說，曹軍勢大，不可輕敵，水軍都督蔡瑁、張允，都深通訓練水軍之法，不可小覷。我懷疑他會使反間計，讓曹操自己殺了蔡瑁、張允。這只是我的猜測，未必是對的。主公你看，火勢漸漸變小，士兵們也不鼓譟了。」他又抬起頭，「天也亮了。」

劉備對諸葛亮的分析非常首肯：「江東人才濟濟，有周郎這般將才，難怪黃祖守江夏不住。」

諸葛亮笑道：「主公是否擔心周瑜將來是我們的一大敵手。」

一直在一旁沉默不語的關羽「哼」了一聲，插嘴道：「周瑜不過仗著江東人多，我不信他有三頭六臂，大哥怕他作甚。」

張飛道：「二哥不要小瞧周郎，若論單打獨鬥，我們兄弟當然誰也不怕，可是打仗究竟不能單憑匹夫之勇嘛。」

關羽不悅道：「三弟總是滅自家威風，長他人志氣。」

劉備道：「三弟說得是，打仗不能憑匹夫之勇，否則如今統一北方的就該是呂布了。」

諸葛亮道：「雲長說得也有道理，周瑜雖然能幹，奈何受孫權猜忌，這次用他，不得已耳。要除掉他也不難，等擊破曹兵再說。」

劉備喜道：「軍師有何高見。」

諸葛亮道：「大戰過後，主公必定會和孫權會面，那時可以趁機挑撥他們君臣關係，臣認為一定有用。」

蔡瑁、張允正在樓船上望著水兵操練，在一些中層軍官旗幟的指揮下，水兵們有條不紊擊刺。天色還沒有完全亮，船上燈火通明，照得士卒們的額頭亮晶晶的，還可以看見粟米似的細微汗珠。蔡瑁的眼光卻沒有在他們身上，他看見了周瑜軍營中沖天而起的火光，非常奇怪。

他身邊的張允卻一心一意指揮著水兵操練，過了一會，他走過來對蔡瑁道：「舅舅，這樣訓練下去，不出一月，就可以和周瑜在水上交鋒了。」

蔡瑁歎道：「只怕丞相不耐煩等這麼久。」

張允也有些失意：「唉，也是，出兵在外，日費錢糧無數，誰都想速戰速決。不過目前耗不起的應該是周瑜，丞相何必要著急呢？」蔡瑁沒有理會他，仍是注目對面周瑜的軍營，自言自語道：「為什麼會突然燃起大火。」

張允也遙望對岸，答道：「鬼才知道，也許是不小心失火罷，好像燒了幾隻小船，沒有多少損失。真希望他們燒個精光。」他又轉過目光望著東邊的劉備軍營，「還有劉備，真沉得住氣。哎，舅舅，當日如果果斷一些，在荊州就殺死劉備，只怕不會像現在這麼棘手罷。」

蔡瑁道：「當日笑劉備寄寓我們主公籬下，現在反倒輪到他來笑我們了。」

張允默然，又道：「舅舅後悔投降了？」

蔡瑁道：「世上無後悔藥可食。」

這時水軍營寨突然產生喧嘩聲。蔡瑁、張允尋聲望去，只見荊州水兵和北方士卒在推推攘攘，嘴上不停叫罵。蔡瑁大叫道：「去打探一下，到底怎麼回事？」

一個部司馬跑上來：「啟稟都督，是虎豹營士卒要搶我們荊州士卒的衣服。」

張允這時倚在欄杆上，看見一隻快船正從赤壁快速向北岸馳來，問道：「那隻快船似乎是我們荊州水軍的，怎麼從赤壁方向馳來？」

一個隨從道：「丞相昨日派了說客去周瑜軍營，就是坐那隻船去的，當時還是末將發放的船隻，現在回來了。」

張允道：「哦。」

蔡瑁對他道：「我下去處理一下。」說著轉身就走。

張允跟上他：「我也去。」

蔣幹船隻一靠岸，就直奔曹操的樓船，要求拜見曹操。

曹操沒想到蔣幹這麼快就回來了，趕忙從床上爬起，穿戴整齊，出來接見，問道：「子翼君，事情辦得如何？」

蔣幹道：「一去就拉我飲酒，從中午飲到深夜，之後就是睡覺，根本沒有機會開口。」

曹操冒著寒冷起床接見，沒想到是這種結果，當即怒道：「沒機會開口，這就是你給孤的回答，那你急著求見孤作甚？」

蔣幹兩腿一抖，趕忙跪倒在地：「丞相息怒，飲酒不得開口只是原因之一，更重要的原因容臣詳述。」

曹操道：「婆婆媽媽，趕快道來。」

蔣幹道：「丞相，此事關係重大，非同小可，請丞相摒退左右。」

曹操見蔣幹臉色凝重，怒火稍息，想蔣幹這番去恐怕真有不少的收穫，他點了點頭，命令左右退出。蔣幹這才從懷中掏出那卷絹帛，呈給曹操，嘴上道：「丞相，這是幹在周瑜書案上偷到的，就因為看了這封書信，幹才知道想說服周瑜投降萬無可能。」

曹操好奇地接過書信，展開一看，當即勃然大怒道：「二賊竟敢如此大膽，來人。」

侍衛趕忙跑進。曹操道：「將蔡瑁、張允二人叫來見孤。」

那邊蔡瑁才走下望樓，對喧嘩的水兵道：「諸君何事喧嘩？」他發現吵鬧的雙方，一邊是他所率的原荊州水卒，一邊是曹操麾下的精兵——虎豹騎。他知道得罪不起，所以面上的笑容讓他自己都覺得過於諂媚。雖然他是官職秩級為二千石的水軍都督，可是面對這些虎豹騎，倒好像自己是他們的下屬一般。

一個荊州水兵候長趕忙奏禀：「啟稟蔡將軍，這些北軍兄弟說冷，要我們荊州水兵把衣服脫給他們。可是我等也不是鐵打的，給了他們，自家勢必凍死。」

蔡瑁看著虎豹騎，和顏悅色：「諸君，是否果然如此？」

一個虎豹騎的士卒仰頭傲然道：「是又怎樣？」

蔡瑁臉上肌肉抽搐，但語氣依舊和藹：「諸君，大家都是血肉之軀，都需要衣物禦寒，荊州水軍身上衣物並不比諸君穿得厚實，怎麼能強行相奪呢？」

那士卒道：「你們荊州人慣常在水上活動，比我們北方人耐寒，借出兩件衣服要什麼緊。」

他身後的虎豹騎士卒起鬨道：「是啊，這般吝嗇。」「本是我等手下敗將，還敢裝腔作勢。」「不給就只有搶，看他們能怎的。」

蔡瑁脾氣再好，這時也忍耐不住，今天就算命不要了，也不能在自己麾下的士卒面前丟臉，要不然以後有何面目統率他們。況且此事本就是虎豹騎無禮，向來聽說曹操治軍嚴明，哪怕告到曹操跟前，他也不能怪罪自己。實在要怪罪，那也顧不了了，他只覺得氣血上湧，不發洩出來勢必氣出重病，於是拔劍出鞘，大聲吼道：「大膽，我蔡瑁是丞相親自拜授的水軍都督，以《軍律》繩治部下，有敢喧嘩者當即斬首。」

這聲吼叫果然發揮了作用，虎豹騎士卒們都不由得後退了數步，他們沒想到往常一向和顏悅色的蔡瑁突然如此囂張，好一會兒，才有人道：「看他起勁的，真把自己當回事了。」「人家官大，我們惹不起，去請曹純、于禁二將軍來為我們做主。」「荊州人不會打仗，穿得暖和有什麼屁用？」

這種嘲諷的語氣顯然表明人家仍舊不把自己當回事，蔡瑁氣得額上青筋暴起，他還沒發話，張允已經忍耐不住了：「反了，來人，將為首鬧事的綁起來。」

荊州士卒本來就忍氣吞聲，現在主將下令，哪裏管得了許多，當即像沙子一樣蜂擁湧上。虎豹騎雖然身體健壯，無奈人少，在船上又遠不如荊州士卒靈便，立顯窘態，很快淹沒在荊州士卒的人潮之中。有的荊州士卒還趁機揮拳痛毆虎豹騎士卒，發洩久已鬱積的怒氣，虎豹騎慘叫連連。蔡瑁也有些害怕，真要打出人命，恐怕後果不小。他趕緊下令不許毆打，但是群情激憤，一時之間命令難以奏效，好一會兒才平息下來，虎豹騎大部分被打得氣息奄奄。蔡瑁心中大駭，正是不可收拾之時，突然有人在岸上大叫：「丞相有令，召蔡瑁、張允覲見。」

蔡瑁、張允回頭一看，見一個曹操侍從奔跑而來，臉色凝重地看著他們，手持節信，高揚過頭，嘴裏還在叫：「這是丞相節信，蔡瑁、張允速速覲見。」

蔡瑁、張允互相對看了一樣，臉色驚慌，張允疑惑道：「這裏的事，難道丞相這麼快就知道了？」

蔡瑁一跺腳，道：「知道了也好，我們這就前去面見丞相，稟明利害，絕不能讓虎豹騎這麼欺負荊州水兵。」

說著，兩人大踏步走上岸。主將一走，荊州士卒沒有了主心骨，雖然虎豹騎士卒被荊州士卒捆成了一團，但他們能說話的都有恃無恐地歡呼：「哈哈哈，等著丞相處置罷。」

蔡瑁回頭大叫道：「將他們好好看護，等我稟明丞相，再行處置。」

荊州水卒將那些捆得像粽了一樣虎豹騎士卒扔在甲板上吹風。

九　反間計成斬蔡瑁

蔡瑁、張允走進曹操樓船的船艙，躬身對曹操道：「末將參見丞相。」

曹操不露聲色道：「知道孤為什麼召你們來罷。」

蔡瑁見曹操面色不善，心裏一沉，道：「沒想到丞相消息如此靈通。」

曹操見他們害怕的樣子，愈發深信蔣幹帶回的消息是真的，當即變了臉色，大喝道：「消息若不靈通，孤的首級就獻到周瑜帳下了！」

蔡瑁、張允大驚，齊齊道：「丞相，末將……」

曹操也不和他們說話，對著帳外喊道：「來人，將這二賊推出，斬首來報。」

帳外甲士立刻跑了進來。蔡、張二人如五雷轟頂，呆若木雞，任由甲士們捆綁。張允垂淚對蔡瑁語：「早知如此，何必當初，今悔之何及。」蔡瑁也臉色黯然，俯首無言。

曹操嘿嘿冷笑，望著甲士將蔡瑁、張允拖下，轉首對蔣幹道：「子翼，這封密信，你怎麼偷到的？」

蔣幹道：「是周瑜邀我同寢，他爛醉如泥，我趁他熟睡，偷看他桌上文書，發現此信，趕忙駕船回來。」

曹操道：「周瑜不允許，你怎麼能離開他的軍營？」

蔣幹道：「說起來也真是天佑丞相，凌晨時分，他軍中發生火災，似乎有一個船隊被燒。他急著前去視察，衛卒都跟隨他走了，方才被我有機會跑掉。」

曹操道：「渡口沒有士卒阻攔嗎？」

蔣幹笑道：「當然有，不過我在周瑜床頭發現他的一盒符節，順便偷了一支，渡口士卒合符後方才讓我離開。」

曹操點點頭，思忖了一下，突然大叫道：「不好。」吩咐隨從，「快，快，把蔡瑁、張允二人喚回。」

隨從還不及回答，這時士卒已經手捧托盤而入，托盤上盛著蔡瑁、張允二人血淋淋的首級，曹操心中暗暗叫苦。這時眾將紛紛求見，都紛紛詢問道：「丞相為何突然斬了蔡瑁、張允二將。」

曹操不知怎麼回答，于禁道：「剛才虎豹騎士卒強搶荊州水兵衣物，被蔡瑁下令將為首者捆綁，雖然荊州水兵義憤之下曾毆打虎豹騎士卒，但毆打並非蔡將軍本意，也不曾有人因此死亡。末將認為蔡將軍治軍謹嚴，並未有錯，丞相何故斬之？」

曹操趕忙順坡而下：「孤征討不廷，不都倚仗諸位將軍和北方士卒嗎？而蔡、張二將盡情袒護荊州水卒，實在讓人憤恨，故此斬之。」

于禁再次道：「丞相……」

曹操道：「于將軍不必說了，孤命你和毛玠二人為水軍都督，加緊訓練。」

于禁見曹操臉色不好，不敢再說，無奈道：「臣遵命。」

曹操下令，將蔡瑁、張允的首級高高懸掛在桅杆上。

于禁遵照曹操的命令，將虎豹騎士卒全部鬆綁。荊州水軍仰臉望著桅杆上蔡瑁、張允的首級，心中悲憤，卻不敢發言。于禁看在眼裏，知道事情不妙，這次征戰還要依靠荊州水軍，現在這樣對待他們，一旦戰事不利，很可能讓他們反戈相向，丞相一向治軍嚴格，這次怎麼犯下如此大錯。但見丞相意志堅決，和往日有異，又不敢勸。他無奈地看著這一切，對虎豹騎士卒道：「以後不許再隨便騷擾荊州水軍軍營，不聽令者，軍法從事。」

虎豹騎士卒見于禁表情嚴肅，知道他不是逢場作戲，他們知道于禁這個人治軍極嚴，平時不苟言笑，攻下城池，也從不縱兵搶劫，所以士卒都不願在他麾下當兵。而且，為了法令他還可以不顧私情。建安十年，原青州兵首領昌豨發動叛亂，曹操派遣于禁征討。于禁急進攻昌豨，昌豨和于禁有舊交情，就投降了于禁。當時于禁麾下的諸將都認為于禁會把昌豨送給曹操處置，誰知于禁說：「諸君不知主公的命令乎！圍而後降者不赦。我奉法行令，這是遵循侍奉主公的節義。昌豨雖然是我的舊友，但我可以因為私交失去忠君的節義嗎？」當即下令將昌豨斬首，臨刑時，他還親自到刑場舉酒和昌豨訣別，號啕痛哭。不過據當時在場的士卒講，昌豨並不領于禁的情，在刑場上大罵于禁的虛偽和無恥，鬧得于禁很尷尬，只好匆匆下令行刑。其他將士雖然不敢說什麼，但私下裏也認為于禁這個表演太作嘔了。好在曹操欣賞于禁的這一表演，還為此特地升于禁為虎威將軍。看他現在這副嚴肅的嘴臉，以後暫時是不能太囂張了。不過主公斬了蔡瑁、張允，說明主公也是支持虎豹騎的，你于禁雖然號稱鐵面無私，想控制主公的禁衛親兵虎豹騎還是嫩了點。所以他們表面上唯唯稱是，眼睛卻不時回頭望望荊州水卒，鼻孔裏哼出冷笑。

荊州水卒們自然看到了虎豹騎士卒的囂張神態，個個心頭是火，卻也毫無辦法。

大戰前夕相伐謀

第九章

孫權額上冒汗，呆若木雞。良久，他突然跪在大喬床前，喃喃道：「你能感激我就好。我很快就要出征合肥，你要相信，我不會比曹操做得差，我不會像我父親和兄長一樣濫殺無辜，曹操能做到的，我也一樣能做到。我能照顧你們喬家，曹操沒做到的，我也一樣能。」說著他突然抓住了大喬的手。

一 大喬的痛苦

赤壁的周瑜軍營。一個東吳水軍報告周瑜：「都督，北軍水寨懸掛了兩個首級，據說是蔡瑁、張允的首級。」

周瑜哈哈大笑：「太好了！我還擔心計策不能成功，誰知曹賊輕易上當。我只燒毀了自家兩條破船，就讓他們自殺大將，而且勢必影響荊州士卒的鬥志，這個交易太合算了。」

身旁諸將都紛紛祝賀，周瑜又道：「都說曹賊善於用兵，看來徒有虛名，我所患者，只此二人，今已剷除，我無所顧忌了。」說著站起身來，對諸將道，「走，看看去。」

數人站在樓船上，遙望北邊水寨，此刻天空湛藍，一絲風也沒有，太陽暖暖地掛在天際，江上也沒那麼寒冷了。空氣非常純淨，能見度極好，烏林方向曹軍營寨裏，懸掛在桅杆上的兩顆頭顱，歷歷在望。魯肅也不由得拍欄讚道：「都督用兵如此，何愁曹賊不破。」

周瑜道：「諸葛亮上次還跟我說蔡瑁、張允精通操練水兵，讓我不可輕敵，今天如何？哈哈哈。」

魯肅道：「他哪裏知道都督用兵如神。」

周瑜又笑，接著又道：「子敬，你為我去劉備營中，告訴諸葛亮，看他什麼反應，立刻回報。」

魯肅答應一聲，匆匆去了。周瑜又對屬下道：「快命令郵傳，將此捷報稟告主公，並請主公立刻遣軍進攻合肥，不日我亦要與曹賊決戰。」

周瑜匆匆走下望樓，這時一個士卒稟報：「報告都督，剛剛接到京師的消息，吳太夫人幾天前病歿，主公正在京城舉喪。」說著遞過一封書信。

周瑜很意外：「哦。」心情一下子變得沉重起來。周瑜知道孫權對自己一直不放心，擔心自己的威望超過他，也擔心自己以孫策的舊人自居，看不起他。加上張昭等人經常挑撥離間，造謠生事，這次出兵，自己又和張昭的意見相左，不知張昭等人在朝中會怎麼對孫權進讒言。以前有吳太夫人在，還可以經常給孫權施加壓力，現在太夫人突然薨逝，實在不是個好的徵兆。這事也奇怪，太夫人雖然小病不斷，但年紀也不太大，不至於說死就死啊。

他沉思了一下，對諸將道：「傳我命令，全軍掛白舉喪。自古云，哀兵必勝，此天助我擊破曹操。」

說完，周瑜拆開書信，匆匆看完，道：「主公信中說，太夫人的靈柩已經提前下葬，同時召集了三萬兵馬，不日將出兵征伐合肥，不會因此耽誤軍事。」

諸將轟然叫道：「萬歲。」

此刻在京口，東吳的宮中到處掛著白色帷幔。孫權心中五味雜陳，母親的死，雖然不能說是他害死的，但至少也是他促成的。對母親，他不能說沒有感情，但又討厭她礙手礙腳。現在他已經長大了，沒有她，將來或許會更好。雖然這也有遺憾，因為他再也不能在她面前證明，他的能力不比兄長孫策差，也不能讓她為自己感到自豪了。同時，他也再不能在母親膝下撒嬌，那是他童年時經常做的，也是他對母親最深的記憶。

鬼使神差地，在母親下葬後，他又來到了大喬的宮中。他一動不動地凝視著坐在床上的大喬，一架琴放在她面前的几案上。大喬也望著他，然而還是一臉的漠然。

「你，怎麼樣，感覺好點了嗎？」他艱難地說。

大喬的臉色還是那麼蒼白，她裹在被褥裏，轉首呆呆地看著身邊的琴，她的手指是蜷曲的，體內殘餘的鴆毒，讓她喪失了彈琴的能力。她道：「你該叫我嫂嫂。」

孫權道：「何必，你本也不願做我嫂嫂。」

大喬低下頭，淚水沾滿了臉頰，她越哭越傷心，肩頭微微聳動，但是沒有哭泣的聲音，只看見她的眼淚不斷地湧出。孫權又道：「凡是見過我哥哥的女子，都會為他的俊美儀容著迷，你為何偏偏不喜？」

大喬仍舊只是哭。孫權道：「我知道，你們喬家和曹操很有淵源，你大概覺得我們孫氏家族的人個個粗鄙，不如曹操高貴。」

孫權繼續道：「可是曹操不也正如陳琳所言，是一個閹贅遺丑而已嗎？他比我們孫家好到哪裏去了？我知道曹操從小出入你們喬家，你大父還曾託付他照顧你們，可是當你們流離皖城的時候，他卻在中原爭名逐利，忙得不亦樂乎。如果他心中真有你們，就會抽空去皖城營救你們，由此看來，他還是一個不守然諾的小人……」

大喬猛然抬起頭來，擦拭自己的眼淚，打斷了孫權：「夠了，你說完了嗎，你知道什麼？當孟德在亳縣精舍思考天下太平大計之時，你父親孫堅卻在長沙燒殺搶掠，謀害朝廷二千石長吏；當孟德在中原高舉義師的時候，你父親孫堅卻俯身投靠亂臣賊子袁術，禍害荊襄；當孟德在許昌奉天子擊破反賊袁紹的時候，你兄長孫策卻在揚州高舉屠刀，血流成河。我是恨你們孫家，也許我早該死去，每當想起在孫策手下所受的凌辱，每當想起我那些死在孫策刀下的親人，我就痛不欲生。我只恨自己的軟弱，乃至於連飲杯鴆酒都不自由。如果說我要感激你，只能感激你這一點，你沒有讓我那樣屈辱地死……」

孫權額上冒汗，呆若木雞。良久，他突然跪在大喬床前，喃喃道：「你能感激我就好。我很快就要出征合肥，你要相信，我不會比曹操做得差，我不會像我父親和兄長一樣濫殺無辜，曹操能做到的，我也一樣能做到。我能照顧你們喬家，曹操沒做到的，我也一樣能。」說著他突然抓住了大喬的手。

大喬抽回了自己的手，搖搖頭，冷冷地看著孫權。

二　算計諸葛亮

赤壁東面的劉備軍營中，劉備和諸葛亮、關羽、張飛等一干人都站在望樓上，凝視著曹操的軍營。他們也看到了曹軍營寨桅杆上掛著的蔡瑁、張允的首級。劉備道：「軍師真是料事如神啊，早上說周瑜將使反間計，讓曹操殺了蔡瑁、張允，現在兩人的首級果然掛出。」

諸葛亮臉上略無喜色：「唉，真是世事變幻，沒想到當日在荊州叱吒風雲的水軍首領，今日首級卻掛在桅杆上晃盪。」

劉備也有些傷感，道：「蔡瑁、張允當日若堅執不降，又怎會落到如此下場，可歎可悲。」

諸葛亮望了劉備一眼，道：「不知會不會牽連到蔡夫人。」

劉備不很肯定：「應該不會罷。」

張飛道：「怎麼不會，如果確實是周瑜的反間計所致，那就是謀反罪，將株連九族，蔡夫人哪裏逃得過？」

諸葛亮道：「呵呵，無妨，亮剛才已經聽諜報說了，他們被殺的罪名是沮護荊州水軍，沮敗軍事。曹操奸雄一世，沒想到這次出征，卻會迭出昏策啊。」

劉備道：「軍師請道其詳。」

諸葛亮道：「主公你想，從軍法上講，沮護荊州水軍，何至於斬首？肯定別有隱情，讓曹操不便明示，或許吃了啞巴虧，有苦說不出啊！這是失策一。而對外宣布二人是沮護荊州水軍，這是廢棄軍法，又會引起荊州水卒心懷怨恨，導致軍心不穩，此乃失策二。豈非迭出昏策乎？曹操一向善於用兵，這次如此反常，看來上天要讓他失敗啊。」

劉備有些振奮：「軍師分析的是，看來天將亡曹賊，我漢室復興有望矣。」

幾個人正在望樓上討論，一個士卒過來稟告道：「江東贊軍校尉魯子敬先生來了，說要求見諸葛軍師。」

諸葛亮笑道：「打探消息的來了，請他到議事廳見面。」

魯肅等了沒多久，諸葛亮走了進來，笑道：「校尉君光臨，失敬失敬。」

魯肅道：「許久未見，渴念殊深，今日有閒，特來聆聽尊教。」

諸葛亮道：「豈敢豈敢，亮今日軍務忙碌，都無暇給周都督賀喜。」

魯肅假裝愕然：「何喜可賀？」

諸葛亮道：「公瑾派君來探問亮的口風，亮難道不知嗎？」

魯肅驚道：「先生何以知之。」

諸葛亮假裝不屑：「這等拙劣小計，只能欺騙蔣幹，曹操雖被瞞過一時，旋即便會省悟，只是不肯認錯罷了。聽說他換了于禁和毛玠為水軍都督，這兩人率領水軍，不過是讓水軍送死。」

魯肅驚奇道：「先生真神人也。我還奇怪，曹操為何不以勾結東吳的罪名殺蔡瑁、張允，先生這麼一說，讓肅恍然大悟。」

兩人又聊了幾句，魯肅道：「軍中事務繁多，告辭了。」

諸葛亮道：「剛才不是說今日有閒，特來聆聽教誨嗎，怎麼又事務繁多。」

魯肅張口結舌，急忙辯解，說突然想起有要事未辦，仍是起身要走。

諸葛亮也不挽留，送他到門口，故意叮囑道：「望子敬在公瑾面前休言亮知曉此事，恐公瑾心懷妒忌，將尋事害亮。」

魯肅應諾而去。但一見到周瑜，立刻把事情原原本本告訴周瑜。這對他來說也沒什麼道德負擔，雖然和諸葛亮私交不錯，但國事為重，私交為輕，這是他一向信奉的準則。

聽罷魯肅的話，周瑜大驚失色：「此人聰明絕頂，又不肯輔佐我們主公，絕不可留，必須斬之。」當日諸葛亮在江東時，周瑜曾讓諸葛瑾前去勸諸葛亮投靠東吳，被諸葛亮嚴詞拒絕，是以周瑜覺得，除了殺了諸葛亮，沒有別的辦法。

魯肅到底心地忠厚，勸諫道：「不行啊，我們和左將軍劉備只是聯盟關係，他們並不受都督約束，如何能斬他？如果舉兵相攻，或者能夠如願，只是大敵當前，我們先自相殘殺，豈不是讓曹操坐收漁翁之利？那時我們不但覆軍亡邦，還會被天下人恥笑。」

周瑜道：「子敬放心，我有辦法，教他死而無怨，而且劉備也無話可說，只能自認晦氣。」

魯肅不解：「劉備將諸葛亮視為股肱，都督能有什麼辦法？」

周瑜道：「子敬休問，來日便知。」吩咐侍從，「去，給左將軍軍營送信，請諸葛先生明日來此商量軍事。」

烏林那邊自從于禁、毛玠接任水軍都督後，也操練得熱火朝天。但荊州士卒個個沒精打采，曹操帶來的北方士卒又不擅長行舟，每日在舟中晃盪，也經常摔得橫七豎八，所以進展緩慢。另外軍中飲水，都是從長江中汲取，由於缺乏肉蛋，也經常從江中撈捕魚蝦烹食解饞。北方士卒水土不服，以前也少吃魚蝦，不慣葷腥，是以多有疾疫。這日曹操巡視營寨，于禁向他稟報：「丞相，近日又有一些北方士兵患上腹瀉。」

曹操道：「大概仍是水土不服，傳令下去，江中魚蝦，北方士卒一概不可食用。已患病者，皆到岸上烏林駐紮，免去操練，幹些廝養灑掃的輕活。」

于禁蹙眉道：「丞相，臣雖然日日盡心督導，士卒們仍舊不慣舟中擊刺，為之奈何？」

曹操一向信任于禁，當他是心腹愛將，對他的評價是「質忠性一，守執節義」，而且知道他打仗一向不畏險難，輕易不會說沮喪的話。現在既然這麼說，肯定有十足的困難。曹操想了想，只好說：「既然這樣，目前又難以速戰速決，那麼就長期相持下去也罷。立刻傳孤命令，讓留守襄陽的徐晃率剩餘水軍順漢水南下，先掃清夏口劉琦殘敵，再向西包抄赤壁敵軍。」

周瑜向諸葛亮發出邀請的第二天，正在升帳理事，諸葛亮前來拜見了。兩人行禮坐定，周瑜道：「曹軍正在加緊操練，很快將與我們進行決戰，先生認為水路交兵，當以何兵器為先？」

諸葛亮笑道：「大江之上，士卒難以近身肉搏，自然以弓箭為先。」

周瑜道：「先生之言，正合我意。但今軍中缺少箭矢，敢煩先生監造十萬支箭，以為應敵之具。我東吳現在和左將軍結為聯盟，這件公事，我想先生不會推卻罷。」

諸葛亮裝出慚愧的樣子：「都督見委，自當效勞。況且都督的軍隊和曹操一碰面就發生激戰，斬將搴旗，挫了曹軍的銳氣，才能使雙方相持這麼久，為我方贏得取勝的機會。倘若曹軍打敗，而我們左將軍毫無功勞，到時怎麼好意思收復荊州呢？」

周瑜不悅道：「先生前面的話不錯，後面就讓人不懂了？什麼叫收復荊州？荊州本來就不是左將軍的地盤，將來擊破曹操，荊州應當是歸我東吳所有。」

「如果東吳獨力擊破曹兵，將曹操趕出荊州，那荊州當然全歸東吳。如果要靠我們左將軍並立作戰，那荊州就不能說是東吳一家的了。」

周瑜見諸葛亮的話有理有據，確實也不好反駁，不如乾脆答應他。到時他交不出箭，就可將他斬首。就算他能交出，荊州的所有權也不是靠嘴皮子就能有的。趕走曹操，少不得再和劉備打一

仗，斬了劉備，併了他的軍隊。等到長江以南皆歸江東，地域廣闊，物產富饒，那時又何懼曹操。於是也就點頭答應：「也好，荊州的事，可以緩一步再談。造箭的事卻很急切，諸葛先生願意承擔，實在再好不過。」

諸葛亮道：「十萬支箭，何時要用？」

周瑜假裝出無奈的樣子，道：「十天之內，可能辦齊？」

「十天，都督，十天怎麼可能？」在一旁的魯肅驚呼起來。他本來一直坐在旁邊，剛才講到荊州問題，他本來就覺得周瑜過分。如果趕走曹操，荊州全部歸東吳所有，那人家劉備又去哪裏呢，人家又為什麼和你並力作戰呢？不過他是江東方面的人，雖有異議，卻不好出口。現在聽周瑜要諸葛亮十天之內造出十萬支箭，覺得過於荒唐，終於忍不住嚷了起來。

周瑜狠狠瞪了魯肅一眼，語氣中頗帶嚴厲：「子敬。」魯肅一凜，不敢說話了。

諸葛亮道：「十天……」面上顯出迷惑之色。

周瑜看見諸葛亮臉色，道：「如果先生覺得過於倉促，也可稍加延長。」周瑜心想，十萬支箭，以劉備那點兵力，只怕兩個月也不能蒇事，但我說十天，他總不好要求延長到兩個月罷，要是這樣，我也不能答應。他望著諸葛亮的臉色，不料諸葛亮搖頭道：「曹軍隨時可能進攻，若等十日，必誤大事。」

此話一出，大出周瑜所料，他驚訝道：「那先生認為應該幾日？」

諸葛亮道：「三日足矣。」

魯肅大吃一驚：「先生莫非瘋了？」周瑜卻大喜過望：「軍中無戲言。」

諸葛亮道：「怎敢為戲。願納軍令狀：三日不辦，甘當重罰。」

周瑜道：「好，來人，取文書筆墨來。」

諸葛亮毫不猶豫，揮筆當場寫了軍令狀。周瑜撫慰道：「有勞先生，這件事成功，先生算是立了大功。將來趕走曹操，我們兩家當瓜分荊州。」他雖然自小跟隨孫策帶兵打仗，殺人如麻，冷酷無情，但見諸葛亮竟然答應這種完全辦不到的事，心中也不免有些歉疚，所以一順口，說出這樣讓步的話。

諸葛亮也喜道：「那好，軍中無戲言，一言為定。」他雖然知道周瑜的話未必當真，但既然說過，就算將來反悔，也免不了氣焰大消，那時自己這邊在道義上就佔了主動。

周瑜點點頭：「一言為定。」諸葛亮道：「都督當真爽快。今日已來不及，明日開始造箭，至第三日，都督可以派遣五百士兵去江邊搬箭。」

兩人又說了些不冷不熱的淡話，諸葛亮起身告辭。魯肅望著他的背影消失，對周瑜道：「十天之內造十萬支箭，絕無可能，他卻只要三天，莫非有詐？」

周瑜冷笑道：「他願意送死，非我相逼。軍令狀白紙黑字，他便想要賴，也是枉然。我吩咐工匠，凡應用物件，都不給他齊備，他必然會誤日期。到時將他斬首，看他有何話說。君現在且去劉備營中，探聽虛實。」

魯肅道：「都督，此事使不得啊。」

周瑜收起了笑容：「子敬，我知你與孔明私交甚好。但國家和友情，難以兩全。自古五倫，君上居首，朋友居末，你好自為之罷。」

魯肅默然，重重歎了口氣。

三　將計就計

諸葛亮回到自己的營寨，劉備等人一直在等著他，見他回來，脫口就問：「今天周瑜找軍師去，有何計畫？」

諸葛亮道：「要我十天之內造十萬支箭給他。」

劉備大怒：「周瑜欺人太甚，十萬支箭，十天怎能造齊，軍師不要理他。況且我要是能造齊這麼多箭，留給自己用豈不更好，何必給他？」

諸葛亮道：「我知道他是故意刁難，但想到兩國聯盟不易，若這次拒絕，必然會生嫌隙，大敵當前，以和為上，於是慨然應允，答應三天內把箭造齊。」

劉備由怒轉驚：「啊，軍師你答應了？還只要求三天？」

諸葛亮點頭道：「因怕他覺得我方沒有誠意，又立了軍令狀。」

劉備差點哭出來：「軍中無戲言，軍師怎麼如此糊塗？」

關羽冷冷道：「料想軍師必有高策應付。」

張飛道：「除非變成神仙，把別家的箭都挪到我們這裏。」

關羽哼了一聲，捲起手上的書本，道：「這世上誰又見過神仙？」

張飛道：「那只有斷頭變鬼。」

關羽冷笑道：「量那周郎小兒，也不敢把我們軍師怎樣，否則我關羽的刀絕不答應。」

諸葛亮見關羽這麼說，心中感到一陣溫暖，他一直覺得關羽為人高傲，對自己也一向語帶譏刺，沒想到這回對自己這麼維護。他感激地對關羽笑了笑。

張飛哈哈大笑道：「二哥說得是，誰將變鬼，還未可知呢。」

劉備道：「你們不要鬧扯了，快想點良策。軍師，你一向聰明，今天怎的如此糊塗。要不去數數我們軍中還剩下多少箭，如果能湊齊十萬支，一發給他們就是了。」

諸葛亮笑道：「把我們的箭都給他，那我們怎麼打仗。主公勿憂，亮自有良策。」

張飛驚訝道：「就這還有良策？」

諸葛亮拍拍張飛的肩膀：「多虧將軍剛才提醒啊。」

張飛一臉迷惑：「啊，我，剛才提醒了你什麼？」

諸葛亮道：「把別家的箭搬到我們這來。」

張飛仍是不解：「哪家有箭肯讓我們搬？豈有此理。」劉備也道：「豈有此理。」關羽也捋捋長鬚，笑道：「豈有此理。」

諸葛亮笑道：「主公，二將軍，三將軍，你們附耳過來。」

三個人驚疑地把耳朵靠近，諸葛亮嘰嘰咕咕說了幾句，三人面露驚疑。劉備疑惑地說：「這能行嗎？」

諸葛亮道：「主公放心，絕無差錯。」

他們還沒有談得十分妥當，又有人來報：「東吳魯子敬先生又來了。」

劉備跺腳罵道：「這個魯子敬，平常看他憨厚，沒想到和周瑜一起設圈套騙我軍師，今天我要當面質問他。叫他進來。」

諸葛亮道：「他也是各為其主，主公不要怪他。這次肯定是周瑜派他來探聽風聲的。主公，你們先進去迴避一下，讓臣獨自來對付他。」

劉備、關羽、張飛快快退入後室。不一會，魯肅走了進來。諸葛亮見了他，立刻面現怒容：「子敬，你可害死我了。我曾告訴你，千萬不要把我們之間的談話告訴公瑾，免得他設計害我，你卻不聽。如今叫我三天之內去哪兒弄十萬支箭？」

魯肅也有些煩躁：「你我的談話，我家都督問起，我自然不敢隱瞞。至於造箭的事，我當初告訴你不要答應，你卻不但答應，還自己要求把期限減為三天，這是你自取其禍，怎能怪我？」他的煩躁也是真心的，對諸葛亮他一向比較敬佩，也不願他冤死在周瑜刀下。

諸葛亮道：「也罷，子敬，看在我們朋友一場的份兒上，君借我船二十隻，每船有士卒三十人，船上都以青布為幔，各束草千餘個，分布兩邊，我自有妙用。不過此次千萬不可讓公瑾知曉，否則我計敗矣，你們既收不到箭，我也會丟腦袋。朋友丟了腦袋事小，國家缺了箭用卻事大啊，於公於私，君都不能輕忽。」

魯肅有些臉紅，國家和私交的確不能兩全，這是他在諸葛亮問題上一向苦惱的事，他感覺此刻自己好像被諸葛亮看穿了心事，只是他還有些不解，疑惑道：「這些卻容易，你要來幹什麼？何時需要？」

「到時便知，越快越好，請君立刻回去置辦。」諸葛亮道。

魯肅道：「那肅就此告辭。」說著來到渡口，乘船匆匆回到軍營面見周瑜。

周瑜見魯肅回來得這麼快，奇怪道：「見到諸葛亮了嗎，他說什麼？」

魯肅點頭道：「見了，不過他只是和我寒暄了幾句，沒有一字提到造箭的事，也沒有向我要求箭竹、羽毛、膠漆等造箭材料，實在不知道他怎麼想的。」往常魯肅從來沒隱瞞過周瑜任何事，但這次一則關涉諸葛亮的身家性命，實在於心不忍；一則關係軍隊用箭的公事，若沒辦到，影響打仗，自己在周瑜面前有理由辯解。而且，他心裏也自我安慰，就算諸葛亮到時交不出箭，劉備也不會眼睜睜看著周瑜加害諸葛亮，否則，孫、劉兩家聯盟勢必破裂，而且有可能互相殘殺，抗曹戰爭也勢必失敗，這不符合孫權將軍特地派他去荊州聯合劉備的初衷，因此，就算這次對不起周瑜，卻於國家有利，有何不可。周瑜這次的確做錯了，自己既然勸告不了他，做些這樣的挽救也是可以的。

周瑜來回走了幾步，道：「哼，且看他三日後如何回覆於我。」

四　告別大喬

京口。孫權全副戎裝，再次來到大喬宮中。大喬仍舊全身裹著絲綿，正坐在榻上發呆。她身旁扔著幾卷書，床前一盆炭火正在熊熊燃燒。

看見孫權走入，大喬沒有說話，但微微點了點頭。

迄今為止，這大概是孫權從大喬那裏看到的最好的表示了，他有些欣喜，柔聲問道：「我今天就要出征，你，沒有什麼對我說嗎？」

大喬嘴唇翕動：「我說什麼，重要嗎？」

孫權重重點頭：「是的，非常重要。」

大喬沉默了。過了會兒，低聲道：「希望主公能平安歸來。」

孫權喜色滿臉：「你真的這麼希望？」

大喬緩緩但是堅定地點了點頭。

孫權柔聲道：「那你好好保重。」又對侍女道，「好好照顧夫人。」他的表情變得威嚴。侍女忙伏地道：「謹聞主公命令。」

孫權又看了一眼大喬，毅然轉身，大踏步走了出去，他的身後突然響起了悲戚的琴聲，但是琴聲有些生疏。大概她的手指還沒有完全恢復。孫權想，眼淚一時又溢滿了眼眶。他走到庭院，一隊將軍正在等候他，他果斷下令道：「出發。」

魯肅調備了二十隻快船，又準備了一些布幔束草，親自率領著駛往劉備軍營。諸葛亮對魯肅道：「多謝子敬，這次沒有告訴周郎罷？」

魯肅道：「請先生放心，這次絕對沒有。」

諸葛亮笑道：「那就好，這幾日你就留在這裏作客，三天後隨我運箭去見周郎。來人，擺酒。」

魯肅稀里糊塗地就座，兩人相對飲酒。飲了幾杯，魯肅見諸葛亮神色淡和，好像沒有任何事情縈懷，實在忍不住了，驚疑道：「先生到底有何良策，十萬支箭不是光飲酒就能自動齊備的啊？」

諸葛亮道：「子敬放心，大不了我將頭顱獻給周郎。」

魯肅道：「要獻頭顱，也不是這樣獻法，死得太過冤枉。」

諸葛亮笑而不答，只是勸酒。

這樣的日子一連過了兩日。魯肅主動提出：「今天是最後一天了，先生還是逃跑罷，去夏口或者將左將軍營中的存箭拿去充數？」

諸葛亮搖頭道：「左將軍的箭自有用處，怎能挪作他用？況且也未必夠十萬支。」

魯肅道：「那你難道真想交出頭顱？」

諸葛亮道：「不然。現在請子敬陪我前去取箭。」

魯肅道：「何處去取？」

諸葛亮道：「子敬休問，前去便知。」

他們走出船艙，這時外面天色已經很暗淡了，到處都是灰濛濛的，魯肅奇怪道：「今夜奇怪，我只知道清晨霧多，沒想到晚上也大霧瀰天。」

諸葛亮望著江上，喜道：「正等此刻。子敬請上船。」

二十隻快船停在渡口，張飛正在約束那些士卒，見諸葛亮來，道：「軍師，船和士卒，我已經安排好了。你那個計策行嗎？要不讓俺老張陪你去，一旦有變，還可保護你回來。」

諸葛亮搖頭道：「三將軍的好意，我心領了。你回去休息罷，我這裏絕無問題。」

魯肅驚疑地看著他們之間的相互問答。張飛無奈，只好說：「那軍師多保重，我老張等你平安回來。」

諸葛亮拱手答禮，拉著魯肅的胳膊上了第一條快船，原來船艙裏也早已備下了豐盛酒菜。諸葛亮拉魯肅坐下，道：「來來來，子敬兄，今天我們通宵痛飲，明晨正好去你們營寨向周郎交賬。」

魯肅頓足道：「孔明，你到底葫蘆裏賣的什麼藥？我真是愈來愈糊塗了，你一晚上去哪裏搞十萬支箭來。我看你還是趁黑逃到夏口去吧，我真為你擔心啊。」

「有子敬兄這麼一句話，亮就算死，也很感激啊。」諸葛亮感歎道。他轉頭向後吩咐，「開船！」

二十隻快船頓時消逝在漫漫濃霧之中。

也沒行駛太久，二十隻船慢慢接近了曹操水寨。諸葛亮下令道：「所有船隻頭西尾東，一字排開，就船上擊鼓吶喊。」

魯肅大驚：「倘曹兵齊出，如之奈何？」

諸葛亮笑道：「曹操見此大霧，怎敢出兵？我等只管酌酒取樂，待霧散便歸。」

五 草船借箭

這個晚上，曹操也正和眾將坐著飲酒，忽然聽見江上鼓聲如雷，驚疑不定。這時有士卒前來報信：「東吳舟兵前來挑釁，請丞相定奪。」

曹操想了想，道：「東吳擅長水戰，如此重霧，我們定要小心，不可輕舉妄動。可派水軍弓弩手亂箭射之。」

于禁、毛玠領命而去。曹操和眾將又飲了一會，道：「光靠水軍弓弩，只怕不足，張遼、曹純，你二人再各另調撥三千弓弩手前往助射。」

張遼、曹純也立刻領命而去。等他們帶著弓弩手趕到渡口，只見于禁、毛玠的水軍弓弩手已經射得不亦樂乎。兩人馬上命令自己麾下的弓弩手火速助射，頓時江上箭如雨下。因為有霧，船隻輪廓看不清楚，只聽見箭雨中時不時傳來慘叫呼號聲，也間或有箭從江上射回，但非常稀疏，而且鼓聲除偶有停頓之外，一直喧闐如雷，毫無消歇的跡象。

于禁站在岸邊，臉色凝重，道：「敵勢果然猖狂，我們這麼射箭，他們都不肯退兵，真是有恃無恐啊！」

諸將都紛紛點頭表示贊同。

他們哪裏知道，這一切都是諸葛亮安排的，他命令士卒躲在船艙，分班不斷發出鬼哭狼嚎的慘叫，但鼓聲絲毫不停。他自己則和魯肅悠閒地相對飲酒，外面噗噗聲不絕於耳，有士卒報告：「軍師，箭矢太多，船有點傾斜。」

諸葛亮道：「將船掉頭，讓另一面受箭。繼續擊鼓吶喊，慘叫也不要停，間或躲在盾牌後回射幾箭，以免他們疑心。」

二十隻船立刻掉頭，逼近曹軍水寨受箭。也不知過了多久，天色逐漸亮了起來，大霧也陸續散盡，諸葛亮這才下令：「返程。」

這時二十隻船的兩側草人身上插滿了箭矢。諸葛亮命令士卒：「齊聲致謝。」

軍士們大叫：「左將軍劉備、軍師諸葛亮謝曹丞相箭。」呼聲震天動地。

岸上于禁等人大驚：「我等上當，快追。」

寨門大開，曹操的水軍幾十艘戰船衝了出來。但已經晚了，諸葛亮率領的二十隻船已經扯上風帆，如箭一般向江南赤壁方向馳去。

于禁無奈，只好率領其他將領去向曹操請罪。曹操簡直信不過自己的耳朵，拍案怒道：「豈有此理，又被諸葛亮這個村夫所騙。」待了一會兒，又溫言對于禁等人道，「你們無罪，都是孤自己不明，給你們下了糊塗命令。你們下去好生操練水軍，來日必報此仇。」

魯肅自上船以來，就一直暈暈乎乎的，直到插滿箭矢的船隻靠了赤壁的岸邊，才清醒過來，由衷讚佩諸葛亮道：「先生真乃神人也。」

諸葛亮道：「豈敢，我不過算定三日後有大霧，因此敢任三日之職。否則豈不是白白被周郎把頭顱給算計了。君且回去告訴周郎，我命繫於天，量他一個小小的江東水軍都督，豈能害我？」

魯肅滿面羞慚，如此羞辱周瑜，就像羞辱他自己，誰不知周瑜是他們東吳最有智謀的人。他回到自家營寨，把三天來的事情原原本本地告訴周瑜，然而心中仍有惻隱之心，沒有把諸葛亮最後一句話轉述，一則擔心周瑜氣得受不了，二則怕周瑜一怒之下，什麼也不顧，定要先殺諸葛亮而後快。

周瑜起初還很興奮，繼續聽下去，像被凍住了一樣，好半天沒有說話，臉色比死了老婆還難看。也不知過了多久，他才站了起來，慨然長歎道：「孔明神機妙算，我不如也。」

魯肅料想這個平生無比自負的人心中一定很難受，想安慰幾句，又找不到什麼合適的詞，只能猶猶豫豫喚道：「都督……」

周瑜用手止住他，道：「如此神人，我想殺之也不忍心。只是我們東吳和劉備的聯盟只是權宜之計，不可能永遠，他日孔明若算計我東吳，又當如何是好？」

魯肅勸解道：「孔明雖能，終究只是一人之智，我江東人才濟濟，又何必懼他？」

周瑜緩緩道：「子敬，此事再議。且召他來論功犒賞。」

六　曹操也使反間計

張飛興沖沖跑進大帳，對劉備道：「大哥，剛才聽邏卒報告，軍師草船借箭，果然成功。」

劉備大喜：「周郎雖能，終究不如我們軍師遠甚。二弟，你這回對軍師該服氣了罷。」

關羽眼望別處，道：「此不過瞎貓碰到死鼠，偶然成功耳，未必次次都這般幸運。」

劉備知道他是鴨子死了嘴還硬，笑道：「二弟，你啊……」

張飛道：「其實二哥心底對軍師還是佩服的，否則前番聽到周郎算計軍師，不會勃然大怒的。」

關羽道：「那是幫親不幫理。」說著捧著書出去了。

諸葛亮來到周瑜軍營交箭，周瑜設下筵席招待，一個勁地給諸葛亮勸酒。雖然周瑜心裏不痛快，但也由不得不承認，諸葛亮比自己強很多，所以他現在真心想向諸葛亮討教破敵方略。

諸葛亮也很會拍馬屁：「詭譎小計，何足為奇，比之都督計斬蔡瑁、張允，不逮遠甚。」

周瑜雖然知道他是客氣，心裏也頗舒服：「先生謙虛，昨日接到我家主公郵報，說他已經率軍出征合肥，要我立刻攻擊曹兵，首尾相應。然而曹兵勢大，瑜未有奇計，望先生有以教我。」

諸葛亮推辭道：「亮乃碌碌庸才，安有妙計？」

周瑜不信，再三請求，諸葛亮只是說想不出。周瑜想，這豎子說的也許是真話，看來也不能對他估計太高。雖然草船借箭，是不簡單，但我計殺蔡瑁、張允，也不是凡庸之人可比。若比智力，自己並沒有輸給他。這麼一想，殺諸葛亮的心也就減了幾分。他這幾日也想了一個主意，乾脆就此徵求一下諸葛亮的意見，看他怎麼說，於是道：「瑜昨日思得一計，不知可否，想請先生賜教。」

「先生且休言，各自寫於手內，看同也不同。」諸葛亮道。

周瑜啞然失笑：「先生既有計策，剛才瑜百般求懇，為何不講？」

諸葛亮笑道：「都督既早已想好計策，卻來問我，又是為何？」

「我想的計策一般，不敢獻醜，希望先生教我更高明的計策罷了。」周瑜有些沮喪。

諸葛亮道：「俗話云，拋磚引玉。都督肯定自視如玉，才要亮拋出磚瓦啊！」

周瑜不知怎麼回答，只好乾笑了兩聲：「彼此彼此。既然先生這麼說，那我們就將自己的計策各自書寫在掌上罷。來人，筆墨侍候。」

侍從將筆墨呈上。周瑜在自己手掌上寫了一字，又將毛筆遞給孔明。孔明接過，在自己手掌也寫了一字。兩人移近坐榻，各出掌中之字，互相觀看，發現皆是「火」字，不由得相對哈哈大笑。

火攻曹軍，是當下最好的選擇。

烏林的曹軍營寨內，曹操正在生悶氣，因為他剛剛接到合肥送來的郵書，說孫權率領三萬人馬向合肥方向行進，可能想進攻合肥，和周瑜東西相應。合肥是江北重鎮，如果被孫權攻陷，就等於在中原安插了一顆釘子，兗、徐兩州都將震動。「我們這裏必須速戰速決，才能騰出手來救援合肥。」他把郵書擲於岸上，煩躁地說。

荀攸獻計道：「主公勿憂，周瑜、諸葛亮二人都擅長計謀，急切難破，丞相可差人去他們軍營詐降，作奸細內應，或可成功。」

曹操皺眉道：「他二人既精明無比，又怎麼會輕易上當。」

荀攸道：「若派蔡氏宗族子弟去，那就未必了。」

曹操點點頭：「也有道理，去把蔡中、蔡和叫來。」

蔡中、蔡和是蔡瑁的子侄輩，蔡瑁被殺，對他們當然是個巨大的打擊，雖然曹操沒有宣告處決蔡瑁是因為蔡瑁謀反，但軍中一直紛紛有此傳聞。這麼一來，按照律令，蔡氏家族會受到牽連。蔡中、蔡和也因此一直惶惶不安，想投降江東，又怕家族全部被屠，因為他們的親屬都留在襄陽，成了曹操的人質。為今之計，只有重新獲得曹操的信任，才能挽救家族的危難。否則，一旦戰爭結束，曹操有了閒心，蔡家只怕不免被誅。可是哪有這個機會接近曹操取悅他呢？他們平日只好拼命巴結于禁、毛玠二人，誰知于禁鐵面無私，不吃他們這套。毛玠雖然平和，但懾於主將于禁，也不敢過多給他們笑臉。好在他們蔡氏執掌荊州幾十年，富可敵國，有錢送總會有人動心，荀攸、賈詡等人就頗得了他們的好處，答應在曹操面前能說上話的時候一定幫忙，他們心裏這才略微安定了下來。

聽到曹操召喚，兩人惴惴不安，只怕又是叫去斬首。但人在屋簷下，不去也沒辦法，只好硬著頭皮拜見。曹操倒是挺和顏悅色的，問道：「你二人的叔父蔡瑁怠慢軍令，袒護親信，我殺了他，你們恨我不恨？」

蔡中、蔡和兩人急忙頓首道：「丞相治軍嚴格，臣等叔父坐法而死，臣等雖然悲痛，但也知道春秋大義，私不廢公，豈敢因此怨恨丞相？」

曹操雖然不知他們是否真心怎麼想，但這種回答說明他們還是識大體的，心裏頗為高興，點頭道：「很好，蔡氏一家果然忠烈，現在孤想派你們兄弟二人去江東詐降為內應，事成之後，可以封侯，你們願意否？」

蔡中、蔡和沒想到派他們這種差事，又喜又懼。喜的是丞相肯派他們這種事，說明比較信任他們；懼的是使反間計自古號稱「死間」，九死一生，一旦失敗，性命必然不保。他們偷偷望了一眼賈詡、荀攸，賈詡沒有什麼表示，荀攸向他們微微點頭，表示許可。他們想想，確實也沒有別的選擇，只好齊聲表示道：「若能立大功，為叔父雪恥，死亦不恨，封侯殊非敢望。」

曹操道：「有功封侯，乃是漢家法典，君等就是想推辭，也不可得。」他頓了一下，又道，「只是千萬勿懷二心。」

二人忙道：「臣等宗族皆在襄陽，豈敢懷有二心。」

曹操笑道：「這樣最好。」

七 神秘的東南風

蔡中、蔡和二人被東吳的軍士押入大帳，當即伏地大哭。

周瑜道：「你們是蔡瑁的宗族？」

二人泣道：「正是。叔父蔡瑁反對曹賊的虎豹騎搶奪荊州水卒的衣物，竟然被殺，我兄弟二人欲報此仇，特來歸降，望都督收錄，願為先鋒斬曹賊之首，祭奠叔父的在天之靈。」

周瑜心中有些奇怪，將士在陣前投降，若非萬不得已，是絕不可能的，因為按照一般的《軍律》，所有將士的家眷都在後方作為人質，曹操一向律法嚴明，執行尤力。他自從擊破袁紹，佔領鄴城以來，聲威大震，所有他麾下原先持觀望態度的將軍都開始死心塌地為他效忠，掀起了一陣把家眷送往鄴城做人質的狂潮。陣前投降的情況也確實有，但除非他們的主君大勢已去，所投奔的一方能夠幫他們救出親眷來。當然，蔡氏兄弟這麼做，恐怕確實萬不得已，也許曹操殺了蔡瑁，下一步隨時都可能殺他們。不管他們是否真的投降，先撫慰他們一下總是不錯。於是現出大喜的樣子，道：「曹賊擅自誅戮大將，眾叛親離，不亡何待？二君棄暗投明，瑜甚為感激，請起，瑜將與君等共商破敵大計。」

他們滿嘴感激地起來，落座，雙方又聊了一會，周瑜問了一些具體情況，發現他們回答得支支吾吾，開始起了疑心，於是安排他們先去休息，晚上設宴給他們接風。兩人千恩萬謝地去了。

他們剛走，魯肅就跑來拜見，急匆匆道：「都督，聽說日間蔡氏二人帶了數十個親兵，來我東吳請求歸降，卻未帶家眷，一定是詐降，望都督千萬提防。」

周瑜高聲斥責道：「子敬以小人之心，度君子之腹。他二人因曹操殺其叔父，又怕自己也遭到毒手，所以歸降，何詐之有？君氣量狹小，秉性多疑，難成大事。」

魯肅氣鼓鼓的，他和周瑜名為上下級，實為摯友，很早就認識。魯肅投奔孫權，也是周瑜極力推薦的。周瑜見到他總是很客氣，沒想到今天竟然一反常態，他饒是心地平和，也不由得生氣，反駁道：「都督，你也要明白，就算他們是真的歸降，一旦得知他們的叔父是都督施反間計所致，又豈會不怨恨都督？那時都督又怎麼辦？」

「什麼怎麼辦，擊破曹操，再將他們殺了便是。」周瑜不假思索地說。

魯肅再也無話可說，一甩袍袖，氣鼓鼓地走了。

「晚上有宴會，為他們洗塵，別忘了。」周瑜在他後面說。

諸葛亮站在船上，望著長江，眉頭緊蹙。劉備道：「軍師在思慮什麼？」

「主公，我在想，曹兵勢大，聯營幾十里，採用何種方法最易擊破？」諸葛亮道。

劉備道：「按理採用火攻最好，只是放火不易。」

諸葛亮道：「主公不愧歷年征戰，一下看到關鍵。」

張飛插嘴道：「那當然，當年我大哥在博望坡火燒夏侯惇的時候，軍師還在臥龍崗上砍柴呢。」

諸葛亮笑道：「要是知道你們在博望坡那麼好玩，我早該扔掉柴刀……現在我們要火攻烏林，只恨缺少東風。」

劉備搖頭道：「軍師別打這個主意了，冬天哪來的東風。」

諸葛亮道：「如果戰事能拖到明年春天……只是曹兵太多，補給也豐富，久拖下去，於我不利。」

劉備、張飛互相望了望，都無奈地搖了搖頭。

旁邊一個站崗的士卒大概忍不住了，插嘴道：「啟稟主公、軍師，小人不懂什麼打仗的計謀，不過剛才聽主公和軍師說起東風的事，小人敢冒死罪說一句，冬天也不是一定沒有東風。」

張飛瞪眼道：「原來你在偷聽我們說話，你要是敢說出去，今天剝了你的皮。」

諸葛亮眼睛一亮：「三將軍，不要這麼凶，聽他說完。」又和悅地對那士卒說，「不要理會，你具體說說，冬天怎麼有東風。」

那士卒望了張飛一眼，怯生生地說：「小人是荊州江夏人，早年當過漁夫，天天在這江上打魚度日。每年冬日十二月後，如果天晴數日，經常會颳一日半日的東南風，不知是什麼原因。」

諸葛亮道：「君敢肯定？」

士卒道：「敢肯定，有一次我的漁船被強勁的南風颳得撞上北岸，撞毀了前側板，差點沉沒，可謂記憶猶新。」

諸葛亮喜道：「太好了，來，我們進帳飲酒，好好說說。」說著一把拉住那士卒的手，將他拖進船艙，張飛在後看到，不解地搖了搖頭。

周瑜營寨內，為蔡中、蔡和接風的酒筵正在準備。周瑜正在自己的船艙思慮，黃蓋匆匆走入，大聲道：「都督，聽說曹操已經命令徵發徐晃的船隊從襄陽南下，從漢水夾擊我們。」

黃蓋道：「死倒容易，只恨無以報答君恩。末將有一計，不知可用否？」

又是一個壞消息，周瑜頹然道：「實在不行，我們只有盡忠報國了。」

周瑜道：「將軍快說。」

黃蓋道：「曹兵駐紮烏林，適合火攻。」

周瑜眉頭略有舒展：「公覆想法與我相同，只是大江廣闊，雙方營寨相距甚遠，若想靠近放火，也不容易。必須有一人行使詐降，方能保證成功，怎奈我一連思慮數日，至今未得其人。」

黃蓋拍胸道：「其人不在我乎？」

周瑜道：「將軍忠心可感天地，不過自古行詐，必當付出代價啊。」

黃蓋臉色黯淡下來，沉思片刻，道：「若要末將殺死自己的妻子以取信曹操，末將不忍……」

周瑜趕忙止住他：「公覆將軍休言，瑜豈有害你妻子之意，瑜的意思不過讓你自身受些苦楚。」

黃蓋哈哈大笑，慨然道：「這就容易了，末將一家受孫氏厚恩，又蒙大喬夫人不棄，結為姻親，榮耀無匹，雖肝腦塗地，也在所不惜啊！」

周瑜伏席謝道：「將軍雖老，忠義猶勝於壯年，瑜深為感動。」

黃蓋也伏席道：「薑愈老而彌辣，都督豈能輕我？況且你我都是為主君效力，何必言謝。」

周瑜大笑：「沒想到公覆口舌亦如此便給。對了，除此之外，還有一個理由，可以讓曹操堅信。」

黃蓋道：「什麼理由？」

周瑜道：「附耳過來。」黃蓋湊上耳朵，周瑜低聲說了幾句，黃蓋臉色大變，道：「怎會如此？」

周瑜正色道：「將軍，事涉宮闈，千萬不可亂說，好在主公及時插手，將事情化解。」

黃蓋驚疑地點了點頭。

八　苦肉計

周瑜的船艙裏燈火通明，凡是一定級別的將軍、謀士都到達了，劉備那邊還請來了諸葛亮。酒宴的豐盛讓蔡中、蔡和兩個人自己都覺得不好意思。他們被安排坐在周瑜身邊的顯眼位置，周瑜首先向大家介紹了他們的情況，表達了一些歡迎之辭，然後酒宴開始。

蔡中、蔡和兩人發現周瑜身邊還坐著一位貌若天仙的美女，他們出身富貴之家，什麼樣的女人沒見過，什麼樣的女人沒玩過，但是和這個女人相比，那些女人無不黯然失色。他們判斷，這個女人的年紀已經有二十五六，可是猶自如此嬌豔欲滴，要是再年輕些，那不知道該是何等樣的嬌美了。他們猜測，這女子一定是傳說中的周瑜之妻小喬。

周瑜接下來的介紹證實了這一點，難怪軍中相傳，曹丞相這次征討江東，是為了喬氏姐妹。確實，這位小喬有傾國傾城的美貌，據說她們姐妹的美貌不相上下，那就的確值得曹丞相這麼用兵，如果他們兩人有曹丞相的能力，也會不假思索地這麼做。然而，轉念他們又想，周瑜在軍中還帶著美女，那是什麼用意，其他將士不會嫉妒嗎？這樣能有心打仗嗎？這個弱點一定要向曹丞相報告。

接下來更令他們驚訝的還有歌舞，這些歌女雖然遠不如小喬那麼美貌，但也足以證明，周瑜軍中的官吏們是何等的驕奢淫逸，當他們在此花天酒地，享受美食歌舞之際，他們的士卒只怕還在寒風中瑟瑟發抖地操練，連飯都吃不飽罷。

歌舞一會兒就撤了，周瑜頻頻舉酒，為蔡氏兄弟的棄暗投明祝賀，同時討論下一步計畫。周瑜道：「曹兵連營百里，非一日可破。大家各領三個月糧草，準備禦敵。」

座中一個老將喝得醉醺醺的，突然把酒杯重重一頓，大叫道：「莫說三個月，就算三十個月，也無濟於事。若是這個月能破，就破；若是不能，就當依張昭之言，棄甲投戈，北面投降，免得白白害了兄弟們的性命。」

座上諸將都嚇呆了，齊齊把目光射過去，原來是黃蓋。他們覺得奇怪，黃蓋一向是有名的主戰派，怎麼突然變成了投降派。

周瑜當即勃然變色：「大膽黃蓋，你身為東吳老將，受主公厚恩，竟敢在兩軍對敵之際，出此妄言，亂我軍心，該當何罪？」

黃蓋乾脆箕踞夷坐，兩眼盯著周瑜，冷笑道：「什麼受主公厚恩，當年老孫將軍在世時還好，現在的主公刻薄寡恩，誰甘心為他賣命？」說完他突然扔掉酒杯，伏在案上，號啕大哭。諸將幾乎都被他嚇傻了，一時誰也不敢出聲，呆呆地看著他。

周瑜猛地一拍几案，站了起來大吼道：「好大膽子，來人，給我推出去斬了。」

左右武士當即圍上去，按住黃蓋就往外拖。

黃蓋一邊掙扎一邊大罵：「都是忘恩負義的東西，想我黃蓋十六歲從軍征戰，攻城野戰，斬將搴旗，不知立下了多少汗馬功勞，現在卻這樣對我，蒼天啊！你睜睜眼罷……」但是在武士們的拖扯下，他的聲音斷斷續續。

甘寧趕忙對武士大叫：「且慢。」武士見是甘寧說話，料想他要求情，也就在門前停下。甘寧離席叩頭道：「都督，公覆將軍乃東吳舊臣，今日酒醉，雖發狂言，罪不至死，望都督稍加寬恕。」

周瑜大怒：「甘寧，你敢仗著自己有功，為反賊說話嗎？剛才黃蓋老賊辱罵主公，死有餘辜。你再敢多言，休怪我翻臉無情，來人，給我將他亂棒打出。」

甘寧沒想到周瑜絲毫不給自己情面，一番求情卻惹禍上身，想要請罪，但已經來不及了。幾個武士上前拖開他面前的几案，亂棒揮去，甘寧抱頭鼠竄，落荒而逃。

黃蓋在軍中一向為人很好，上下都對他很敬重，所以雖然他說了如此大逆不道的話，大家覺得殺了他還是不忍。魯肅也是這樣想，但是他看見甘寧這次出征立有大功，周瑜卻不給他半點情面，還將他亂棒打出，自己上去求情，料想也不會好到哪裏，只好焦急地用眼睛暗示諸葛亮，要他出面求情。但是諸葛亮看著他微笑不語，沒有一絲想要幫忙的意思。蔡中、蔡和兩個人面面相覷，也不知道該怎麼辦。

好在黃蓋在軍中實在很得人心，雖然周瑜如此憤怒，其他諸將也突然一起離席，跪在堂上，黑鴉鴉一片，求情道：「都督，公覆將軍是老孫將軍麾下老臣，又和孫討逆將軍是姻親，地位尊貴，望都督寬恕。即使有罪，都督也當帶回江東，交給主公親自治罪。」

見諸將都跪下求情，周瑜似乎怕激起眾怒，道：「也罷，看在諸位面上，且饒他一死，先推回來，待我破曹之後，帶回京口，讓主公親自發落。」他頓了一下，又道，「死罪雖然饒過，活罪不免，打一百脊杖，以儆效尤。」

眾將又齊齊求情，說黃蓋年老，怎禁得起一百軍棍，希望能開恩減半。這次周瑜可不再理會了，他推翻几案，喝道：「給我打。」

武士將黃蓋按倒在地，亂棒齊下，打得他哭爹叫娘，口裏猶自亂罵不停，逐漸地聲音越來越小，大概是年紀老邁，經不起毒打。眾將見要出人命，又一起跪下求情道：「公覆年老，禁不起一百軍棍，望都督手下留情啊！」

周瑜跳腳指著黃蓋道：「你這老賊，還敢小看我嗎？先記下五十軍棍，再有怠慢，二罪並罰。」說著起身到帳後去了，恨罵聲不絕。

本來熱熱鬧鬧的宴會弄得不歡而散，見周瑜走了，眾人趕忙上去扶起黃蓋，見他被打得鮮血迸流，抬了出去。魯肅上前撫慰了幾句，回頭責備諸葛亮道：「今日公瑾怒責公覆，我等皆是他部下，不敢犯顏苦諫。先生是客，為何袖手旁觀？」

諸葛亮道：「甘興霸有斬將搴旗之功，是東吳的名將，今天猶且受周郎侮辱，搞得沒臉見人，我一個外人，和周郎也沒有親戚關係，上去勸諫，豈不是自找沒趣。我諸葛亮向來不幹這種蠢事。」

魯肅很不高興：「先生明哲保身，實在令人失望，現在宴席也散了，先生請回罷。」

「子敬，好歹我們也有點交情，你不送我到渡口嗎？」諸葛亮一點不生氣。

魯肅哼了一聲，氣鼓鼓地說：「請罷。」說著抬腿就走。諸葛亮趕忙跟在後面，兩人一前一後到了渡口，諸葛亮湊近魯肅，低聲道：「子敬，你豈不知今日公瑾發怒，是一個計策嗎？他們兩個，一個願打，一個願挨，我勸來幹什麼？」

魯肅驚訝道：「你說什麼？」諸葛亮見魯肅確實不知道，乾脆挑明：「這就是所謂的苦肉計。子敬去見公瑾時，切勿言亮已經猜到，免得他又來害我，切記切記。」說著抬腿上船，士卒撐開竹篙，船晃晃悠悠離開了渡口，很快隱沒在夜色中，只有水聲還不時傳來。魯肅望著水面，一陣發呆，心裏不知是什麼滋味。

周瑜離開宴會，回到屋裏，猶自作出氣惱之狀。小喬也隨即走了進來，道：「夫君何必發這麼大脾氣，嚇死妾身了。」

周瑜恨聲道：「我現在氣還未消呢，黃蓋老賊，以前還當他忠心主公，沒想到大敵當前，竟想屈身事賊。」他不想把苦肉計的計畫告訴小喬，這種事知道的人越少越好。

小喬勸慰道：「公覆將軍一向對主公忠心耿耿，今天也許喝醉了，明日等他酒醒再好好問他，到底怎麼回事。」

周瑜假裝想了想，道：「可能是他也得知了大喬夫人險些被太夫人賜死的消息，因而生恨。」

小喬眼圈紅了，道：「我也才接到姐姐書信，這等秘事，他怎知道？」

周瑜道：「黃蓋是東吳宿將，耳目眾多，不足為奇。」

小喬道：「太夫人為何如此狠毒，害我姐姐？」說著，已經淚眼婆娑。

周瑜道：「太夫人一向精明，你姐姐念念不忘曹操，她豈能不知？又自知將一病不起，怕死後無人能制，故而痛下殺手。」

小喬低泣道：「幸而被主公及時救活，可惜內毒難以排盡，現在仍只能終日臥床。」

周瑜歎口氣：「夫人，我等身為人臣，不可議論君親。」

小喬躺進周瑜懷裏，道：「如果太夫人要殺妾身，夫君你會不會也袖手旁觀？」

周瑜輕輕撫摸她的頭髮：「怎麼可能？」

小喬仰臉看著他：「萬一呢？」

周瑜搖頭道：「沒有萬一。」

小喬嗔道：「我就想知道萬一發生，你將如何？」

周瑜低頭吻了她一下，道：「大不了我和你一起飲那杯毒酒。」

小喬笑道：「夫君連曹操都不怕，卻怕太夫人。」

周瑜歎道：「他是主君，我是臣下，不得已啊。」

九　巧使連環計

蔡中、蔡和被安排到樓船的一個房間就寢，他們被今天宴席上的變故搞得莫名其妙，但也有點歡喜，黃蓋既然想投降，說明周瑜軍隊內部有矛盾，軍心不穩，這樣可以從內部擊破。只是不知道黃蓋為什麼想投降，他這樣一個老將，家屬也都在京口，怎麼會如此不穩重，在大庭廣眾下突發狂言呢？難道他不想活了。如果他不是使詐，就必定有別的原因。要說使詐也不像，他們是親眼看見他被打得鮮血淋漓的，那些行刑的軍士，確實是實打實地揮棒，一毫也不留情的。而黃蓋被打過程中，還一個勁地大呼孫家沒有良心，刻薄寡恩，到底是什麼緣故？他們在艙裏商量著，理不清頭緒。

也許想辦法接觸黃蓋，拉攏他投奔曹丞相是個可行的主意。他們商量了半夜，得出了這個結論。

第二天，當侍候他們的侍女端茶送水進來的時候，他們就假裝不經意地探問，為什麼昨天都督會發那麼大的脾氣。侍女一個吃吃地笑，一個好像很謹慎，都不肯說。最後被追問不過了，後一個才答道：「兩位將軍是自己人，說給你們聽也無妨。你們大概不知道罷，黃公覆將軍和大孫將軍的夫人大喬是姻親，據傳聞，前幾日軍中得到郵書，大喬夫人因為細故被吳太夫人賜死，黃公覆將軍大概一時氣不過，加上醉酒，才胡言亂語的。」另一個侍女笑道：「據說大喬夫人美若天仙，黃公覆將軍曾在亂軍之下救過她，對她極為仰慕，她被賜死，黃將軍不惱恨也不可能啊。」

蔡中、蔡和這才知道黃蓋昨天的大罵確實有原因，一般來說，碰到自己的姻親被殺，自己也害怕受到牽連，免不了會陷入絕望。漢朝有名的貳師將軍李廣利被漢武帝派去征討匈奴，歸來途中聽說自己家族因為犯罪被誅，嚇得不敢入關，帶領士兵投降了匈奴。黃蓋的處境現在大約也類似於此罷。想到黃蓋，他們也不由得想起了自己的處境，自己的叔父無罪被誅，不也和黃蓋處境一樣嗎？要是自己不顧惜家眷，說不定也會真的投奔東吳。想到這裏，不由得大為感慨。

天色正是向晚的時分，江上寒氣侵膚，但水清山赤，真是一幅絕美的畫圖。曹操眺望江上景色，又俯瞰夜色下的水寨，隱隱看見不少士卒趴在船幫上嘔吐。他對身邊隨從道：「看來生病的人越來越多了。叫于禁來。」

隨從應了一聲去了。這時忽聽人來報：「啟稟丞相，巡江邏卒發現江南來的漁翁，自稱東吳參謀闞澤，說有機密要拜見丞相。」

曹操驚訝道：「哦，帶過來。」他懷疑這人和蔡中、蔡和的事有關。

不多時，一個全身披著蓑衣、腰間掛著魚簍的中年人走了進來，見了曹操，兩手併攏，長揖道：「參見曹丞相。」

曹操見他不亢不卑，落落大方，心中有了好感，問道：「你說自己是東吳參謀，來此何干？」

闞澤道：「人言丞相求賢若渴，故來投奔。」

曹操狐疑道：「獨身前來投降？」

闞澤道：「當然不是，東吳老將黃公覆近日被周瑜在眾將之前毒打，不勝憤恨，因欲投降丞相報仇，特謀之於我。我與公覆乃生死之交，當日他在醴陵起兵，曾在亂軍之下救我性命，所以敢不避生死，為他前來獻書。」

曹操道：「書在何處？」他並不相信闞澤的話，不過抱著姑妄看之的態度。

闞澤將書信呈上。曹操拆開書信，上寫道：「大漢丞相曹公左右：久聞公嚴於律法，唯才是舉，用兵如神，起兵以來，已克復中原，實漢家之忠臣，方之霍光、伊尹，殊已過之。蓋乃東吳老臣，已歷三世，和孫討逆將軍為姻親，自以為於江東親如肺腑，不料前日得聞郵書，云孫討逆將軍夫人被吳太夫人賜死，蓋自忠或遭牽連，轉思孫氏刻薄寡恩，為其效命，殊為不值。前日又遭周瑜小兒當場棒責羞辱，益憂憤內結。伏聞丞相虛懷納士，誠心待物，因願率家兵歸降，以圖他日擊殺周瑜雪恥。糧草軍仗，隨船獻納。泣血拜白，萬勿見疑。黃蓋白。」

曹操捲起書信，心中頗為傷感。大喬已經被孫權的母親賜死，這是什麼緣故？難道他們知道打不過我，知道我征服江東還有一個目的就是奪取二喬，乾脆殺了大喬，讓我即使勝了也不能如願？周瑜帶了小喬來軍營大概也是如此，一旦戰敗就殺妻自殺。這樣看來，他這次進攻江東，反而是害了二喬了。在曹操心中，對二喬並無特別深厚的感情，他是一個有著遠大理想的士大夫，建功立業是第一願望，美女雖好，比起建功立業，那可就遜色一些了。當然，二喬有所不同，那是他忘年交喬公的孫女，當年他經常出入喬家，他那時在喬家侃侃而談，大喬姐妹也不過十來歲，他能看出這對姐妹對自己的崇拜。如果這次征服東吳，能和她們重逢，那當然很好。聽蔣幹說小喬美貌驚人，可比甄氏。對於甄氏，他一直遺憾被自己的兒子曹丕搶了先。然而，這次也沒有命得到兩個和甄氏一樣的麗人，這對麗人還是他的故人，這怎麼能讓人不傷感？

他將那書信看了幾遍，突然拍案大怒道：「好一個苦肉計，想來騙孤。來人，將這豎子推出斬首。」

左右武士馬上跳上去，抓住闞澤，闞澤仰天長歎：「唉，黃公覆真是有眼無珠，害我枉送性命。也罷，我這條命本來就是黃公覆所救，今日還給他，也不冤枉。」

曹操冷笑道：「被孤識破奸計，還敢強作鎮靜。」

闞澤道：「你且說信上哪條是奸計？」

曹操道：「哼，孤便說出，教你死而無恨。你既是真心投降，如何不約明時日？」

闞澤道：「黃蓋啊黃蓋，你說曹丞相熟讀兵書，哪知徒有虛名。」

曹操道：「孤怎的徒有虛名？」

闞澤道：「你既無待賢之禮，我何必多言。要殺便殺。」

曹操道：「你若能說得孤心服口服，孤自然敬服。」

闞澤道：「你豈不聞背主作竊，不可定期。倘今約定時日，急切之中無法下手，這裏反去接應，事必敗露。只可覷便而行，豈可預期相定？你不明此理，難道還不是徒有虛名嗎？」

曹操一想也是，他起初雖然不相信闞澤的投降，看了信之後，倒有幾分相信了。大喬被誅，作為姻親的黃蓋自然會受猜忌，想投降的理由是充分的。想到這裏，他賠笑道：「孤見事不明，誤犯尊威，幸毋見怪。」

闞澤又感歎了一聲：「我與黃公覆傾心投降，如嬰兒之望父，豈有詐乎？」

曹操撫慰他：「若你們二人能建大功，他日受爵，必在眾人之上。」

闞澤道：「我二人乃順天應人，兼報恥辱，非為爵祿。」

曹操道：「來人，孤新得賢士，快取酒賀孤。」

這時又有一個人走進帳內，對曹操耳語，同時將書信附上。曹操展開書信，臉上頗為喜悅，又對闞澤道：「煩先生再回江東，與黃公覆約定，先通消息過江，孤將舉兵接應。」

闞澤推辭道：「臣已離江東，不可復還，望丞相別遣他人。」

曹操道：「若他人去，殊不方便，事恐洩漏。」

闞澤沉吟了一下，假裝不得已道：「既然如此，則必須馬上動身，不能久留。一旦耽擱太久，就會被那邊懷疑。」

曹操沉吟了一下，這時于禁走了進來，對曹操道：「丞相召我何事？」

曹操道：「水軍訓練許久，何時可以出戰？」

于禁望了望闞澤，欲言又止。曹操道：「這位先生是自己人，但說無妨。」

于禁道：「丞相，時間太短，北方士卒若遇風浪顛簸，仍免不了嘔吐。」

曹操皺眉道：「可堪憂慮。」想了一會，又對闞澤道，「也好，先生就即刻動身回去，免得被人懷疑。」

闞澤道：「臣剛才聽見丞相憂慮，大概是為士卒水土不服之事，臣有一計，敢納愚誠。」

曹操道：「先生有何良策，快快道來。」

闞澤道：「大江之上，潮落潮息，舟船易生顛簸，北卒不慣乘船，因此嘔吐。若將大船、小船各個配搭，或三十為一排，或五十為一排，首尾用鐵環連鎖，上鋪闊板，休言人可渡，馬亦可走。任他風浪潮水上下，復何懼哉？」

曹操拊掌大喜道：「好計好計，孤為此事煩惱了許久，卻從未想到這個辦法。」他飲了一杯酒，沉思了一下，突然又把酒杯一摔，大喝道，「你果然是奸細。」

闞澤嚇一跳：「丞相此話怎講？」

曹操道：「大船連環上下，行動不便，若遇火攻，豈非全軍覆沒。你為我出此計策，豈非別有所圖？」

闞澤情急智生，假意怒道：「丞相雖然禮賢下士，但秉性多疑，難成大事。火攻必借風力，方今隆冬，但有西風北風，安有東風南風？若東吳縱火來燒丞相，豈非自尋死路？」

曹操馬上轉而笑道：「孤正想到此處，君與我所見略同。剛才特給君開玩笑耳。」

闞澤滿臉憤怒之色：「丞相雖然位高權重，但古之能成大事者，無不禮賢下士，求才若渴。像丞相這樣對待客人如同呼奴使婢，時而恫嚇，時而恭敬，臣雖鄙賤，也少慕高義，寧可遁跡山中，也不願受丞相如此侮辱。」

曹操見闞澤真的不高興了，趕忙賠笑道：「為將者生人殺人，一著不慎，數十萬生命將因己而死，孤不敢不小心啊。先生熟讀古書，望能理解。」說著深深一揖。

闞澤這才道：「丞相說得也是，天色不早，那臣就先告辭了。」

赤壁敗逃

第十章

黃蓋的船隊已經駛到江心。黃蓋站在第三隻火船上，順風向烏林方向進發。東風大作，江上金色波濤洶湧，船勢飛快行進，在斜陽下如畫一般。

曹操站在中軍帥旗之下，看見江上如萬道金蛇，翻波戲浪，不由得迎風大笑：「公覆來降，此天助我也。」

一　橫槊賦詩

闞澤回到東吳，剛下船走了幾步，碰見蔡中、蔡和兩人迎面走來，他趕忙假裝拐彎，向甘寧的軍帳走去。

二蔡相互對視了一下，輕手輕腳跟在闞澤身後。他們兩人近日一直在察看黃蓋行蹤，發現闞澤和黃蓋曾有密談，繼而闞澤就偷偷去了江北曹操營寨，猜想必有重要舉措，所以一見闞澤回來，立刻就盯上了

闞澤已經知道二蔡是詐降，對甘寧使了個眼色，道：「將軍前日為救黃公覆，被周瑜豎子所辱，我甚為不平。」

甘寧道：「周瑜豎子自以為是，我自受辱之後，一直羞見同僚。」說罷拍案大叫。

闞澤假裝道：「將軍切勿高聲，恐被人聽見。」

甘寧怒道：「聽見便怎的，大不了帶著親兵投奔江北。」

闞澤噓了一聲，道：「帳外好像有人。」

甘寧掩住嘴巴，拔劍出鞘，突然竄出營帳，二蔡正躲在帳後，閃避不及。甘寧當即喝叫親兵：「把他們綁起來。」

帳內幾個守衛親兵一擁而上，將二蔡捆上。甘寧道：「我剛才心裏話都被他聽去，必須殺了滅

口。」

二蔡忙道：「二公饒命，我二人實際上是曹公派來詐降者。」

甘寧喝道：「想用這種辦法乞命，不覺得太幼稚了嗎？」說著提劍兜頭就要砍落。

二蔡趕忙撲通跪下，道：「將軍且慢動手，我二人詐降千真萬確，有憑據為證。」

甘寧收住劍，低喝道：「有何憑據？」

蔡中趕忙掏出一塊節信，說：「這是曹丞相親自給我的，可以證明我的身分。」

周瑜站在赤壁山頂之上，北望曹軍營寨，只見連營百里，工匠們正忙忙碌碌地將戰船相連，敲擊鐵釘之聲，隔江都能聽見，像夯築城牆一樣熱鬧。周瑜越看越歡喜：「江北戰船如蘆葦之密，若遇火起，難以遁逃，現在他自己又將船連起，更是自尋死路。」

站在他身邊的闞澤道：「我昨日在曹賊營中，適逢于禁稟告士卒嘔吐之事，當即腦子一轉，心生此計，沒想到曹賊果然聽取。」

周瑜哈哈大笑：「原來是君所獻的計策，君這次可算為東吳立大功了。」

闞澤卻皺眉道：「不過曹賊當時心生疑忌，猜到我們可能採取火攻，突然呵斥我是詐降。我當時急中生智，卻想起一件大事。」

周瑜隨口道：「哦，什麼大事？」眼睛猶自望著江心，這時風聲淒緊，旌旗飄蕩，周瑜臉上的笑意突然隱去：「對了，火攻必借風勢，冬日無東南風，如何火攻？」

闞澤跌足歎氣道：「我說的大事就是這個。」

這時一陣大風颳過，營寨中一柄大旗旗杆禁不起風力，呼啦啦被風吹折，周瑜臉色變得鐵青，突然大叫一聲，口吐鮮血，往後栽倒。周圍將士大驚，將周瑜七手八腳抬入營寨。

江北的戰船足足敲擊了兩天，才將所有戰船用鐵鎖繫上。除了一些小船還可活動，大船全都固定在岸邊，不管怎樣風吹浪生，巋然不動。曹軍將士個個歡喜，虎豹騎的將士騎上戰馬在各船之間來回穿梭，炫耀武力。原荊州水卒愈發縮頭縮腦，被他們看得不值一錢。荊州水卒私下議論，認為將所有戰船連鎖，如若一船失火，將綿延成災。其中一個建議推舉頭目上書丞相，陳明利害，但旋即遭到大部分士卒反對。提建議的士卒有些難堪，道：「一旦出事，玉石俱焚，他們敗了，我們只怕也難逃性命。」

另一個士卒道：「你就算去報告，人家也未必理你。沒看見咱們蔡將軍嗎……」他沒說完，已自忍不住，失聲痛哭。

其他士卒也被感染，個個悲傷。先前那人道：「既然如此，一旦發生變故，我等立即反戈，投奔左將軍去。況且前主公的長子還在江夏，我們也可投奔，強似在他們手下為奴。」

眾人都點頭，但不敢聲張。

這天傍晚，曹操大會水軍，自乘一隻大船，居於中央，上建「帥」字旗號，兩旁分列水寨。夜空晴朗，風平浪靜，清冷的冬日天空，群星微茫灑落。大船上眾謀臣將士齊齊列席，參加宴會。

曹操道：「今日是十二月十五日，特召集諸君前來飲宴，共話平生。」

到這時候，還有何話好說？群臣都眾口一詞說著祝賀的話。

此時皎月東上，長江上灑滿了清輝，如冰紈一般，漂浮在眾人眼前。舉目望去，南面赤壁山在月下猶顯血紅，北面青黛色的烏林被月色罩滿，如霧如霞。如果不是戰爭，他們怎麼有機會看到如此絕美的江上夜景，因此都不由得慨然太息。

飲至半酣，曹操道：「天下大亂，已經數十年有餘，賴諸位賢士大夫相助，孤已經蕩平中原。江東割據也指日可復。孤自舉義兵以來，誓欲為國家除殘去穢，蕩平四海，使百姓得離戰亂之苦，重新安居樂業，靜享太平。如今太平之期不遠，孤也算是大志得酬了！」

群臣齊齊離席賀道：「願丞相此次早奏凱歌，我等終身皆賴丞相福蔭。」

曹操慨然道：「周瑜、劉備不識天時，今幸其禍發蕭牆，眾叛親離，此天助孤成功者也。」

荀攸道：「丞相勿言，恐怕人事洩漏。」

曹操道：「諸君皆我心腹，言之何傷？」又道，「昨日得蔡中、蔡和二人密信，云大喬已經被孫權母親吳氏賜死，而喬公覆乃大喬姻親，此次決意降孤，實在是因此生恨。孤唯恨不能救得大喬性命，有愧故人。幸好小喬就在江對岸，稍存慰藉。」說罷，手指赤壁，涕淚俱下。

曹操的眼淚是油然而生的，剛才他看見江上景色，想起人生代代相傳，沒有窮已之時，而個人生命究竟有限。比起天上的皓月歷經千載猶自明亮如初，愈發襯托出人生的短暫，怎讓人不愀然傷懷？

荀攸勸慰道：「丞相切勿傷悲……」

蒯越道：「無情未必真豪傑，如丞相這等情意深重，方為真豪傑耳！」

另一個謀士劉馥諫道：「丞相此言不妥，丞相既和喬公有契，又怎能娶其二女，此乃不倫之舉，恐怕有損丞相聲望，望丞相三思。」

曹操朗聲笑道：「孤平生行事，最恨頑固腐儒。殊不知人生苦短，貴當適意，安能鬱鬱為禮法所拘哉？且縱有禮法，也只當約束庸人，豈應為我輩所設？今夜良辰難得，君休再以此言濁孤心目。」說著走到船頭，拔出一支插在船頭木架上的鐵槊，望著晴朗的夜空，大聲吟道：「我持此槊，破黃巾、擒呂布、滅袁術、覆袁紹，深入塞北，直抵遼東，頗不負大丈夫之志也。今對此美景，深為慨然，當作歌一抒胸臆。君等若能唱和，和之可也。」

他手執長槊指江，大聲道：

對酒當歌，人生幾何？
譬如朝露，去日苦多。
慨當以慷，憂思難忘。
何以解憂？唯有杜康。

青青子衿，悠悠我心。
但為君故，沉吟至今。
呦呦鹿鳴，食野之苹。
我有嘉賓，鼓瑟吹笙。

明明如月，何時可掇？
憂從中來，不可斷絕。
越陌度阡，枉用相存。
契闊談讌，心念舊恩。

月明星稀，烏鵲南飛。
繞樹三匝，何枝可依。
山不厭高，海不厭深。
周公吐哺，天下歸心。

歌罷眾人皆歡呼稱頌，齊齊歡笑。劉馥又勸諫道：「大軍用命之際，丞相何出此不吉之言。」曹操橫槊當胸，不高興地說：「我言有何不吉？」劉馥道：「月明星稀，烏鵲南飛。繞樹三匝，何枝可依？此不吉之言也。」曹操大怒道：「腐儒安知孤心中高意。孤憂百姓失職，漂泊無所，心中頓起彷徨無依之慨。腐儒安知孤之高意。」說著突然手起一槊，刺入劉馥前胸，穿背而出。劉馥慘叫一聲，長吐一口鮮血。曹操一腳踏住他的身體，拔出槊來，槊尖濕淋淋的血水滴滴答答落在甲板上，曹操輕描淡寫道：「腐儒，敗我興致，來，我們繼續痛飲。」

一場宴會，好好的在風清月朗的冬夜江船上舉行，突然充滿了血腥味，讓眾人驚駭不已，看曹操生氣，又沒有人敢去勸諫，怕自己也成了槊下之鬼。

二　孔明借東風

這時，諸葛亮和劉備也站在自己的樓船上，享受這月白風清的靜謐夜晚。諸葛亮仰視天空，道：「主公，連日晴朗，過幾日就當有短暫東風。」

劉備道：「軍師可有把握？」

諸葛亮道：「臣今日到處詢問當地漁夫出身的士卒，千真萬確。主公且看，曹軍駐紮的烏林北面，是浩渺無際的雲夢澤，南臨長江，雲夢澤連日受太陽照射，熱度低於陸上，兩處熱度不同，就能形成短暫強風，從陸上吹向澤中，火攻曹操就在兩日之後。」

劉備道：「若是如此，就得勸告周瑜立刻做好進攻準備。」

諸葛亮道：「臣明日正想去周瑜那走一趟。」

這時，一艘船正往他們營寨方向駛來，船頭掛著一個通紅的燈籠，旁邊站著一人，正是魯肅。

諸葛亮喜道：「魯肅來此，必有事情，主公且躲在隔壁，讓臣應付。」

很快，魯肅滿臉憂慮地走了進來。諸葛亮寒暄道：「這麼晚，子敬怎麼來此？」

魯肅歎氣道：「別提了，公瑾白天突然患病不起，至今未見好轉，曾聞先生學過醫術，特來詢問對策。」

諸葛亮眼睛一亮，道：「子敬勿憂，亮自幼確實曾習醫術，可以一試。」

魯肅抬起頭，悲傷道：「怕只怕尋常醫術對他無用。」

諸葛亮道：「莫非是心病，若是心病，亮就更擅長了。」

魯肅道：「我想先生可能會有辦法，所以特地來請，先生且隨我去探視，若能治好，當為大幸。」

「也好，待我辭別我家主公，立刻出發。」諸葛亮說完這句話，撇下魯肅，去見劉備。劉備聽諸葛亮說完，道：「此去非同小可，軍師可有把握？」

諸葛亮笑道：「主公放心，正好借此機會貪天之功以為己力。」說著在劉備耳邊說了自己的計畫。劉備喜道：「若他們以為東風是軍師借來的，我們功勞就增加多了，將來取得荊州，可以多分一些城池。」

諸葛亮道：「正是此理。不過周瑜忠心東吳，一直視臣為東吳大患，這次若借風成功，一定會加害於臣。主公明日可派子龍將軍在赤壁山下駐舟等候，事成立刻接應臣回營。」

劉備道：「好，軍師放心。」

周瑜臥室船艙中，小喬滿眼淚花地守在床前，周瑜面色鐵青，雙目緊閉躺在床上。這時魯肅和諸葛亮走了進來。諸葛亮將臉湊近周瑜，問道：「都督病勢如何？」

小喬早已哭得兩眼紅腫，見諸葛亮詢問，又不禁眼淚迸流，梨花帶雨，泣道：「他說心腹絞痛，現在時復昏迷。」

諸葛亮安慰道：「夫人不必擔心，亮開一個藥方，定可助其痊癒。」

小喬忙伏地道：「先生若能救得拙夫，當結草銜環以報。」

諸葛亮笑道：「我與公瑾乃生死之交，不必客氣。」

小喬道：「那，就請先生趕快開方罷。」

諸葛亮道：「諸君且先迴避，容亮細思藥方。」

小喬和魯肅雖然不大願意，但又怕真的打擾諸葛亮思考，於是點點頭，雙雙退出艙外。

諸葛亮掩緊門，回到周瑜床前，低聲道：「都督，都督。」

周瑜兩眼緊閉，只是不應。諸葛亮道：「欲破曹公，宜用火攻。萬事俱備，只欠東風。」

這一句好似打雷一般，周瑜猛然抬頭驚道：「先生怎麼知道？」

諸葛亮得意道：「亮與都督乃生死之交，心意相感，豈有不知？」

周瑜猛拍床欄，歎道：「只怕知也無用。」

諸葛亮笑道：「區區小事，亮早有良策，都督何自苦如此。」

周瑜索性坐了起來，驚喜道：「先生，先生果有良策？」

諸葛亮道：「亮雖不才，曾遇異人，傳授奇門遁甲天書，可以呼風喚雨。都督若要東南風時，可於赤壁山建一臺，名曰七星壇。高九丈，作三層，用一百二十人，手執旗幡圍繞。亮於臺上作法，借三日三夜東風，大事可成矣！只是事在目前，不可遲緩。」

周瑜大喜：「休要三日三夜，只一夜東風，大事可成。」

諸葛亮道：「十二月二十日甲子祭風，至二十二日丙寅風息，如何？」

周瑜道：「足夠，勞煩先生了，我即刻派人造壇。來人！」

魯肅和小喬以及幾個侍衛慌忙跑入，周瑜喜氣洋洋道：「立刻派遣五百兵士，明日一早往赤壁山上築壇，撥一百二十人，執旗守壇，聽候將令。」

魯肅和小喬崇敬地看著諸葛亮，不知道他用什麼辦法，竟能讓周瑜如此興奮。

第二天一早，諸葛亮、魯肅等人帶著五六百士卒來到赤壁山崖之上，諸葛亮選定位址，指揮士卒開始築壇。他們忙碌的身影被對岸烏林曹操營寨的候望卒發現，當即彙報給了曹操。曹操走出船艙，注目對岸的赤壁山，疑惑地問左右道：「周瑜豎子，安排人在那山上何為？」

賈詡道：「可託蔡中、蔡和打聽一二。」

曹操點頭：「嗯，那豎子詭計多端，須萬分防備。」他被周瑜的反間計害得殺了蔡瑁、張允，後悔莫及，早就收起了對周瑜的輕視之心。他想了想，又對群臣道，「還須通知一下黃公覆，問他何時能有機會裏應外合，現在合肥軍事緊張，徐晃所率的襄陽軍隊也正迫近夏口。希望黃公覆能早日選定時機。」

軍事行動總是十分快捷的，從早上開始築壇，中午時分，赤壁山上，一座十丈左右的高臺已經初見端倪。到了下午向晚時分，高臺全部竣工，取名為七星壇。

諸葛亮對魯肅道：「子敬，你還是回軍中相助公瑾調兵罷，如果我祈風無應，不要怪我。」

魯肅點頭，吩咐軍士頭目道：「事事聽孔明先生指揮，不許擅離方位，不許交頭接耳，不許失口亂言，違者斬首。」說著，拜別諸葛亮而去。

其實諸葛亮心中也沒有底，他只是詢問了不少做過漁翁的荊州士卒，他們大多記得，冬天確實在連晴之後江上有東南風颳過。諸葛亮細細推定時日，根據近日天氣狀況，判定很快會起東南風。他在臺上裝模作樣地舞劍祈禱，額上大汗淋漓，只盼自己的判斷能夠準確無誤。

那邊周瑜已經命令黃蓋、程普等眾將匆忙準備火船、硫黃、焰硝等物，黃蓋站在渡口，焦急地等候。

周瑜等也坐在營寨中，滿眼渴望地望著寨外旗幟。

暮色逐漸降臨，而旗幟的飄向紋絲不變。周瑜急道：「孔明恐怕是大言欺人，隆冬時節，怎會有東南風？」

魯肅歎氣道：「我也不大相信。」

他們正在百無聊賴之際，突然感覺四面風聲驟停，所有的旗幟都無聲地垂了下來，霎時間空氣變得格外靜謐。周瑜驚疑道：「怎麼回事，風說停就停，實為蹊蹺。」魯肅也搖搖頭，不知所以。所有將士都仰頭向天空張望，奇怪為什麼空中輕塵不飛。正在驚疑之際，忽然之間，嘩啦聲又四處響起，帳前大旗抽搐了一下，嘩啦一聲被風扯得繃直，不過這次是飄往西北方向。東南風——果然來了。

周瑜簡直信不過自己的眼睛，他縱身跳出帳門，環視四方，只見剛才還水平如鏡的江面已然風起潮生，波瀾一層一層地盡皆向西北方向翻滾。周瑜再也不想別的，拔出寶劍，高聲下令道：「公覆將軍，你們可以準備出發了。」

接著，周瑜大踏步返回帳中，臉色凝重，對魯肅道：「諸葛亮此人有奪天地造化之法，鬼神不測之術，此人不除，我東吳亡無日矣。」

魯肅看見周瑜臉上滿是殺氣，心中驚惶，趕忙勸道：「既有鬼神不測之術，只怕都督也害他不得。」

周瑜道：「知其不可為而為之，來人。」

兩個將士上。周瑜道：「你二人各帶一百士卒，分從江、岸兩路前往赤壁山七星壇，休問長短，捉到諸葛亮立即斬首，將首級回來請功。」

兩人應道：「遵命。」轉身欲走。這時屏風後傳出一個聲音：「且慢。」緊接著小喬走了出來。

周瑜見是小喬，不悅道：「軍國大事，婦人豈能多嘴，快快下去。」又吩咐二將，「你們快走。」

小喬跑到帳門，攔住二將，對周瑜大聲道：「都督，孔明先生自以為與君為生死之交，昨日又治好了你的心病，你此番卻要殺他，天理難容啊。」

周瑜怒道：「你懂什麼，諸葛亮狡詐多端，他假仁假義，你也相信，還不快快退下。」

小喬道：「就算他假仁假義，卻借來東風，於我東吳有功，你要殺他，豈不虧心？」

周瑜道：「此乃公事，不要說虧心，為了東吳的江山社稷，我周瑜就算遭受天譴，也無所懼。」

小喬淚如雨下：「沒想到我夫君是這樣的人……」說著身子一歪，就要摔倒。周瑜大步上前，抱住小喬，對二將道：「還不快去。」

二將諾諾連聲，大踏步去了。魯肅在一旁，也連連歎氣。

三　火燒烏林

在高臺之上的諸葛亮正在絕望之際，發現風聲止歇，心中大喜，因為他聽漁翁講過，東南風將起之前，總是西北風突然消失，他心中默誦了幾句，不出他所料，只見旌旗猛然飄向西北。他大吼了幾聲，趕忙換下衣服，匆匆跑下高臺。

因為有魯肅事先的吩咐，守衛的兵士看見他，也不敢攔阻。諸葛亮疾步下山，朝崖下岸邊走去。趙雲的船隻正等在崖下，由於山崖頗高，他們用繩子將諸葛亮縋下船去。

這時周瑜派來殺孔明的二將剛剛趕到七星壇下，聽說孔明已走，趕忙分兵追趕，其中一個率兵追到岸邊，看見趙雲的船正要出發，當即叫道：「孔明先生，我們都督請你回去商量大事。」

諸葛亮仰頭笑道：「為我轉告都督，好好用兵，我諸葛亮暫回自己軍營，準備發兵配合都督進攻曹營。」

此將道：「有急事，求先生跟我回去，親自對都督說。」

諸葛亮哈哈長笑：「去也可以，只是諸葛亮捨不得這顆項上人頭，請都督死心罷。哈哈哈。」

這時船隻搖動，駛離江岸。

另外一將從水路駕船追來，趙雲走到船尾，搭箭喝道：「本想一箭射死你，那樣會傷了兩家和氣——且教你領教我趙子龍的手段。」說著一箭射去，射斷追將船上蓬索，篷帆墜落水中，擋住船行。趙雲的船則如箭一般飛馳而去。

周瑜沒等到兩位將士早上諸葛亮的首級，他們兩手空空地回來，跪在周瑜面前請罪。周瑜大怒道：「這等小事也辦不好，推出去斬了。」

二將大呼饒命：「諸葛亮神鬼莫測，早派了趙雲前來接應，他發箭射斷我船的篷索，非怪我等不盡力啊。」

魯肅趕忙勸阻：「都督，趙雲有萬夫不當之勇，當年在長阪坡，一人殺曹操上將七十餘人，威震天下。就算追上，憑他二人也殺不了孔明，何必責怪，請都督權且寬恕。」

周瑜怒道：「也罷，待破曹之後，再和你二人計較。現在諸位先聽將令。」

諸將齊聲呼應：「謹聽將令。」

北岸的曹營像平常一樣寧靜，士卒們仍在訓練。曹操站在船上，望著連鎖大船上馬隊來往，心中喜歡，道：「要是早點把船鎖緊，士卒們就不會生病了。」

于禁道：「的確如此，自從船被鎖緊，嘔吐者逐漸減少，但有些腹瀉士卒仍未完全康復。」

曹操道：「病去如抽絲，總須待些時日。」

這時軍士前來報告：「徐晃將軍來書，說船隊在夏口被劉琦軍隊阻隔，一時無法攻破，請丞相稍待幾日。」

曹操焦躁道：「事情總不順利。」

這時謀士程昱望著頭頂的旌旗，奇怪地說：「丞相，你看，剛才風聲停止，現在突然颳起東南風。」

曹操笑道：「那便怎的？」

程昱道：「我們營寨在北，颳起東南風，一旦周瑜縱火，火借風勢，對我大大不利啊。」

曹操還未回答，這時一個士卒上氣不接下氣地跑來，道：「丞相，剛剛接到江南黃蓋密信。」

曹操道：「哦，拿來我看。」

士卒呈上文書，曹操展信，臉上露出喜色，道：「黃公覆道，今有鄱陽湖來運糧船，周瑜派遣黃蓋巡哨，已有機會，所以很快率麾下家兵數百來降，要我們準備出兵相應。」

程昱提醒他：「丞相，剛起東南風，黃蓋便來降，莫非有詐。」

曹操笑道：「仲德君，周瑜要火攻，必須有大量硫黃、焰硝等引火之物，這些都不可能一時齊備。而今風向才變，周瑜難道是神仙，能預見到此刻有東南風不成。」

程昱語塞。曹操道：「傳孤號令，黃公覆將軍棄暗投明，周瑜一定非常沮喪，諸君做好準備，準備進攻周瑜。」

軍令立刻被傳到連營百里之外。

黃蓋的船隊已經駛到江心。黃蓋站在第三隻火船上，順風向烏林方向進發。東風大作，江上金色波濤洶湧，船勢飛快行進，在斜陽下如畫一般。

曹操站在中軍帥旗之下，看見江上如萬道金蛇，翻波戲浪，不由得迎風大笑：「公覆來降，此天助我也。」

此前他的軍中沒有接到任何作戰準備，各個營寨都像往常的黃昏一樣恬然靜寂。離赤壁最近的營寨，士卒中間隱隱有黃蓋率軍來投降的傳言，但是又不確切。此時，許多生病的士卒正蹲在船板上，對著江水腹瀉，忽聞周圍的士卒竊竊私語：「江南黃公覆將軍前來投降啦。」接著，原先三三兩兩站在軍營中的士卒紛紛跑到江邊船隻的甲板邊沿上，像鷺鷥那樣立成一排，伸長了脖子朝著江中眺望；蹲在船板上腹瀉的士卒們一則被人群包圍覺得憋氣，一則非常好奇，也都站了起來，半提著褲子，倚著船上欄杆，把日光投向江心。

程昱此刻也正站在曹操身邊，目不轉睛地朝黃蓋的船隊仔細端詳，突然臉色大變：「丞相，來船有詐，請立即下令不許他們近前。」

曹操吃了一驚：「仲德君何出此言？」

程昱道：「若是糧船，船必穩重；今觀來船，輕而且浮，今日又有東南風，如果有詐謀，後悔不及啊。」

曹操雖然不大相信，但軍中事務，還是以謹慎為上，於是大聲道：「來人，傳孤號令，不許來船近前。」又對身邊將領道，「誰去給我截住他們？」

旁邊荊州降將文聘請纓道：「臣在江夏頗習水戰，請往止之。」

黃蓋的船越駛越近，文聘的船隊也立刻駛出。隔著老遠，文聘就站在船頭大聲道：「丞相有令：來船休近營寨，就江心停住。」

曹操道：「很好，將軍快去。」

黃蓋見有人阻攔，心裏暗暗吃驚，猜想曹操已經發現自己是詐降，至少是已經警覺，如果聽從文聘的命令，只怕錯失良機。好在他們警覺得晚，自己的船隊已經快到江心，仗著風勢，很快就可以駛到江北。於是大聲下令道：「給我射箭。」

話聲一落，黃蓋身邊的弓弩手當即列成數排，輪換引弓齊發，只聽嗡嗡聲亂響，亂箭像蝗蟲般飛到空中，在風的助推下，向文聘的船隊撲去。文聘猝不及防，感覺左臂一陣劇痛，已然中了一箭，腳下站立不穩，倒栽入水，冰冷的江水迅即浸透他的全身，他覺得立刻要凍僵過去。好在身邊有幾個心腹親兵，舉著盾牌，不顧亂箭穿胸的危險，用長矛的杆將他拉上船來。這時他們船隊的士卒已經被射倒了大半，沒人划槳，船不但不前進，反而在風的勁吹下向自己營寨方向後退。

曹操在中軍船樓上遙遙看見此景，心頭一沉，不由自主地站了起來，大聲道：「果然是詐降，來人，續派船隊趕快上前攔截。」他的眼睛仍舊一眨不眨地盯著江上，只見黃蓋這時已經舉著一束巨大的火炬，左右晃動，似乎在發布命令。他麾下的士卒也紛紛點燃了手上的火炬，迅速散開，點燃了船上的硫黃、焰硝和乾柴，頓時，他的船隊就像幾十隻火龍，張牙舞爪向烏林方向撲來。火光中，黃蓋等一干士卒迅速跳上備用小船，望著那幾十隻火船瘋狂撞入北軍的營寨。

「丞相！」程昱叫了一聲，他的聲音都顫抖了。

曹操急速地望了他一眼，見他滿額都是汗珠。曹操絕望地說：「仲德君，有什麼辦法？」

程昱帶著哭腔道：「丞相，我軍船隻皆被鐵鎖鏈住，無法逃脫。大勢去矣，丞相身繫家國安危，不能在此冒險，快快躲避賊兵兇焰。」

曹操目瞪口呆地望著黃蓋的火船點燃了自己的營寨，火借風勢，曹營頓時籠罩在烈焰之中，而且火勢不斷地向西邊蔓延。他看見那些剛剛在甲板上像鷺鷥一樣觀望的士卒，頓時像蟑螂一樣四處逃竄。至於那些半提著褲子觀望的士卒們，也齊齊提上褲子，像瘋狗一樣到處逃竄，但是他們腹瀉時日已久，體弱不勝，哪有逃跑的力氣，很快一齊被火光籠罩，燒得哭爹叫娘。空氣中很快瀰漫著火舌舔舐著杉木和樟木的氣味，伴隨著火光的，是沖天而起的黑煙，剛才還玉宇澄清的江上，登時籠罩著一團團烏雲，烏雲下放射出的哭啼之聲，聽上去有種說不清的慘厲，曹操自己征戰幾十年，殺人無算，卻也從來沒有看過這樣的慘狀。

往常在陸地上不可一世的曹軍精銳虎豹騎，在火光的逼迫下，紛紛飲鴆止渴地跳入水中，只盼解得一時之苦。殊不知江水並不比大火更加仁慈，在冰涼的江水澆灌下，他們爭先恐後地吞噬著江水，很快像秤砣一樣沉入了水中。只有那些擅長水性的荊州士卒勉強可以在水中維持。曹操目睹著這一切，身子顫抖不已，大叫一聲：「我事敗矣。」左右親兵，擁著他倉皇逃竄。

周瑜和劉備的船隊齊齊離開營寨，向江北馳來，黑鴉鴉的士卒立在船艙邊側，亂箭齊發，射入曹操營寨，營寨此刻已經成為火之淵藪，好像地獄一樣，哀號聲連綿不絕。

曹操從火光中隱現，叫道：「馳奔華容。」

曹操穿越了烏林，馳到一個高坡之上，忍不住勒馬回看，他看見火光仍沒有止歇的跡象，江上仍在進行一場慘絕人寰的屠戮，火光之外，血水染紅了冬日的長江。無數士卒還在水中哀叫，冰冷的江水將這些人迅速捲向了江水的下游。遠望過去，他們就像雨中來不及回巢，被沖入陰溝的螞蟻群。

……

與此同時，在夏口的劉琦軍隊也正和徐晃的軍隊相持。兩軍正在激烈鏖戰之際，他們看到了遠處長江上奔騰的烈焰，甚至還看見了沖向下游的曹兵屍體，都不由自主地停住了廝殺。

漢水上，立在樓船頂部的徐晃緩緩垂下了他的腦袋。他有氣無力地向他的舟隊下令：「撤軍，沿漢水回襄陽。」

夏口城樓上的士卒則大聲歡呼：「火發在北岸，曹操大敗啦！」

四　大喬自殺

孫權一身戎裝走進大喬宮殿。大喬仍臥在床。孫權望著她，臉上滿是柔情：「剛剛收到戰報，曹操兵敗，已經退回江北。」

大喬默然了半晌，微笑道：「其實他便是勝了，也已和我無關。你離開之後，我也終於明白，像我這樣的人，本就不該生於這個亂世。」

孫權道：「你放心，我不會向孫策那樣待你。」

大喬慘笑道：「那又怎樣，除非當日在皖城，搶走我的是你。」

孫權道：「現在也還不晚。」

大喬道：「晚了，我中了鴆毒，苟延殘喘，終歸時日無多。」

孫權眼淚頓時像泉水一樣噴湧下來，順著臉龐滴到地板上。他跪到大喬床前，低聲道：「不，只要你安心將養，就一定可以完全康復。」

大喬伸手摸著孫權的頭頂，輕輕地說：「你的頭好熱！」

第二天清晨，孫權宮殿。一個內侍匆匆跑入，驚慌道：「主公，大喬夫人昨夜自殺。」

孫權正在飲水，茶杯啪的一聲摔落於地。他像石雕一樣，背立不動，恍若無聞。

赤壁／史杰鵬著. -- 一版.-- 臺北市：大地,
2008.06
面：　公分. --（History：35）

ISBN 978-986-7480-91-0（平裝）
1. 赤壁之戰 2. 三國史 3. 通俗史話

822.3　　97009935

赤壁

HISTORY 035

作　　者	史杰鵬
創 辦 人	姚宜瑛
發 行 人	吳錫清
主　　編	陳玟玟
出 版 者	大地出版社
社　　址	114台北市內湖區瑞光路358巷38弄36號4樓之2
劃撥帳號	50031946（戶名　大地出版社有限公司）
電　　話	02-26277749
傳　　真	02-26270895
E - mail	vastplai@ms45.hinet.net
網　　址	www.vasplain.com.tw
美術設計	普林特斯資訊股份有限公司
印 刷 者	普林特斯資訊股份有限公司
一版一刷	2008年6月

定　　價：280元